Peter Plichta

Gottes geheime Formel

Peter Plichta

Gottes geheime Formel

Die Entschlüsselung
des Welträtsels
und der
Primzahlencode

Mit 19 Abbildungen

Langen Müller

Unter Mitarbeit von
Walburga Posch

Alle Bildvorlagen vom Autor

1. Auflage August 1995
2. Auflage Oktober 1995

Gedruckt auf chlorfrei gebleichtem Papier

© 1995 Albert Langen/Georg Müller Verlag
in der F.A. Herbig Verlagsbuchhandlung GmbH, München
Alle Rechte vorbehalten
Umschlaggrafik: Spektrum der Wissenschaft
Satz: U. Volkenannt / P. Plichta
Gesetzt aus der 12p Times New Roman
Druck und Binden: Wiener Verlag, Himberg
Printed in Austria
ISBN 3-7844-2552-6

Inhalt

Ich sage es voraus: Noch in diesem Jahrhundert, dem des wissenschaftlich-kritischen Alexandrinismus, der großen Ernten, der endgültigen Fassungen, wird ein neuer Zug von Innerlichkeit den Willen zum Siege der Wissenschaft überwinden. Die exakte Wissenschaft geht der Selbstvernichtung durch Verfeinerung ihrer Fragestellungen und Methoden entgegen. (...)

Zuvor aber erwächst dem faustischen, eminent historischen Geist eine noch nie gestellte, noch nie als möglich geahnte Aufgabe. Es wird noch eine *Morphologie der exakten Wissenschaften* geschrieben werden, die untersucht, wie alle Gesetze, Begriffe und Theorien als Formen innerlich zusammenhängen und was sie als solche im Lebenslauf der faustischen Kultur bedeuten. Die theoretische Physik, die Chemie, die Mathematik als Inbegriff von Symbolen betrachtet – das ist die endgültige Überwindung des mechanischen Weltaspekts durch die intuitive, wiederum religiöse Weltsicht.

„Der Untergang des Abendlandes
Umrisse einer Morphologie der Weltgeschichte"

Oswald Spengler

1. Kapitel

Vom Ende aller Dogmatik

Am Morgen des 18. April 1994 bog ein Taxi in Frankfurt von der Offenbacher Landstraße in die Einfahrt der Hochschule St. Georgen. Beim Öffnen der Tür sprang zuerst ein aufgeregter brauner Sibirischer Husky aus dem Wagen, und dann folgten zwei Männer, die um Punkt 9 Uhr die Pforte der Universität des Deutschen Jesuitenordens durchschritten. In der Anmeldung baten sie darum, Herrn Professor Rupert Lay zu benachrichtigen, daß Dr. Matheis und Dr. Plichta zum verabredeten Termin angekommen seien. Kurze Zeit später erschien Deutschlands bekanntester Jesuit in Anzug und Krawatte, bewunderte kurz den Husky, und dann verschwanden alle gemeinsam in einem der Universitätsgebäude, betraten schließlich das Dienstzimmer und nahmen Platz.

*

Schon vor vielen Jahren hatte ich der katholischen Kirche den Rücken zugekehrt. Im Laufe meiner Arbeiten über das Wesen und die Struktur der Unendlichkeit traten aber in den letzten Jahren religiöse Aspekte verstärkt wieder in den Vordergrund. Ich nahm daher mit Professor Rupert Lay Kontakt auf, der über eine einzigartige akademische Ausbildung verfügt. Er besitzt neben den Doktortiteln in Philosophie und Theologie einen Doktorhut in Physik und hat außerdem Psychologie und Betriebswirtschaftslehre studiert. In der Fachwelt ist er bekannt als Buchautor, Berater für Unternehmer und Politiker sowie als Psychoanalytiker und Rhetoriker – eben ein Multitalent, das seinem Orden viel Geld einbringt. Für mich jedoch entscheidend ist, daß er auch mathematische und chemische Kenntnisse besitzt.

*

Die Chemie ist die Lehre von den Stoffen. Alle Substanz tritt in Form von chemischen Verbindungen auf, die sich aus ungefähr 80 verschiedenen stabilen Elementen zusammensetzen. Warum das so ist, interessiert Chemiker – mit ganz wenigen Ausnahmen – nicht im geringsten.

Die Physik ist die Lehre von der Bewegung. Physiker interessieren sich nicht für die Chemie und Chemiker umgekehrt nicht für die Physik. Die Frage, wo letztlich alle Materie herkommt, wurde früher in der Theologie diskutiert. Die Kirche lehrt, daß ein persönlicher Gott alle Substanz aus dem Nichts geschaffen hat. Jede stoffliche 'Vorsubstanz' hätte letztlich zu der Frage führen müssen: 'Und wo kommt die her?'. Also hat man solche Fragen fallen gelassen, so, wie es auch später in den Wissenschaften üblich wurde, unbequemen Fragen durch Ignoranz und Gleichgültigkeit auszuweichen.

Als die Kirche längst ihre Macht verloren hatte, übernahmen in diesem Jahrhundert erstaunlicherweise die Physiker und nicht die Chemiker die Frage nach der Herkunft aller Materie. Die Schöpfung aus dem 'Nichts' wurde ersetzt durch die mehr als merkwürdige Theorie vom Urknall, die zunächst Gelächter, später dann zunehmend Akzeptanz und zum Schluß Jubel und Bewunderung hervorrief. Aus der Theorie wurde schlichtweg eine Tatsache, die bereits den Grundschulkindern vertraut ist. Ich weiß von Professor Lay, daß er, so wie ich, beide Theorien – die Schöpfung aus dem Nichts und die Schöpfung aus dem Urknall – für schlichtweg falsch hält. Wenn also die Erschaffung der Welt nach wie vor ein

Rätsel ist, muß für dieses Rätsel auch eine Lösung existieren, auch wenn sie tief verborgen ist. Dies verlangt die Logik.

*

Ich sitze vor Professor Lay, dem dieses logische Problem geläufig ist. Er weiß, daß es mir gelungen ist, Licht in das tief verborgene Geheimnis zu bringen. In unserem Zeitalter wird allgemein angenommen, daß naturwissenschaftliche Erkenntnisse dort herkommen müssen, wo der Steuerzahler das viele Geld verschwinden sieht: in Universitäten und staatlich geförderten Forschungsprogrammen. Dies ist aber ein Märchen, denn geistige Durchbrüche und wirkliche Erkenntnisse sind immer nur von Einzelnen gekommen und niemals von Teams und einer mit Milliarden subventionierten Forschung. Diese Einzelnen waren und sind grundsätzlich keine Fachgelehrten, schon gar nicht 'Fachidioten', sondern müssen Forscher sein, die jenseits aller Zwänge des Hochschulwesens ihrem Drang nach Wahrheitssuche nachkommen können und darüber hinaus Fachwissen in den verschiedensten Disziplinen vereinigen.

Ein solcher Gelehrter war zum Beispiel Dr. Gottfried W. Leibniz. Er hatte Philosophie und Jura studiert und wurde später zusätzlich Alchimist und Physiker. Seine Entdeckung und Ausarbeitung der Unendlichkeitsrechnung machte ihn zu einem der größten Mathematiker der Weltgeschichte. Daneben war er noch Diplomat, Religionswissenschaftler, Historiker, Techniker und Schriftsteller für fast alle Themenbereiche.

*

Der Drang, Dinge zu ergründen, packte mich im

Alter von 11 Jahren beim Lesen eines Chemiebuches und führte später im faustischen Sinne zu einer Beschäftigung mit fast allen Wissenschaften. Nun, 43 Jahre später, sitze ich hier bei einem Menschen, der die fachliche Kompetenz und menschliche Größe hat, Inhalt und Konsequenzen meiner Arbeit wirklich zu erfassen. Er hat meine beiden Bücher vor sich liegen, die ich ihm vor 8 Wochen gegeben hatte und die er inzwischen gelesen hat. Ich habe mich oft im Leben Gutachtern stellen müssen. Zuerst war es eine Fülle von Universitätsprofessoren während der vielen Examina. Später dann brauchte ich immer wieder Beurteilungen meiner theoretischen Arbeiten. Sie sollten mir als Rückversicherung und Mutmacher dienen. Oft weckten sie allerdings nur heiligen Zorn, lieferten damit aber auch die Energie zum Weitermachen.

Diese Zeit der Abhängigkeit vom Urteil anderer ist jetzt vorbei. Das Rätsel, das sich hinter dieser materiellen Welt verbirgt, ist von mir unwiderlegbar gelöst. In dem uralten Kampf zwischen Theologie und Wissenschaft ist eine Entscheidung gefallen.

*

Dr. Matheis beginnt zu reden: „Herr Professor Lay, wir hatten bei unserem Besuch am 16. Februar ausgemacht, daß Sie die beiden Bücher von Herrn Plichta lesen und Stellung dazu nehmen wollten."

Plötzlich habe ich ein sonderbares Gefühl. Ich werde innerlich vollkommen ruhig. Mir ist, als ob eine unsichtbare Person hinter mir steht. Ich spüre den eiskalten Glanz der Wahrheit.

Professor Lay antwortet mit einem vorbereiteten Statement: „Ich möchte zu Herrn Plichtas Büchern Stellung nehmen:

1. Die Bücher sind faszinierend geschrieben.
2. Der Inhalt ist mathematisch einwandfrei.
3. Herrn Plichtas wissenschaftliche Untersuchungen stellen zum ersten Mal in der Geschichte der Menschheit für unser physikalisches Weltbild eine Grundlage dar. Alles vor Plichta – von Newton bis Einstein – waren nur Theorien."

Es ist totenstill im Raum. Die Kälte hinter mir ist verschwunden.

Ich hatte eine positive Stellungnahme erwartet, nicht jedoch eine so kompromißlose und mutige Abrechnung mit der hinter uns liegenden Physik.

*

Ein physikalisches Weltbild ist immer nur so weit richtig, wie es der Stand der Mathematik zuläßt. Diese Tatsache war in früheren Jahrhunderten den großen Denkern bewußt. Heute dagegen weiß es fast niemand.

Die meisten Leser denken sicher mit Schrecken an ihren Mathematikunterricht zurück. In der Tat bleibt von 13 Jahren Unterricht von der Grundschule bis zum Abitur nichts übrig als ein bißchen 'Alltagsrechnen'. Folglich ist das Interesse an mathematischen Fragen in der Bevölkerung nahezu Null. Diejenigen, die etwa durch ein Physik- oder Chemiestudium näher mit der Mathematik in Berührung gekommen sind, empfinden nach meiner Erfahrung nicht das geringste Staunen darüber, daß 'das Buch der Natur in Mathematik geschrieben' ist, wie es Galileo Galilei formuliert hat.

Wer gar Mathematik studiert hat, kann mit dem oben erwähnten Begriff 'Stand der Mathematik' nichts anfangen. Mathematikstudenten wird nämlich während des Studiums nichts davon gesagt, daß die Mathematik mit Ende des letzten Jahrhunderts als abgeschlossen gilt. Daran ändert auch nicht, daß noch in diesem Jahrhundert wichtige Einzelergebnisse erzielt wurden. Die meisten mathematischen Publikationen unseres Zeitalters machen äußerlich einen 'ehreinflößenden' Eindruck. Dahinter steckt allerdings zwanghafter Formalismus und in der Regel völlige Bedeutungslosigkeit; sie dienen der jeweils persönlichen Karriere.

Auch mit der gängigen Formulierung 'Physikalisches Weltbild' gibt es für den Mathematikstudenten große Probleme, denn die von ihm benutzte Mathematik wird von seinen Professoren als Erfindung dargestellt, die ohne den Menschen im Universum nicht vorhanden wäre.

*

Mathematik ist die Lehre von den Zahlen und den Figuren. Ihre Aufgabe ist es, allgemein gültige Sätze aufzustellen und Beweise zu finden. Deswegen ist sie streng mit der Logik, der Lehre von der Wahrheit, verknüpft. Dogmen, also spezielle oder gar allgemeine Glaubenssätze in der Mathematik einzuführen, würde einem Bruch mit der Logik gleichkommen – aber genau das ist erfolgt.

Der Mathematiker J. W. Richard Dedekind hat in seiner folgenschweren Abhandlung von 1887 'Was sind und was sollen die Zahlen?' die Zahlen als freie Schöpfungen des menschlichen Geistes bezeichnet. Dies wurde allgemein übernommen, obwohl sich das nicht beweisen läßt. Dieser Standpunkt wird so vehement vertreten, daß ein Mathematiker, der von der Realexistenz der Zahlen überzeugt ist, von seinen Kollegen als verrückt abgestempelt wird. Da in der Vergangenheit die wirklich großen Mathematiker wie Newton, Leibniz, Euler, Gauß, Hermite u.a. die Zahlen und die Unendlichkeit des Zählens mit Göttlichkeit und ewigem Dasein verbunden haben, müßte man diese wahren Genies nach zeitgenössischer Einstellung der Mathematiker posthum als verrückt erklären. Man hält sie gnädigerweise in diesem Punkt nur für 'unmodern'. Dies ist natürlich lächerlich, da Wahrheit völlig zeitunabhängig ist.

Mathematik darf in unserem Jahrhundert also 'nur' eine höchst geistvolle Beschäftigung sein, die nebenbei – welch ein Zufall! – erlaubt, die reale Welt mit 'erfundenen' Zahlen zu beschreiben. Mehr nicht.

*

Ich hatte Herrn Professor Lay bei unserem ersten Gespräch mitgeteilt, daß die Welt nicht nach einem Bauplan funktioniert, der ihr durch einen göttlichen Schöpfungsakt aus dem Nichts oder durch Zufall und Willkür eines Urknalls aufgezwängt worden ist, sondern nach einem Bauplan, der aus dem Wesen und der Struktur der Unendlichkeit existiert. Professor Lay hatte damals gefragt: „Was verstehen Sie unter Unendlichkeit?"

Ich hatte erklärt: „Unter Unendlichkeit verstehe ich die Summe dessen, was als unendlich denkbar ist, ohne daß es die Logik verletzt. Dazu gehören der Raum, die Zeit und auch, wie ich beweisen kann, die Menge der fortlaufenden Zahlen 0, 1, 2, 3, ..., die nie endet. Somit ist die Unendlichkeit etwas Dreifaches. Der Bezug zur abendländischen Gottesvorstellung – 'Vater, Sohn und Heiliger Geist' – ist nicht nur bemerkenswert, sondern mathematisch faszinierend, denn in der Tat ist im dritten Unendlichkeitsbestandteil, den Zahlen, eine im höchsten Maße geistvolle Information gespeichert, nämlich das

Muster der Primzahlverteilung. Bei immer größer werdenden Zahlen nehmen die Primzahlen in ihrer Häufigkeit ab."

Ich erläuterte weiter: „Gauß hatte schon als 15-jähriger vermutet, daß die Abnahme der Primzahlen nach einem für Mathematiker einfachen Gesetz erfolgt, nämlich nach dem natürlichen Logarithmus zur Basis e = 2,718..., der Eulerschen Zahl. Diese Vermutung zu beweisen, erwies sich als außerordentlich schwierig. Aber etwa 100 Jahre später, nämlich 1896, verblüffte der französische Mathematiker Jacques Hadamard die Fachwelt mit der Lösung des 'Primzahlsatzes'. Damals wurde die große Chance vertan, die Primzahlen mit der Physik in Verbindung zu bringen."

Professor Lay unterbrach mich: „Erklären Sie mir das bitte ganz genau!"

„Nun", sagte ich, „alle physikalischen Abläufe, zum Beispiel der radioaktive Zerfall, die barometrische Höhenformel, die Raketengleichung oder die Entropieänderung, gehorchen Gleichungen nach dem natürlichen Logarithmus. Da die Abnahme der Primzahlen ebenfalls mit dem natürlichen Logarithmus verknüpft ist, muß unsere physikalische Welt Folge der Primzahlverteilung sein."

In dem Moment erstarrte Professor Lay und verriet mit seiner nächsten Frage, daß er mich schlagartig verstanden hatte.

„Warum weiß ich davon nichts, obwohl ich Physiker bin?"

„Die Antwort ist sehr einfach", sagte ich. „Physikstudenten lernen den Umgang mit dem natürlichen Logarithmus, ohne auch nur ein einziges Mal darüber zum Nachdenken angeregt zu werden, warum die grundlegende mathematische Operation – das Integral von eins durch x – den natürlichen Logarithmus liefert. Die Physiker haben diese Ergebnisse aus der Mathematik einfach übernommen, ohne die Frage zu stellen, warum sich physikalische Abläufe überhaupt durch einen Logarithmus beschreiben lassen, der als Basis die mathematische Grundkonstante e besitzt. In der Mathematik ist die Situation genauso schlimm; dort interessiert sich niemand für die Frage, warum denn die Abnahme der Primzahlen – oder warum die Primzahlen überhaupt – etwas mit der Eulerschen Zahl zu tun haben."

*

Die Erinnerung an dieses erste Gespräch war mir in Sekunden durch den Kopf gegangen. Es herrscht eine Weile Schweigen.

Dr. Matheis nimmt das Gespräch wieder auf: „Wie soll's denn weitergehen?"

„Wir müssen", schlug ich vor, „darüber reden, wie man die ungeheuren Widerstände gegen Neues bei den Menschen abbauen kann. In den Wissenschaften haben neue Erkenntnisse immer sehr lange, oft ein oder zwei Generationen gebraucht, um sich durchzusetzen. Deswegen wäre es unklug, in der üblichen Weise zu verfahren und das neue Wissen in der wissenschaftlichen Welt durch Publikationen und Vorträge zu verbreiten. Hinzu kommt, daß in den Redaktionsstuben der 'feinsten' Publikationsorgane Doktores sitzen, die grundsätzlich nur Arbeiten von Elite-Universitäten annehmen. Sich aber an Elite-Universitäten zu wenden, ist völlig sinnlos, weil dort die Frage nach dem Rätsel dieser Welt überhaupt nicht existiert. Sie würde schlichtweg auf Unverständnis stoßen, weil der Jahrzehnte währende Jubel über das Erreichte sie alle für tiefe Fragen blind gemacht hat."

Wir diskutieren darüber, daß wissenschaftliche Entdeckungen nur dann von Nutzen sind, wenn sie zum Segen der Menschheit umgesetzt werden können. Der

— 15 —

ungeheure technische Fortschritt wird längst von der Bevölkerung sehr kritisch gesehen. Die Wissenschaftler haben sich vermehrt wie Mäuse in einem prall gefüllten Kornspeicher, finanziert mit Steuermitteln, die der Steuerzahler ungefragt zur Verfügung stellen muß. Dabei sind die Wissenschaften selbst zu reinen Broterwerbsquellen herabgesunken. Aus dieser ungeistigen Haltung, die längst mit Gleichgültigkeit gegenüber den wirklichen Fragen einhergeht, ist ein System entstanden, das ein höchst zweifelhaftes physikalisches Weltbild zum Dogma erklärt hat. Theoretische Physiker, Teilchenphysiker oder Astrophysiker, denen Zweifel kommen, ist der berufliche Aufstieg innerhalb der Universitätshierarchie verwehrt. Dabei wird völlig vergessen oder bewußt unterdrückt, daß wirklich wissenschaftlicher Fortschritt nur aus Zweifel und Kritik entstehen kann. Diese Kritik muß sich immer auch auf die in der Gegenwart gültige Lehrmeinung erstrecken. Dies lehrt uns alle die Vergangenheit.

Die Geschichte zeigt aber auch, daß geistiger Fortschritt letztlich nicht aufgehalten, sondern allenfalls von Ignoranten enorm verzögert werden kann.

„Jahrzehntelange Verzögerungen in Kauf zu nehmen, kommt jetzt nicht mehr in Frage", erkläre ich. „Die Entschlüsselung des Primzahlrätsels ist ein entscheidender geistiger Durchbruch durch die Mauer, vor der die gesamte Menschheit mit ihren nicht mehr zu lösenden Problemen steht. Die Menschheit braucht die Hilfe jetzt!"

*

Wir leben in Zeiten großer geistiger Umbrüche. Niemand hat sich vor zehn Jahren den Abbau der Stacheldrahtzäune vorstellen können, die mitten durch Europa liefen. Das Ausmaß an Verblendung und Lüge in den totalitären, kommunistischen Systemen war ungeheuerlich. Allerdings hat der Zusammenbruch wegen fehlender geistiger Grundlage nur die Freiheit gebracht, das kapitalistische System zu übernehmen. Vielleicht stellt sich jetzt aber sogar die Frage, ob der ehemalige Gegenpol dieses Systems, der Kapitalismus, nicht auch zum Untergang bestimmt ist. Uns dreien ist vollkommen klar, daß der materialistische Raffgierkapitalismus amerikanischer Prägung auch eine schlimme Gefahr für die Menschheit darstellt.

Der Kommunismus russischer Prägung war atheistisch. Der Kapitalismus ist wegen seiner materialistischen Ausprägung auch atheistisch, genau wie das physikalische Weltbild am Ende des zweiten Jahrtausends.

Von Propheten verschiedenster Färbung wird seit langem immer wieder von einer bevorstehenden Wende unseres Weltbildes geredet. Dabei bleibt im dunkeln, wo die geistige Grundlage dafür herkommen soll.

Mathematik und Logik sind die Grundlage allen Denkens. Wenn das Fundament des Denkens fehlerhaft ist, muß sich das in unserem physikalischen Weltbild genauso wie in unserem philosophischen und theologischen Verständnis verheerend auswirken. Die Entdeckung des Bauplans dieser Welt hat notwendigerweise zur Folge, daß für den Atheismus die Totenglocke läutet. Denn wenn die Welt nicht aus einem Urknall und das menschliche Leben und damit der menschliche Geist nicht aus Zufall entstanden sind, muß alles neu durchdacht werden.

*

Wichtig erscheint uns zum Abschluß der Diskussion, daß das neue Wissen einer breiten Öffentlichkeit und damit dem 'Mann auf der Straße' zugänglich gemacht werden muß. Dies ist die einzig realistische Möglichkeit, das neue Wissen noch so rechtzeitig zur Selbstentfaltung zu bringen, daß die Probleme, vor der die ganze Menschheit steht, gelöst werden können.

Wie das allerdings bewerkstelligt werden soll, wissen wir bei der Verabschiedung noch nicht.

Ist es überhaupt möglich, der Bevölkerung dieses Thema nahezubringen? Ist der 'Mann auf der Straße' nicht vorrangig mit der Bewältigung seines Alltags beschäftigt? Interessiert er sich in seiner Freizeit für chemische und mathematische Problemstellungen?

Ich drücke Professor Lay die Hand. So faszinierend das Gespräch war, so bin ich doch skeptisch. Meine theoretischen Arbeiten haben mich ungeheuer viel Kraft gekostet. Der schöpferische Kampf, um der Welt ihr Rätsel abzuringen, ist beendet. Ich bin unendlich glücklich, es geschafft zu haben. Gleichzeitig spüre ich, daß meine schwierige Mission nicht beendet ist. In diesem Moment blitzt es in Professor Lays Augen. Der Anflug eines Lächelns und ein kurzes Kopfnicken signalisieren: Sie werden es schaffen! Für diesen im höchsten Maße distanzierten Intellektuellen und kraftvollen, aber auch reservierten Vertreter der römisch-katholischen Kirche scheint mir diese Reaktion das Höchstmaß an Gefühlsäußerung darzustellen.

*

Plötzlich fühle ich mich wieder von neuem Mut erfüllt. Ich bin bei einem Theologen gewesen, weil der entdeckte Bauplan des Universums zwangsläufig die Frage nach Gott anschneidet. Mir kommt ein faszinierender Gedanke. Es ist ja gar nicht so wichtig, ob der 'Mann auf der Straße' sich für Chemie oder Mathematik interessiert. Der normale Mensch knipst ja auch einen

Lichtschalter ein, startet sein Auto oder schaltet den Fernseher an, ohne sich über die Grundlagen des Wechselstroms, der Explosionsmotoren oder der Funktion einer Braunschen Röhre den Kopf zu zerbrechen. Muß er also möglicherweise gar kein Mathematikbuch lesen, um meine Erkenntnisse und die daraus sich ergebenden Konsequenzen in ihrer Bedeutung zu erfassen und anzunehmen?

Herkömmliche Mathematik und Naturwissenschaften sind ungeheuer kompliziert. Schon als Kind habe ich Goethes Ansicht faszinierend gefunden, daß alles wirklich Große einfach sein muß. Das gewaltige Formelwerk der Fachbücher erschien mir immer schon wie eine Vertuschung von menschlicher Hilflosigkeit. Genau diese Ahnung hat sich erfüllt. Die Antwort auf die Frage nach dem Hintergrund der materiellen Welt ist von Einfachheit, Klarheit und bestechender Eleganz. Das müßte den Menschen in einem Buch vermittelt werden. Komplizierteste, wissenschaftliche Auseinandersetzungen haben dazu geführt, daß jetzt auf die einfachsten und damit tiefsten Fragen der Menschheit Antwort gegeben werden kann.

Welche Fragen aber stellen alle Menschen irgendwann einmal? Es sind die Fragen: 'Wer bin ich?', 'Wo komme ich her?', 'Warum gibt es die Welt?' und die alles entscheidende Frage: 'Gibt es einen Gott?' Auf diese Fragen konnten Wissenschaftler bisher keine Antwort geben. Vielleicht ist das sogar der Grund, warum sie unbewußt in ihrer unterdrückten Wut alles so kompliziert gemacht haben. Sie weichen diesen unbequemen Fragen mit dem Hinweis aus: 'Dafür sind wir nicht zuständig!'

Die Theologen sind davon überzeugt, daß sich die Existenz Gottes nur aus der Heiligen Schrift beweisen läßt. Weitere Gottesbeweise sind von den großen Kirchenlehrern immer wieder versucht worden. Es blieb bei den Versuchen, und man machte aus der Not eine Tugend. Dem Glauben wurde eine höhere Bedeutung zugemessen als dem Wissen.

Die Antworten auf die obengenannten Fragen sind also in völliges Dunkel gehüllt. Die einzigen Wahrheiten dieser Welt stammen von Weisheitslehrern wie Buddha, Laotse, Jesus u.a.

Die Entdeckung eines Bauplans für diese Welt zwingt Wissenschaft und Theologie, ihre dogmatische Selbstherrlichkeit zu überdenken und gibt zukünftig jedem Menschen die Chance, sich soweit auf diese Thematik einzulassen, wie er mag. Jeder Mensch wird damit in die Lage versetzt, sich von vermeintlichen Autoritäten unabhängig zu machen. Das hat logischerweise Selbstverantwortung und Freiheit zur Folge. Solange die Wahrheit über eine Sache nicht bekannt ist, ist dem allgemeinen Geschwätz Tür und Tor geöffnet. Offenbart sich die Wahrheit, herrscht Klarheit und Frieden.

*

Der größte Teil meiner Beschäftigung im ersten Halbjahr 1994 war damit erfüllt, die wichtigsten Sätze der Mathemetik darauf zu untersuchen, ob sie die Kostümierung ein und derselben Sache sind, nämlich der Primzahlen. Im Juni hatte ich die Antwort auf die Frage. Ich wußte, daß das Gebäude jener Wissenschaft zusammenbrechen wird, die die eitelste aller Wissenschaften ist – die Mathematik.

In der Chemie ist gelogen worden wie in keiner anderen Wissenschaft. In der Physik ist geprahlt worden wie niemals zuvor. In der Biologie aber, deren Teilgebiet die Medizin ist, hat man sich am närrischsten benommen, denn nirgendwo in der Vergangenheit und Gegenwart ist

— 20 —

so furchtbar viel Unsinn behauptet worden – und wieder vergessen worden – wie in der Biologie. In den drei Naturwissenschaften sind nicht nur die kleinen, sondern auch die großen, erst recht aber die ungeheuerlichen Irrtümer sehr schnell wieder aus den Lehrbüchern verschwunden und wurden häufig durch neue ersetzt. So leben wir denn auf dem Stand des jeweils gültigen Irrtums.

In der Mathematik dagegen, so tönt es, hat man sich noch nie geirrt, weil dort nur der Beweis zulässig ist. Dabei hat man aber schlichtweg die Frage unterschlagen, warum es in der Zahlenwelt überhaupt höchst geistvolle Vermutungen gibt, die sich entweder beweisen lassen oder sich bisher einer Lösung entzogen haben.

Ich nehme mir zwei Wochen Zeit, um die Wucht der Erkenntnis vom bevorstehenden Zusammenbruch der Mathematik zu verarbeiten. Sie wird so sicher untergehen wie das stolzeste Schlachtschiff der Erde, wenn es von einem Torpedofächer getroffen wird. Ein Fächerschuß besteht aus dem Schuß wenigstens zweier sich kreuzender Torpedos, wovon der eine das Überseeschiff dort trifft, wo es zum Zeitpunkt sein wird, wenn es mit gleichmäßiger (gleichgültiger) Geschwindigkeit fährt. Für den Fall, daß das stolze Schiff die Maschine stoppt, um sich zu retten, wird es von dem anderen Torpedo getroffen.

*

Hinter der Mathematik steckt ein tiefer, bisher völlig verborgener Zusammenhang. Ich kann jetzt endgültig beweisen, was die großen Denker Europas – von Pythagoras über Plato, Bruno, Leibniz und Gauß bis hin zu Einstein und Sommerfeld – nur vermuten konnten. Ohne die Realexistenz der Zahlen kann es kein Universum geben. Ich greife zum Telefon und rufe Professor Rupert Lay an.

Ich teile ihm mit, daß mit dem Zusammenbruch der mathematischen Dogmen eine völlig neue Situation entstehen wird. Er antwortet: „Ich weiß, Herr Plichta."

Ich frage: „Sind Sie bereit, vor laufender Fernsehkamera über den notwendigen Fall der mathematischen Dogmen zu reden?"

„Selbstverständlich!" lautet seine Antwort.

Wieder beginnt mich jene Kälte von hinten zu streifen. Ich höre mich verblüfft selbst fragen: „Aber wenn ein einziges entscheidendes Dogma fällt, dann sind von dem Tag an alle von Menschen aufgestellten Dogmen in höchstem Maße fragwürdig."

„Das ist richtig", erwidert der Pater.

„Aber Sie sind katholischer Priester. Die römische Kirche ist völlig in Dogmen verstrickt", entfährt es mir aufgeregt.

„Wofür braucht die katholische Kirche Dogmen? Die anderen christlichen Kirchen kommen doch auch ohne Dogmen aus!" höre ich ihn zu meiner Verblüffung antworten.

Ich weiß, daß meine nächste Frage und seine Antwort darauf zum Schritt in ein neues Zeitalter werden.

„Sind Sie auch in diesem Punkt bereit, vor laufender Kamera zu erklären, daß mit dem Fall der Dogmen in der Mathematik, die ja Symbol für das Ausmaß menschlicher Verblendung sind, auch der römischen Kirche nichts anderes übrig bleibt, als sich rücksichtslos von aller Dogmatik zu trennen und sie einer hinter uns liegenden Epoche zuzuordnen?"

Er antwortet ein zweites Mal: „Selbstverständlich!"

2. Kapitel

Chemie und Leidenschaft

Nach meiner Geburt gab es ein kleines Erlebnis, von dem meine Mutter so überwältigt gewesen sein muß, daß sie davon fast 20 Jahre immer wieder erzählt hat. Nachdem sie am 21.10.1939 aus der Narkose aufgewacht war, erschienen Chefarzt, Stationsärzte und Schwestern der Fabricius-Klinik am Bett der Wöchnerin und legten der stolzen Frau rechts und links einen Buben in den Arm. In dem Moment öffnete sich der Himmel, wie sie erzählte, und ein hell gleißender Lichtstrahl wie von einem starken Scheinwerfer drang durch die schweren Regenwolken und ließ die Köpfchen der Neugeborenen hell erstrahlen. Eine Ordensschwester rief: „Ein Wunder!", andere knieten sich hin und bekreuzigten sich. „Aus diesen Jungen wird später etwas ganz Besonderes", verkündete ein Arzt. Eine Ankündigung, die meine abergläubische Mutter und die frommen Schwestern nur zu gerne glaubten und die Nonnen zu dem Vorschlag veranlaßte, mir den Namen Peter zu geben. Da der Name Paul ohnehin in unserer Familie seit Generationen vertreten war, wurden die Zwillinge auf die Namen der Apostel Peter und Paul getauft.

Prophezeiungen bei der Geburt von Kindern sind in der Geschichte oft beschrieben worden. So soll ein halbes Jahr vor der Geburt des Jean François Champollion, der die altägyptische Hieroglyphenschrift entschlüsselt hat, der 'Zauberer' Jacqou am Bett der völlig gelähmten Mutter deren Heilung vorausgesagt haben. Gleichzeitig prophezeite er die Geburt eines Knaben, der „einst Ruhm ernten solle, der Jahrhunderte überdauern würde" (C.W. Ceram). Als Champollion elf Jahre alt war, lud ihn der berühmte Mathematiker und Physiker Fourier ein und zeigte dem Jungen seine Ägyptische Sammlung. Verzaubert sah der Knabe die ersten Papyrusfragmente und fragte Fourier: „Kannst du das lesen?" Fourier verneinte und der kleine Champollion rief: „Ich werde es lesen, wenn ich groß bin!"

*

Das Jahr 1939 war eins der folgenschwersten der menschlichen Geschichte. Im Februar hatte der führende Kernchemiker Otto Hahn einen Artikel mit dem Beweis für die Spaltung von Uranatomen publiziert. Seit der Begründer der modernen Chemie, Antoine de Lavoisier, vor etwa 200 Jahren die chemischen Elemente als nicht weiter teilbar bezeichnet hatte, war die Nichtteilbarkeit der Atome, aus denen alle Elemente bestehen, mit Experimenten immer besser belegt und schließlich zum Dogma erklärt worden.

Der Chemiker Otto Hahn hatte ein naturwissenschaftliches Dogma als falsch entlarvt. Die Entdeckung aus dem Jahre 1939 führte schon 1945 zur Explosion der ersten drei Atombomben. Einige Jahre später gelang es einem Mathematiker, den gedanklichen Trick zu finden, die Atombomben so einzusetzen, daß sie zur Zündung von schwerem Wasserstoff und Lithium benutzt werden konnten. Die Wasserstoffbomben, deren Sprengkraft jenseits der Vorstellung der Menschen liegt, sind zur Explosion vorbereitet. Die Zündprogramme sind mit Primzahlen verschlüsselt. Die ganze Menschheit ist in Lebensgefahr.

*

Mit einem Zwillingsbruder aufzuwachsen, stellte

sich für mich als äußerst schicksalhaft heraus. Das 'Zwillingsproblem' begleitete mich durchs Leben, wie der Leser später erfahren wird.

Ich freute mich ungewöhnlich auf meinen ersten Schultag und hatte vor Aufregung in der Nacht zuvor kaum schlafen können. Als es Zeit war, in die Schule zu gehen, begann ich, gewaltig am Arm der Mutter zu zerren, während mein Bruder, der die ganze Zeit still geweint hatte, in ein Geheul wie von Todesangst ausbrach, sich auf die Erde warf und versuchte, Mutter am anderen Arm zurückzuhalten. Die Passanten waren verwundert, wie sich da ein Junge immer wieder auf die Straße fallen ließ, dafür gewaltig verhauen und trotzdem mitgeschleift wurde, während der andere eifrig versuchte, die Mutter voranzuziehen. Auf dem Rückweg hatte sich die Situation umgekehrt. Nun heulte ich, und mein Bruder zog voller Eifer die Mutter heimwärts, denn in der Schule hatten wir erfahren, daß der Unterricht wegen Kohlemangels erst ein halbes Jahr später beginnen würde.

Ich konnte zu Beginn der Schulzeit gleich lesen und schreiben, mein Bruder allerdings weigerte sich, nur ein einziges Wort lesen und schreiben zu lernen. Die Schuljahre hindurch zeigte er überhaupt kein Interesse und noch so viele und heftige Schläge der Eltern hatten keinen erkennbaren Einfluß auf sein Verhalten.

Allmählich wurde den Eltern deutlich, wie grundsätzlich verschieden wir waren. Ich las, soviel ich konnte, mein Bruder las nie. Ich wurde der Lieblingsschüler unseres Klassenlehrers. Mein Bruder saß in der Klasse und hütete sich, den Mund aufzumachen. Trotz dieser auffallenden Unterschiede waren wir immer gleich gekleidet und pflegten überall, wo wir erschienen, uns nebeneinanderzustellen, geradezustehen und mit herausgestreckter Brust auf die Frage „Wie heißt ihr denn?" gemeinsam zu antworten:

„Wir heißen Peter und Paul!"
In der Regel bekamen wir daraufhin zu hören:
„Peter und Paul, der eine ist fleißig, der andre ist faul."

*

Die Nachkriegsjahre waren äußerst hart. Von Beruf Ingenieur, besaß mein Vater Interesse für eine ganze Reihe anderer Wissenschaften. Ständig experimentierte er herum. Irgendwann hatte er genug ranziges Fett, das selbst in den Hungerzeiten ungenießbar war, angesammelt und kochte an einem bestimmten Tag dieses Fett auf dem Küchenherd mit verdünnter Natronlauge in einem großen Einkochkessel zu Seife. Die Lauge hatte er mit Ätznatronplätzchen selbst hergestellt. Diese befanden sich in einer Chemikalienflasche mit dem wunderschönen Etikett

NaOH
Natriumhydroxyd
chemisch rein

Verschlossen war die Flasche mit einem paraffingetränkten Korkstopfen. Oft stand ich im Keller und schaute mir die weißen Plätzchen an, von denen mein Vater gesagt hatte, daß davon die Hornhaut der Augen blind werden könne. Der Begriff jedoch, um den es in diesem Buch geht, dieses Wort, das mein Leben beherrschen würde, war noch nicht gefallen. Ein paar Jahre sollten noch vergehen, bis ich es zum ersten Mal hören würde: Chemie!

*

Da ich in der Schule so gut stand, hieß es bald in der Verwandtschaft, der Peter werde einmal Professor, wenn nicht gar Gelehrter. Zum Ausgleich hieß es von Paul, er werde sehr reich. Beide Voraussagen sollten sich erfüllen. Der Peter wurde Gelehrter, und der Paul heiratete die Erbin eines Milliardenvermögens. Meine Liebe gehörte der Chemie, die Liebe meines Bruders gehörte den Millionen aus der chemischen Industrie.

Unseren verschiedenartigen Veranlagungen begegneten die Eltern mit völliger Hilflosigkeit. Der Vater fragte niemals auch nur nach dem Unterrichtsstoff, die Mutter zeigte ein an Besessenheit grenzendes Interesse an Schulaufgaben und Noten. Die Vorstellung, daß die Asymmetrie der zweieiigen Zwillinge ganz natürlich erklärt werden kann, war den Eltern fremd. Sehr deutlich zeigte sich ihre Hilflosigkeit in der Behauptung, der Peter habe im Bauch der Mutter dem Paul die Nahrung weggegessen, und es sei nur gerecht, wenn er dies in seiner Jugend durch Nachhilfeunterricht wiedergutmache. Die Geschichte aus dem Mutterleib empfand ich als arg dumm. Mir war mein Bruder völlig wesensfremd und eigentlich herzlich gleichgültig, wenn ich nicht jenes seltsame, stark ausgeprägte Gefühl gehabt hätte, mit diesem fremden Menschen durch ein unsichtbares, aber unzertrennbares Band verbunden zu sein.

*

An der Aufnahmeprüfung des Lessing-Gymnasiums in Düsseldorf konnte ich nicht teilnehmen, weil ich erkrankt war. So fuhr Paul denn alleine zur Prüfung, konnte mir jedoch danach nicht sagen, welche Aufgaben gestellt worden waren. Merkwürdigerweise bestand er die Prüfung, während ich in der Wiederholungsprüfung mit den Rechenaufgaben in größte Schwierigkeiten geriet. Es waren zwar nur einfache Dreisatzaufgaben, aber so etwas hatten wir in der Schule nicht gelernt. Damit wäre ich eigentlich durchgefallen, wäre nicht die Rechennote meines Abschlußzeugnisses so gut gewesen. Ein alter weißhaariger Herr nahm mich mit zu einer Nische des Konferenzzimmers der Schule. Später erfuhr ich, daß er nicht nur Mathematik- und Physiklehrer war, sondern auch Astronom. Ich mußte mich auf sein Knie setzen.

Er sagte: „Junge, erzähl mir etwas über die Zahlen."

„Die Zahlen beginnen mit 1, 2, 3 oder mit 0, 1, 2, 3 und laufen nach dem Zehnersystem durch Anhängen einer Null über die 10, 100, 1000, 10000 immer weiter."

„Und wie geht das weiter?" fragte der alte Mann.

Ich sagte: „Erst kommt die Million, dann die Milliarde, dann die Billion, die Billiarde, die Trillion ..."

„Und wann hören die Zahlen auf?"

Ich sagte: „Nie."

„Warum nicht? Irgendwann müssen sie doch aufhören."

„Die Zahlen können nicht aufhören, weil sie unendlich sind."

„Kennst du noch etwas, was unendlich ist?"

„Ja", antwortete ich, „der Weltraum und die Zeit."

Da legte er seine Hand auf meinen Kopf und sagte: „Junge, du kannst gehen."

*

Eines Tages entdeckte ich im Schreibtisch meines Vaters kleine Päckchen mit Papierstreifen und der Aufschrift 'Merck-Lackmuspapier'. Ich fragte meinen Vater, was das sei. Der ging mit mir in die Küche, nahm ein Glas Wasser und gab Essig hinzu. Dann holte er aus Mutters Spülschrank einen Brocken Soda und verrührte ihn mit Wasser. Jetzt nahm er Lackmuspapierstreifen Rot bzw. Blau und tauchte sie abwechselnd in die saure und in die basische Lösung. Ich beobachtete fasziniert die Farbumschläge.

„Was ist das?" wollte ich wissen, „wie nennt man das?"

Er lächelte und antwortete: „Chemie".

Dieses Wort hatte ich noch niemals gehört. Doch schon ein paar Tage später tauchte es zum zweiten Mal auf. Die Eltern waren mit Paul und mir am Rande der Düsseldorfer Altstadt spazierengegangen, und im Schaufenster eines Ladens für optische Geräte und Spielzeugartikel, wie elektrische Eisenbahnen und Baukästen, las ich zum ersten Mal das Wort 'Chemie'. Ausgestellt war ein Chemiebaukasten der Firma Kosmos zum Preis von zwanzig Mark. Glücklicherweise näherte sich mein 11. Geburtstag. Ich konnte den Tag kaum erwarten und lebte in großer Sorge, daß es bis dahin noch einen ordentlichen Streit geben könnte, so wie häufig in meinem Elternhaus, und dann das Geburtstagsgeschenk gestrichen würde.

Aber alles verlief, wie ich's mir erträumt hatte: In der Mittagspause fuhr der Vater mit mir zu Optik Ziem und kaufte mir den Baukasten. Anschließend setzte er mich am Lessing-Gymnasium ab. Denn wir hatten Nachmittagsunterricht in wöchentlichem Tausch mit einer anderen Schule. Ich kam zu spät und schoß mitten in die Lateinstunde mit dem Schrei:

„Paul, ich hab' den Chemiebaukasten!"

*

Abends begann ich sofort mit den Versuchen, aber bereits nach wenigen Tagen war ich tief enttäuscht. Irgend etwas fehlte in dem Anleitungsbuch, etwas, was ich

— 29 —

nicht kennen konnte, aber ahnte. Es fehlten die chemischen Formeln. Doch die Begegnung mit einem älteren Schüler, mit dem ich mich über meine Probleme unterhalten konnte, half mir weiter. Er lieh mir das Standardwerk aller jugendlichen deutschen Chemiker:

Römpp: „Chemische Experimente, die gelingen".

Da waren sie, die chemischen Formeln. Jetzt war ich zufrieden.

Wenig später hatte ich das erste richtige Lehrbuch der Chemie in der Hand. Ich las, daß alle Materie gekörnt ist, daß alles aus Atomen besteht und daß es verschiedene Atomarten gibt. Ich erfaßte schlagartig, daß das ganze Universum aus bestimmten Stoffen besteht, die in den Naturwissenschaften chemische Elemente genannt werden. Sie werden numeriert mit den Zahlen 1, 2, 3, 4, 5 usw. und geordnet, da sie sich wegen ihrer Ähnlichkeit in insgesamt 8 Gruppen aufteilen lassen. Diese Gruppen werden auch Oktavreihen genannt, wie es uns bei den geordneten Tönen in der Musik geläufig ist. Die Tabelle mit allen aufgeführten chemischen Elementen in Achterreihen wird in der Fachsprache Periodensystem genannt.

Ich las wochenlang in diesem Buch alles über Salpetersäuren, seltene Erden, Radioaktivität. Mir war, als ob ich den gesamten Stoff schon kannte und nur eine Zeitlang vergessen hatte – als würde ich mich nur wiedererinnern.

Als der Junge, mit dem ich mich so gut austauschen konnte, eines Tages verschwunden war, gab es niemandem mehr, mit dem ich über Chemie hätte reden können, außer mit mir selbst. Es hätte auch niemanden interessiert, weder den Vater noch die Lehrer, wenn ich als knapp zwölfjähriger Junge behauptet hätte, ich könne mit chemischen Formeln umgehen wie der kleine Mozart mit seinen Noten.

Ein Jahr später erhielt ich einen Radiobaukasten und eine Radioröhre mit einer Anodenspannung von etwa 16 Volt. So interessant die Versuche mit der Röhre auch waren, der kleine Siliziumkristall des Baukastens fesselte mich mehr. Durch Berühren mit einer Drahtspitze war es nämlich möglich, diesem Kristalldetektor ganz ohne Batteriestrom ferne Radiosender zu entlocken. Ich beschäftigte mich mit der Frage, warum man anstelle des schwerfälligen Radioröhrenverfahrens nicht die Fähigkeit des Siliziumkristalls ausnutzte, hochfrequente Wechselströme gleichzurichten.

Später erfuhr ich, daß J. Bardeen, ein amerikanischer Physiker, den Nobelpreis dafür bekommen hatte, daß er diese Idee verwirklicht hatte. Er wechselte sein Arbeitsgebiet und erhielt 1972 für seine Leistung auf dem Gebiet der Kernresonanzspektroskopie den Nobelpreis ein zweites Mal. Mit dieser Methode der Spektroskopie sollte es mir 1968 gelingen, als erster asymmetrische Zwillingsatome bei Silizium-Wasserstoff- und Germanium-Wasserstoff-Verbindungen nachzuweisen, wichtige Voraussetzung für meine spätere theoretische Arbeit. Während dieser Messungen mußte ich an meinen kleinen Siliziumkristall zurückdenken – Transistoren werden nämlich aus Silizium oder Germanium hergestellt.

*

Der fast elfjährige Junge hatte das Wort Chemie kennengelernt, und die Jahre danach sind charakterisiert durch die Entdeckung und Beschäftigung mit dieser Wissenschaft. Nach und nach richtete ich mir ein vollständiges Labor ein.

Meine Neigung zu theoretischen Überlegungen war immer gekoppelt mit großer Experimentierfreude. Da liegen ja auch die eigentlichen Erfolge der Chemiker des neunzehnten und zwanzigsten Jahrhunderts. Wie in der Renaissance mit einer auffälligen Kunstfertigkeit der Handwerker, Künstler, Architekten und Ingenieure eine neue Epoche begann, so hat in diesen zwei Jahrhunderten die Experimentalchemie unsere Welt verändert. Da hatte sich der junge Peter geschworen, kräftig mitzumischen mit Hilfe seiner Hände, von denen später der Direktor eines chemischen Institutes sagen sollte, sie seien denen von Emil Fischer ähnlich – und dieser Nobelpreisträger sei bekanntlich fähig gewesen, sogar Schweizer Käse in Kristall zu verwandeln.

Mit diesen Händen lernte ich schon sehr früh die Kraft kennen, die bei chemischen Explosionen frei wird. Immer wieder liest man, daß junge Menschen Chemikalien miteinander mischen und daß sich dabei schwerste Unfälle ereignen. Ich hatte das Glück, als kleiner Junge einen wirklich dummen Fehler zu begehen und dadurch zu begreifen, daß es nicht die Gefährlichkeit der Chemikalien ist, die unterschätzt wird, sondern die Dummheit und die manuelle Ungeschicklichkeit.

Paul und ich hatten auf der Kirmes vom Vater den ersten Luftballon geschenkt bekommen. Ich vermutete, daß die Gasfüllung nicht aus dem teuren Helium bestand, sondern aus dem preiswerten Wasserstoff, dem Element Nummer 1. Am nächsten Tag überprüfte ich, welches Gas in dem Ballon war. Als nachmittags die Eltern ihren Mittagsschlaf hielten, entknotete ich den Gummiverschluß des Ballons, öffnete die Tür des Küchenofens, in dem ein Brikettfeuer glimmte, und ließ vorsichtig zunächst einen kleinen Teil des Gases in den Ofen strömen und dann – als nichts passierte – etwa den Gasinhalt des halben Ballons. Da gab's einen fürchterlichen Knall. Die schwere Stahlplatte, die den Ofen über eine Fläche von einem halben Quadratmeter bedeckte, wurde von der Wucht der Explosion hochgeschleudert. Ich flog durch die Küche unter den Tisch. Da lag ich, schwarz wie ein Bergarbeiter, und wußte, warum eine Wasserstoff-Luft-Mischung Knallgas genannt wird. Vorsichtig wurde die Tür zwischen Küche und Schlafzimmer einen kleinen Spalt weit geöffnet, der Vater steckte nur gerade seine Nase hindurch und rief dann: „Herta, er lebt noch!"

Vor Freude, daß mir nichts passiert war, vergaßen die Eltern sogar, mich zu verhauen.

*

Von nun an hatte ich zu Explosivstoffen ein ganz bestimmtes Verhältnis. Ohne die in der Jugend gewonnene Erfahrung mit Spreng- und Raketentreibstoffen hätte ich meine Arbeiten mit Silizium-Wasserstoffen später an der Universität niemals so gelassen durchführen können. Chemiker lernen in ihrer Ausbildung nichts über Explosivstoffe; so hat kaum einer einen Bezug dazu.

Ich sprengte gleich zu Beginn meiner Experimente mit selbstgebauten elektrischen Zündern, da mir klar war, daß Zündschnüre anzuzünden viel zu gefährlich ist. Der große Garten und das Werksgelände hinter unserem Haus waren in den Abendstunden und an den Wochenenden der ideale Übungsplatz. Ich fand es damals urkomisch, wenn ich am Küchentisch damit beschäftigt war, eine neue Bombe anzufertigen und zum Schluß alles schön mit Isolierband umwickelte, während meine Mutter gleichzeitig am Ofen stand und kochte. Ich nahm dann meine Schalttafel und das aufgerollte Kabel, steckte mir Werkzeug in die Hosentasche und ging zur Haustüre hinaus. Sie rief hinter mir her:

„Peter, wir essen gleich!"

„Ich brauch' nicht lang!" rief ich dann zurück. Ich brauchte ja wirklich nicht lange. Es galt nur, die Bombe mit dem Zündkabel zu verbinden, fünfundzwanzig Meter Kabel abzurollen und das Kabel mit meiner Schalttafel zu verbinden. Ich betätigte einen Umschalter, überprüfte die Stromspannung, drückte auf einen Nachttischlampenknopf, und dann gab es einen fürchterlichen Knall. Ich rollte mein Kabel wieder zusammen, schnappte meine Schalttafel und ging ins Haus zurück. Mutter sagte: „Eines Tages kommt noch die Polizei."

Das Geld für die Chemikalien erhielt ich in all den Jahren von meiner Mutter, die die bemerkenswerte Leistung vollbrachte, alle Plichtas, die Putzfrau und einen Hund von vierhundert Mark Haushaltsgeld im Monat zu ernähren und zu versorgen. Einen Teil steuerte ich selbst bei, indem ich Altpapier, Schrott und Buntmetall sammelte. Mein Geld floß in die Bären-Apotheke und in eine Chemikalienhandlung.

Mit Kaliumchlorat-Zuckermischungen ließen sich Feststoffraketen bauen. Wenn ich die im Schraubstock eingeklemmten Treibsätze im Keller zündete, heulten sie gewaltig auf. Ich träumte davon, in den Himmel zu rasen.

*

Als Dreizehnjähriger hatte ich mir zu Weihnachten ein weiteres Buch von Römpp gewünscht, „Organische Chemie im Probierglas". Es kostete acht Mark, und ich bekam es geschenkt. Ich verbrachte Weihnachten mit der Lektüre meines Buches, dessen allgemeiner Teil mit folgenden Worten beginnt:

„Im Jahre des Heils 1675 schrieb Lémery, ein französischer Chemiker und 'Dokteur en Médecine', ein lichtvolles Werk mit dem Titel 'Cours de Chymie', das zahlreiche Auflagen erlebte und in die meisten lebenden und toten Sprachen übersetzt wurde. In diesem Buch wurde die Welt der Stoffe zum erstenmal in drei große Bezirke aufgeteilt ..."

Mit diesem einen Satz war mein Interesse für die Geschichte der Chemie geweckt. Auf der Universität hört man nichts von der Geschichte der Chemie, im Gegenteil, man schämt sich der Geschichte der Chemie, die ihre Anfänge bei den Magiern, den Scharlatanen und den Zauberern hat. Von Jahrhundert zu Jahrhundert versuchten die wenigen großen Chemiker, der jungen Wissenschaft den Makel der Betrügerei zu nehmen. Aber in keiner Wissenschaft – um die Worte des Lutz Graf Schwerin von Krosigk über die Alchimie abzuwandeln – und überhaupt nie, auch nicht vor Wahlen und nach der Jagd, ist so gelogen worden wie in der Chemie.

*

Ein chemischer Versuch, den ein Junge mit seinem Chemiebaukasten ausführt, unterscheidet sich in nichts von dem gleichen Vorgang, der im Vorlesungssaal eines chemischen Institutes durchgeführt wird. Da wird zum Beispiel die farblose Lösung eines Stoffes A mit der farblosen Lösung des Stoffes B gemischt, und sofort fällt ein dicker blauer Niederschlag aus. Dann wird postuliert, das sei so, weil A mit B reagiert. Warum das so ist, warum das auch am anderen Ende des Weltalls so ist und in unendlich ferner Zukunft immer so bleiben wird, findet keine Antwort. Denn danach wird überhaupt nicht gefragt. Ich kannte diese Frage damals noch nicht. Es gab so viel Neues zu lesen in Chemie, es stand so viel geschrieben von dem, was wir alles wissen, daß mir eine Zeitlang gar nicht auffiel, was wir alles nicht wissen.

*

Durch mein zunehmendes Interesse auch an der Physik stieß ich etwa mit fünfzehn auf ein ganz ungewöhnliches Problem, das Problem der Elektronen. Ein Atom besteht immer aus einem Atomkern und elektrisch geladenen Teilchen, Elektronen genannt, die sich um den Kern bewegen wie Planeten um die Sonne. Wenn sich zwei Atome chemisch binden, dann verbindet sie der Chemiker gedanklich oder zeichnerisch mit einem Strich. Was da wirklich die chemische Bindung ausmacht, sind zwei Elektronen der verschiedenen Atome, die sich festhalten. Man nennt sie Elektronenpaarzwillinge. Diese Elektronenpaarbindung ist eine der Grundlagen der Chemie. Elektronenpaarbindung ist die Ursache dafür, daß sich verschiedene Atome zu Molekülen verbinden.

Dem Physiker geht es nun nicht um die Herstellung von Verbindungen zwischen verschiedenen Atomen, sondern um die präzise Beobachtung der Bewegung der Elektronen, die sich in besonderen Situationen auch vom Atom loslösen können, wie zum Beispiel in einer Fernsehröhre.

Chemiker und Physiker beobachten also das Verhalten von Elektronen unter völlig verschiedenen Bedingungen. Deshalb kommt es zu jeweils völlig verschiedenen Aussagen über die scheinbar gleiche Sache.

In der Elektrophysik sind Elektronen elektrisch gleich geladene Teilchen, die sich gegenseitig abstoßen und gar nicht auf die Idee kämen, sich gegenseitig festzuhalten, also Elektronenpaarzwillinge zu bilden.

Als ich diese Widersprüchlichkeit erstmals voll erkannt hatte, begriff ich etwas sehr Wichtiges. Wäre ich nur Chemiker, wäre mir die Physik der Elektronen völlig gleichgültig, denn die Elektronenpaarbindung läßt sich beweisen. Wäre ich hingegen nur Physiker, wäre mir die Chemie der Elektronen gleichgültig, denn die abstoßenden Kräfte zweier Elektronen lassen sich ebenfalls beweisen. Mein Problem tauchte offensichtlich dadurch auf, daß ich beides zu werden ahnte: Chemiker und Physiker.

*

Meine leidenschaftliche Beschäftigung mit den Naturwissenschaften hatte natürlich Konsequenzen im Unterricht. Der Biologielehrer erklärte einmal nach einem halbstündigen wirren Gefasel über die geheimnisvolle Substanz Chlorophyll, es gäbe keinen Schüler, der in der Lage sei zu erklären, wie man den grünen Pflanzenfarbstoff aus den Blättern isolieren könne. Für eine solche Antwort müsse man ein Genie sein. Dann folgte noch der Hinweis, geniale Menschen seien ausgestorben. Daraufhin stand ich kühl auf und erklärte knapp:

„Man zerreibt grüne Blätter mit Sand in einem Mörser, kocht dann diesen Teig mit Alkohol, filtriert anschließend und zieht den Alkohol ab. Übrig bleibt im Rückstand das Chlorophyll."

Der Biologielehrer schrie mit überschnappender Stimme, das hätte ich irgendwo abgelesen, ich sei auf gar keinen Fall ein Genie. Ich entgegnete, dies zu beurteilen, sei er viel zu dumm. Die Klasse tobte.

Im Physikunterricht spielte sich zur gleichen Zeit eine fast identische Geschichte ab. Mit endlosen Worten hatte der Lehrer das Ohmsche Gesetz besprochen. Wie der Physiker Ohm gefunden hat, sind Widerstand, Spannung und Stromstärke durch folgende Gleichung miteinander verbunden:

$$Ohm = \frac{Volt}{Ampère}$$

Hinter diesem Gesetz verbirgt sich die ganze Eigenart des elektrischen Stromes. Dem ehemaligen Studienrat Ohm hat diese Entdeckung viel Ärger bereitet, denn bei einem Besuch an der Münchner Universität 'bewies' man dem Außenseiter, daß die Gesetze des elektrischen Stromes viel zu kompliziert seien, als daß sie sich in eine Gleichung mit drei Buchstaben einzwängen ließen. Aus München zurückgekehrt, bedrohte ihn dann der lange Arm der Dienstaufsicht führenden Behörde bis zur Entlassung.

Natürlich hatte unser Physiklehrer mit keinem Sterbenswörtchen auf diese Geschichte hingewiesen. Nun fragte er, ob denn jemand aus der Klasse das Wesentliche der Ohmschen Gleichung mit einem einzigen Satz ausdrücken könne. Wer dies könne, sei ein Genie. Als sich niemand meldete, stand ich auf.

„Das Besondere an dieser Gleichung ist, daß man nur eine der drei physikalischen Größen zu 1 machen muß, dann sind die beiden restlichen sofort gleich oder reziprok."

Beeindruckt trat der Physiklehrer auf mich zu und fragte zurück: „Peter, hast du das irgendwo gelesen? Oder ist dir diese Antwort jetzt spontan eingefallen?"

Ich zögerte und griff dann zur Notlüge: „Herr Studienrat, ich hab das irgendwo gelesen."

Alle waren erleichtert.

3. Kapitel

Jugend eines Forschers

Albert Einstein wurde 1933 mit Haftbefehl gesucht, weil er als jüdischer deutscher Bürger im Ausland vor dem Nazi-Regime gewarnt hatte. Er emigrierte nach Amerika und lebte bis zu seinem Tode 1956 in einem ... städtchen sehr zurückgezogen. Dort ... h jemanden, ... Er galt in ... icht als der ... heute. Sein ... en letzten 20 ... swerk immer ... wei bestimm- ... zen war, näm- ... hysik. Darauf ... Urknall-Theorie

... Albert Einstein ... Evolution der ... ndigkeit fesselte ... egriffen, daß sie ... h als solcher nie ... mpe, von der aus ... fortbewegt, vor- ... st mit hoher Ge- ... gt, bleibt die Ge- ... usdehnt, konstant. ... Kilometern pro Se-

Der W... ... kunde.

*

— 39 —

Unsere Wissenschaftler unterscheiden zwischen den von Menschen erfundenen mathematischen Konstanten und den Naturkonstanten. Mathematische Konstanten sind z.B. die Kreiszahl π = 3,141... und die Eulersche Zahl e = 2,718... Auf diesen 'erfundenen' Zahlen ruht merkwürdigerweise das Gebäude der Physik. Physiker stellen den absoluten Wert von Naturkonstanten nicht in Frage, diskutieren aber mit Eifer: 'Was wäre, wenn z.B. die Lichtgeschwindigkeit oder die Gravitationskonstante einen anderen Wert hätten?' Mathematische Konstanten hingegen werden nicht durch Messen gewonnen, sondern durch Berechnungen 'gefunden' und werden somit grundsätzlich nicht diskutiert. Damals ahnte ich noch nicht, daß ich später beweisen würde, daß mathematische Konstanten auch Naturkonstanten sind. Damit hat der Mensch sie nicht erfunden, sondern gefunden.

*

Ich fragte mich, was sich ändern würde, wenn sich das Licht mit einer anderen Geschwindigkeit fortbewegen würde, etwa mit 500 000 Kilometern pro Sekunde. Am Wesen der Physik und auch an der Relativitätstheorie scheint sich überhaupt nichts zu ändern, weil wir eine andere Lichtgeschwindigkeit genauso für die nun einmal gegebene halten würden. Das Wesen einer Naturkonstanten besteht aber gerade in der Existenz eines einzigen unveränderbaren Zahlenwertes. Da wir die Lichtgeschwindigkeit im Dezimalsystem mit den Dimensionen Länge (Kilometer) und Zeit (Sekunde) angeben, scheint uns dieser Wert willkürlich zu sein. In der Tat wäre er ja in einem anderen Zählsystem und in anderen Dimensionen (Maßeinheiten) ein anderer. Dieser Gedankengang ist falsch. Am **absoluten** (seinsmäßig begründeten) Zahlenwert ändert sich überhaupt nichts. Wir verschleiern das Problem, wenn wir die Lichtgeschwindigkeit mit einem Buchstaben – nämlich c – ausdrücken.

Das Wesen der Lichtgeschwindigkeit, dieser Naturkonstanten, muß in ihrem Zahlenwert liegen. Dahinter muß einfach eine Zahl stecken, im einfachsten Falle etwa eine Eins, eine Drei oder irgendeine andere rationale Zahl, möglicherweise aber auch eine irrationale oder eine transzendente Zahl (auf die 3 Sorten Zahlen wird später noch näher eingegangen).

*

Es gibt wohl kein Thema in der modernen Physik, über das soviel geschrieben worden ist wie über die Relativitätstheorie. Das meiste davon ist reine Wiederholung. In Wahrheit weiß niemand, warum nur Licht sich mit einer bestimmten Geschwindigkeit ausdehnt, während ein Körper – ob Atom oder Rakete – eben nicht auf Lichtgeschwindigkeit beschleunigt werden kann. Zur Zeit werden wir von Scharlatanen mit Märchen von der Überlichtgeschwindigkeit überschüttet, die Einsteins Lebenswerk völlig verzerren.

Ich vermutete schon damals, daß unsere Vorstellungen von Raum und Zeit nicht richtig sind. Einige Jahre später erfuhr ich, daß der Physiker Hendrik A. Lorentz, den Einstein selbst als den größten lebenden Physiker bezeichnet hatte, ausdrücklich auf seinem Sterbebett die Warnung hinterlassen hat, die Relativitätstheorie müsse falsch sein, obwohl die Einsteinschen Gedanken fehlerfrei seien und auch der relativistische Effekt in der Physik experimentell einwandfrei bewiesen sei. Das genügte mir. Es kann nicht etwas richtig sein und gleichzeitig falsch. Solange nur ich ein Problem sehe, bin ich sehr skeptisch. Sieht es hingegen noch ein zweiter, dann ist das Problem nicht mehr wegzuleugnen. Wenn die Lichtgeschwindigkeit eine Naturkonstante ist, muß die Konstante einen Zahlenwert haben. Den zu finden, schien mir fast aussichtslos zu sein.

*

Albert Einstein hatte 1906 einen Zusammenhang zwischen der Energie E und der Masse m in einer Gleichung ausgedrückt. Mit Energie ist elektromagnetische Energie gemeint, also beispielsweise die Lichtenergie. Die beiden Grundgrößen des Universums, Energie und stoffliche Masse, sind mit den zwei übrigen Grundgrößen, mit Länge und Zeit, verbunden über die Gleichung

$$E = m \cdot c^2$$

Der Ausdruck c hat die Dimension einer Geschwindigkeit, nämlich Länge pro Zeit. c^2 stellt das Quadrat der Lichtgeschwindigkeit dar. Der Laie kann sich unter dem Quadrat einer Lichtgeschwindigkeit nichts vorstellen. Die Physiker können es aber auch nicht. Ihnen kommt die Formel so leicht über die Lippen, weil sie das Ergebnis einer Rechnung ist. Da das beim Rechnen so rauskommt, wird es einfach hingenommen.

Einstein stieß mit dieser Formel auf ein unlösbares Rätsel in der Natur, das ich folgendermaßen schildern möchte.

Man nimmt zwei Eimer und läßt sie in einiger Entfernung auf einem See schwimmen. Nun beginnt man, einen der Eimer periodisch ins Wasser zu drücken und wieder hochzuziehen. Sofort wird sich von dem bewegten Eimerzentrum eine kreisförmige Welle ausbreiten. Erreicht diese Welle den zweiten Eimer, beginnt dieser im gleichen Takt im Wasser auf und nieder zu schwingen. Es ist Energie vom ersten zum zweiten Eimer übertragen worden. Nun denken wir uns das Medium Wasser fort. Wir könnten zwischen den Eimern dann keine Energie mehr übertragen. Doch wenn wir statt der Eimer die schwingenden Elektronen einer Kerze oder Taschenlampe nähmen, funktionierte der Versuch wieder, wohlgemerkt, ohne etwas anderes dazwischen als den leeren Raum. Hierbei werden nur keine Wasserwellen, sondern elektromagnetische Wellen in Gang gesetzt.

Die Physiker der damaligen Zeit waren überzeugt, daß die Übertragung elektromagnetischer Energie unbedingt eines Mediums bedürfe, das sie Äther nannten. Einstein war der erste, der behauptete, elektromagnetische Wellen, z.B. Licht, bräuchten kein Medium. Der Raum selber sei das Medium. Einstein begriff, daß im Raum nichts Stoffliches sein darf, während für die Energieübertragung zwischen den beiden Eimern etwas sein muß, nämlich das Wasser. Als Einstein der Hilfsvorstellung vom Äther als Übertragungsmedium widersprach, wäre es nötig gewesen, die Frage zu klären, wodurch die Welle übertragen wird, denn eine Welle kann im Nichts nicht schwingen. Könnte es nicht sein, daß der Raum selbst eine für uns unsichtbare Struktur besitzt, etwa eine unsichtbare Gitterstruktur, mit deren Hilfe sich die elektromagnetischen Ereignisse ausbreiten können? Dann müßte der Raum etwas anderes sein als ein Nichts. Damit wäre unser Raumbegriff falsch.

1945 konnte man erleben, daß man mit der Einstein-Formel sogar etwas 'anfangen' kann. Die Atombombe wurde nach dieser Formel gezündet. Wenige Gramm Materie lösen sich dabei in eine ungeheure Menge elektromagnetischer Energie auf, eben weil das Quadrat der Lichtgeschwindigkeit rechnerisch eine sehr große Zahl ist. Mit diesem 'Erfolg' war dann allerdings die Frage nach dem 'Warum' mit in die Luft gejagt.

Der absolute Zahlenwert für die Lichtgeschwindigkeit, nach dem ich immer intensiver fragte, mußte etwas mit dem Wesen des leeren Raumes selbst zu tun haben, der schon bei Einstein an die Stelle des Äthers getreten war! Zum ersten Mal stellte ich zwischen Zahl und Raum eine seinsmäßige Identitätsbeziehung her, nicht zu verwechseln mit der losen Beziehung, die der Mathematiker in der Geometrie zwischen Raum und Zahl herstellt.

*

Der Raum hat eine dreifache, qualitativ gleiche Längenausdehnung,

Länge
Breite
Höhe

aus der sich über eine gedankliche Hilfskonstruktion die qualitativ verschiedenen Anschauungsdimensionen ableiten. Der Leser kann sich hier eine Zimmerecke vorstellen.

Kurz nach Erscheinen von Einsteins Relativitätstheorie verbreitete sich die Vorstellung, den Begriff des Raumes um eine Dimension zu erweitern, aber nicht etwa um eine vierte Längeneinheit, sondern um eine eindimensionale Zeiteinheit.

Hier setzte meine Kritik ein. Die Zeit ist, wie der Raum, etwas Dreifaches und setzt sich aus

Gegenwart
Vergangenheit
Zukunft

zusammen. Ich wußte damals noch nicht, daß die Vorstellung der Physiker von der eindimensionalen Zeit auf den naturwissenschaftlich an Newton orientierten Philosophen Immanuel Kant[1] zurückgeht. Ich stand vor einem Rätsel, wohingegen für die Physiker das Problem als gelöst gilt. Interessanterweise lösen sich nämlich schwierige mathematische Gleichungen der Physik auf, wenn die drei Dimensionen des Raumes, mit der Zeit verknüpft, zu einem vierdimensionalen Raum-Zeit-Gebilde geformt werden. Da sowohl der Raum als auch die Zeit als Vorstellungen mit der Unendlichkeit verknüpft sind und beide dreifach in Erscheinung treten, begann ich mich zum ersten Mal mit dem Zahlbegriff zu beschäftigen. Dabei drang ich in eine faszinierende Welt ein, die wegen meiner chemischen Kentnisse nichts mit der von Mathematikern verschmähten Zahlenmystik zu tun hatte, sondern handfeste Zusammenhänge zwischen Zahlen und unserer materiellen Welt erkennen ließ.

*

Jedes Atom besteht, wie schon erwähnt, aus einem Atomkern und einer Hülle von Elektronen, die den winzigen Kern umkreisen. In dem Atomkern sind Protonen und Neutronen, deren Anzahl sich durch feinste Meßgeräte bestimmen läßt. Da die Protonen elektrisch positiv und die Hüllenelektronen elektrisch negativ geladen sind, treten sie in der Regel in gleicher Anzahl auf. Das einfachste Element besteht aus Atomen, die im Kern alle nur 1 Proton besitzen und somit auch nur 1 Elektron, das den Kern umkreist. Dieses Element heißt Wasser-

---

[1] Vgl. Kant, Immanuel: „Kritik der reinen Vernunft", B 47: Die Zeit „hat nur Eine Dimension: verschiedene Zeiten sind nicht zugleich, sondern nacheinander (so wie verschiedene Räume nicht nacheinander, sondern zugleich sind)".

stoff und besitzt die Ordnungszahl 1. Das Element mit der Ordnungszahl 2 hat 2 Protonen und somit auch 2 Elektronen und wird mit Helium bezeichnet. So geht es weiter bis zum Element 83. Das heißt Wismut und hat 83 Protonen und 83 Elektronen. In den Naturwissenschaften werden die verschiedenen Elemente aus historischen Gründen mit ihren Namen bezeichnet und nicht mit ihren entsprechenden Ordnungszahlen, obwohl dies zur Kennzeichnung völlig ausreichen würde.

Die Zahlengesetze der Elemente sind so einfach, daß ich mich wundere, warum nicht bereits jedes Grundschulkind im Mathematikunterricht damit bekannt gemacht wird. Diese einfache und wirklichkeitsbezogene Gesetzmäßigkeit würde sich hervorragend dazu eignen, in die Gesetze der Mathematik einzuführen und darüber hinaus gleichzeitig die Kinder mit dem Hintergrund der stofflichen Welt vertraut zu machen.

Die stabilen Elemente des Periodensystems setzen sich also aus den fortlaufenden Zahlen

$$1, 2, 3, ... 83$$

zusammen. Die Sache hat allerdings einen Haken, der Chemikern und Physikern weitgehend unbekannt ist. Eigentümlicherweise existieren zwei Elemente nicht, nämlich die Elemente mit den Ordnungszahlen

$$43 \text{ und } 61$$

Sie existieren auch außerhalb der Erde nicht, also auch nicht im Planetensystem, was erst während meiner Jugendzeit erkannt wurde.

Da man diese beiden Elemente jedoch in den neugebauten Kernreaktoren künstlich herstellen konnte, gab man ihnen Namen, auch wenn diese künstlichen Elemente sehr schnell wieder in andere Elemente zerfallen. So hielten sie Einzug in die Chemie- und Physikbücher. Auch ich bin in meiner Jugend in die Falle gelaufen, daß die künstliche Darstellung dieser beiden Elemente zur trügerischen Ansicht verlockt, daß sie real existieren. Nur weil ich mich nach Abschluß meines Chemiestudiums zusätzlich noch intensiv mit der Kernchemie und der Physik beschäftigt hatte, ergab sich überhaupt die Möglichkeit, das Fehlen der beiden Elemente als Tatsache zu erkennen.

Diese Erkenntnis sollte sich als Schlüssel zum Tor in das Geheimnis der Natur erweisen.

Aus welchem Grund in der Tabelle der stabilen Elemente 2 Elemente instabil sind, kommt den Wissenschaftlern nicht fragwürdig vor.[1]

Sollte es wirklich einmal vorkommen, daß ein Student in einer Vorlesung fragt: „Warum fehlen eigentlich die Elemente **43** und **61**, Technetium und Promethium?", würde ihm der Professor die Antwort geben: „Weil sie instabil sind."

Damit stünde der fragende Student als Dummkopf da, nicht der Professor.

*

---

[1] Im Deutschen Museum in München können die Besucher alle Elemente des Periodensystems in abgeschmolzenen Glasröhrchen betrachten. Wird auf einer elektrischen Schalttafel ein bestimmter Knopf gedrückt, blinkt ein Licht über dem jeweiligen Glasröhrchen. Die Röhrchen mit den Elementnummern 43 und 61 sind leer, denn die künstlich hergestellten Elemente strahlen radioaktiv, sie dürfen nicht öffentlich zugänglich sein. Indem man leere Röhrchen angebracht und nicht etwa die Glasröhrchen weggelassen hat, ist das Problem 'zufriedenstellend gelöst'.

Tabelle der 81 stabilen chemischen Elemente

Elemente (abgezählt)	Ordnungs- zahl	Name	Chemisches Zeichen	Anzahl der Isotopen
1	1	Wasserstoff	H	2
2	2	Helium	He	2
3	3	Lithium	Li	2
4	4	Beryllium	Be	1
5	5	Bor	B	2
6	6	Kohlenstoff	C	2+1
7	7	Stickstoff	N	2
8	8	Sauerstoff	O	3
9	9	Fluor	F	1
10	10	Neon	Ne	3
11	11	Natrium	Na	1
12	12	Magnesium	Mg	3
13	13	Aluminium	Al	1
14	14	Silizium	Si	3
15	15	Phosphor	P	1
16	16	Schwefel	S	4
17	17	Chlor	Cl	2
18	18	Argon	Ar	3
19	19	Kalium	K	3
20	20	Kalzium	Ca	6
21	21	Scandium	Sc	1
22	22	Titan	Ti	5
23	23	Vanadium	V	2
24	24	Chrom	Cr	4
25	25	Mangan	Mn	1
26	26	Eisen	Fe	4
27	27	Kobalt	Co	1
28	28	Nickel	Ni	5
29	29	Kupfer	Cu	2
30	30	Zink	Zn	5
31	31	Gallium	Ga	2
32	32	Germanium	Ge	5
33	33	Arsen	As	1
34	34	Selen	Se	6
35	35	Brom	Br	2
36	36	Krypton	Kr	6
37	37	Rubidium	Rb	2
38	38	Strontium	Sr	4
39	39	Yttrium	Y	1
40	40	Zirkonium	Zr	5
41	41	Niob	Nb	1
42	42	Molybdän	Mo	7

Elemente (abgezählt)	Ordnungs- zahl	Name	Chemisches Zeichen	Anzahl der Isotopen
fehlt	43	Technetium	Tc	—
43	44	Ruthenium	Ru	7
44	45	Rhodium	Rh	1
45	46	Palladium	Pd	6
46	47	Silber	Ag	2
47	48	Cadmium	Cd	8
48	**49**	**Indium**	**In**	**2**
49	**50**	**Zinn**	**Sn**	**10**
50	**51**	**Antimon**	**Sb**	**2**
51	**52**	**Tellur**	**Te**	**8**
52	**53**	**Jod**	**J**	**1**
53	**54**	**Xenon**	**Xe**	**9**
54	**55**	**Caesium**	**Cs**	**1**
55	**56**	**Barium**	**Ba**	**7**
56	57	Lanthan	La	2
57	58	Cer	Ce	4
58	59	Praseodym	Pr	1
59	60	Neodym	Nd	7
fehlt	61	Promethium	Pm	—
60	62	Samarium	Sm	7
61	63	Europium	Eu	2
62	64	Gadolinium	Gd	7
63	65	Terbium	Tb	1
64	66	Dysprosium	Dy	7
65	67	Holmium	Ho	1
66	68	Erbium	Er	6
67	69	Thulium	Tm	1
68	70	Ytterbium	Yb	7
69	71	Lutetium	Lu	2
70	72	Hafnium	Hf	6
71	73	Tantal	Ta	2
72	74	Wolfram	W	5
73	75	Rhenium	Re	2
74	76	Osmium	Os	7
75	77	Iridium	Ir	2
76	78	Platin	Pt	6
77	79	Gold	Au	1
78	80	Quecksilber	Hg	7
79	**81**	**Thallium**	**Tl**	**2**
80	**82**	**Blei**	**Pb**	**4**
81	**83**	**Wismut**	**Bi**	**1**

Die Hauptgruppenelemente sind in Fettdruck, die Nebengruppenelemente sind klein gedruckt. Die beiden in der Natur nicht
vorkommenden Elemente **43** und **61** sind mit **fehlt** gekennzeichnet.

In Atomkernen befinden sich neben den schon näher erklärten Protonen auch neutrale, also nicht elektrisch geladene Teilchen, die Neutronen. Dies war bis 1932 unbekannt. Der Berylliumatomkern besitzt zum Beispiel 4 Protonen und 5 Neutronen. 4 und 5 addiert, ergibt das sogenannte Atomgewicht 9. Leider ist dies sprachlich sehr verwirrend, da Anzahl und Gewicht identisch bezeichnet werden. Vor 1932 wußte niemand, warum die Ordnungszahl 4 und das Atomgewicht 9 nicht übereinstimmten.

Wismut, das letzte stabile Element, hat das Atomgewicht 209, obwohl es nur die Ordnungszahl 83 hat. Zieht man von der Zahl 209 (dem Atomgewicht) die Anzahl der Protonen (83) ab, erhält man die Zahl 126. Das ist die genaue Anzahl der Neutronen im Wismutelement. An dieser Stelle muß unbedingt darauf hingewiesen werden, daß niemand auf der Welt weiß, warum es gerade 126 Neutronen sein müssen und nicht 127 oder 125!

Man spricht in diesem Fall vom Wismutisotop 209, weil es nämlich auch Wismutatomkerne gibt mit anderen Neutronenzahlen. Nur sind solche Kerne nicht stabil, sondern zerfallen in Atomkerne mit anderen Ordnungszahlen. Dann handelt es sich nicht mehr um Wismutatome. Ein solcher Zerfall wird mit Radioaktivität bezeichnet. Da es nur ein stabiles Wismutisotop gibt, wird es so wie die Elemente, die auch nur ein stabiles Isotop besitzen, zu den Reinisotopen gerechnet.

Es gibt aber auch Elemente, die aus mehreren stabilen Sorten ein und desselben Elementes bestehen. So hat zum Beispiel das Element 8, der Sauerstoff, drei Sorten Sauerstoffatome, die mit verschiedenen Prozentgehalten vertreten sind. Es gibt die Isotope mit 8 Neutronen und dem Atomgewicht 16, fernerhin mit 9 Neutronen und dem Atomgewicht 17, und mit 10 Neutronen und dem Atomgewicht 18. Das Gemisch wird Sauerstoff genannt!

Da sowohl die Schule wie auch die Universität nicht in der Lage sind, diesen elementaren Bildungsstoff verständlich zu vermitteln, hilft hier nur ein anschauliches Beispiel: Eine Familie soll Kinder haben. Wenn sie 1 Kind hat, nennt man das Einzelkind. Wenn sie 2 Kinder hat, kann man von doppeltem Nachwuchs reden, und bei 10maligem freudigen Ereignis sind es eben 10 Kinder. Während bei der Familienplanung auch höhere Geschwisterzahlen möglich sind, existieren im gesamten Universum nur die Isotopenzahlen 1, 2, 3 ... bis 10.

Warum das so ist, weiß niemand. Vielleicht ist es bezeichnend, daß kaum ein Physiker oder Chemiker mit Doktorhut überhaupt von der Zehnfachheit Kenntnis hat. Es ist notwendig, darauf hinzuweisen, daß uns der elementare Bildungsinhalt '10 Sorten Isotope' bewußt vorenthalten wird, weil die Zahl 10 bestimmten Herrschaften zu mystisch erscheint. Die Elemente treten nämlich mit der gleichen Anzahl von Isotopensorten auf, wie wir Finger besitzen. Da die Anzahl der Finger als zufällig bezeichnet wird, scheut man sich nämlich, die Isotopie als Zufall zu bezeichnen. Naturabläufe werden als zufällig betrachtet. Naturgesetze wie die Isotopie können aber kein Zufall sein.

Die Frage nach dem Warum ist in der Chemie und Physik strengstens verboten. Durch eine so einfache Frage würde sich das Gerüst unseres 'abgeschlossenen Wissens' sofort als instabil erweisen. Dann könnte man ja auch gleich fragen, warum das Element 83 das letzte stabile Element ist.

*

Nach dem Element 83 dürften eigentlich keine weiteren Elemente existieren, da alle ihre Isotope so radioaktiv sind, daß sie schon bald nach Entstehen des Planetensystems hätten verschwunden sein müssen. Aus einem Grund, den wir nicht kennen, besitzen aber zwei Elemente oberhalb des Elementes 83 und zwar

90 (Thorium) und 92 (Uran)

eine Lebensdauer von Milliarden Jahren. Von diesen beiden Elementen sind seit ihrer Entstehung große Mengen übriggeblieben. Sie wurden bereits im vorigen Jahrhundert analytisch untersucht und chemisch rein hergestellt. Beide Elemente zerfallen ständig und sind dadurch selbst die Lieferanten der Elemente

91, 89, 88, 87, 86, 85 und 84

Wir verdanken dem Ehepaar Curie, daß erstmals winzige Mengen der Elemente 84 (Polonium) und 88 (Radium) isoliert wurden. Aber die eindeutige Feststellung, daß es stabile Elemente nur bis zum Element 83 gibt und außer diesen noch eine zweite Sorte Elemente, die sich von den Elementen 92 und 90 ableiten und natürliche radioaktive Elemente genannt werden, diese klare Unterscheidung wurde damals nicht getroffen.

*

Schon während des Zweiten Weltkrieges war man in der Lage, aus dem Element 92 die künstlichen Elemente 93 und 94 und bald darauf noch höhere zu gewinnen, und zwar in solchen Mengen, daß sie auch sichtbar wurden. Allerdings erwies sich kein Isotop dieser Elemente als stabil, das heißt, auch für sie galt, daß sie kurz nach der Entstehung des Planetensystems wieder verschwanden. Sie stellen die dritte Sorte von Elementen dar. Diese Dreiteilung der Bausteine unseres Universums ist aber nicht klar erkannt bzw. formuliert worden. Allzu leicht fällt es, solche Unterscheidungen zu verwischen. Wir kennen also

1. Stabile Elemente (1 – 83) [ohne 43 und 61]
2. Natürliche radioaktive Elemente (84 – 92)
3. Ausschließlich künstliche Elemente (93 – 106)

Bis zum Zweiten Weltkrieg lernten die Studenten, daß Elemente bis zur Ordnungszahl 92 existieren, während sie heute lernen müssen, daß es 106 Elemente gibt. Diese wissenschaftliche Oberflächlichkeit ist noch gepaart mit der Eitelkeit der Wissenschaftler. Die Elemente 104, 105 und 106 etwa lassen sich gar nicht herstellen, weil die wenigen Atome, die nachgewiesen wurden, in Bruchteilen von Sekunden zerplatzten.[1]

Mit der Sucht, neue Elemente zu entdecken und ihnen Namen zu geben, weicht man geradezu der Frage aus, warum die Elemente immer instabiler werden. So werden denn in all den Tabellen unserer Lehrbücher und auf den Tafeln des Periodensystems 106 Elemente benannt und abgebildet, und es wird kein Problem daraus gemacht, daß in der Tabelle der stabilen Elemente 2 Elemente auftauchen, die instabil sind und somit die Isotopenzahl 0 besitzen.

Konsequenterweise muß man also von den 83 stabilen Elementen 2 instabile abziehen. Wir kommen also zu der Anzahl 81.

1981 erschien in Deutschland ein Taschenbuch, „Isaac Asimovs Buch der Tatsachen". Der Autor, ein

---

[1] Neuerdings wird die Registrierung der Elemente 107 – 111 durch Schwerionenbeschuß von stabilen Elementen als 'Darstellung' bezeichnet. Die Lebensdauer solcher einzelnen Atome beträgt einige tausendstel Sekunden!

weltbekannter Chemiker, berichtet auf Seite 93: „Es gibt nur 81 stabile Elemente", alle anderen Elemente seien radioaktiv. Dieser Kollege hat seine bemerkenswerte Entdeckung nicht konsequent weiter ausgearbeitet. Mit der **Tabelle der 81 stabilen Elemente** (S. 48/49) steht dem Leser, der tiefer in diese Materie eindringen möchte, ein Anschauungsmaterial zur Verfügung, das in Chemie- und Physikbüchern leider fehlt.

*

Die dreifache Natur der Bausteine des Universums war die wichtigste Erkenntnis meiner Jugend. Dieses Wissen ließ sich nicht durch Lesen erwerben. Ich kam dahinter, indem ich mich jahrelang mit dem Problem der Radioaktivität beschäftigte. Das Ehepaar Curie und eine Reihe weiterer Forscher hatten herausgefunden, daß die Elemente 92 und 90 über

drei radioaktive Zerfallsreihen

in die drei stabilen Isotope des Bleis

206, 207, 208

zerfallen und daß dieser Vorgang stattfindet, indem Strahlen abgegeben werden, die dreifacher Art sind,

α-Strahlen
β-Strahlen
γ-Strahlen

Da seit den dreißiger Jahren dieses Jahrhunderts feststeht, daß alle Elemente aus nur insgesamt drei Arten Kernteilchen zusammengesetzt sind, aus

**Protonen
Neutronen
Elektronen**

wäre es nötig gewesen, diese merkwürdige Dreifachheit zu diskutieren. Diese wissenschaftliche Diskussion hat nie stattgefunden.

Nach und nach war mir klar geworden, wie viele ungelöste Fragen durch die Beschäftigung mit Chemie überhaupt erst auftauchten, während die vielen Bücher lediglich von den Erfolgen berichten. Aber ich freute mich auf mein späteres Chemiestudium und wollte mir diese Vorfreude nicht verderben.

*

Ich würde versuchen, in Köln einen Studienplatz für Chemie zu bekommen, und Paul würde mit seiner mittleren Reife und seinem Ingenieurpraktikum an der Kölner Ingenieurschule Maschinenbau studieren. Dazu müßte er sich notwendigerweise mit Mathematik, Physik und Chemie beschäftigen. Ich würde ihm täglich Nachhilfeunterricht geben müssen. Wie sollte der bloß sein Studium schaffen? Warum waren mein Zwillingsbruder und ich so völlig verschieden? Diese Frage beunruhigte mich.

Einige Wochen vor dem Abitur hatte ich für die Schule einen handschriftlichen Lebenslauf anzufertigen. Statt nun zwei Seiten Papier mit den nötigen Daten vollzuschreiben, saß ich damals zu Hause wie gelähmt vor der Aufgabe, darüber zu schreiben, wer ich bin und was ich beabsichtige zu werden. Was schließlich nach vielen Versuchen dabei herauskam, war ein seltsames Gebräu: die Wichtigkeit meiner Zwillingsgeburt, visionäre Weltverbesserungsvorschläge und die Behauptung, daß wir nichts wissen. Wie zu erwarten war, wurden diese Ergüsse nicht akzeptiert. Nach mehreren vergeblichen Versuchen diktierte mir mein Klassenlehrer höchstpersönlich das erforderliche nüchterne und nichtssagende Schreiben.

*

Nach neun Jahren Gymnasium nahte endlich der Tag des mündlichen Abiturs. Gerade in dem Moment, als ich aus dem Hauptportal in den Vorhof ging, um die Schule für immer zu verlassen, verließ auch der Direktor seine Schule. Auch für ihn war es der letzte Tag gewesen. Er war, wie ich wußte, mit diesem Tage pensioniert.

„Herr Plichta, ich möchte Sie bitten, das letzte Stück durch den Hof bis zur Haltestelle mit mir zusammen zu gehen. Sie sind der erstaunlichste Schüler meiner langen Laufbahn als Pädagoge. Sie waren einer der wildesten Schüler, den die Schule hatte, und ich hatte Sie als Halbstarken und ewigen Rebellen eingestuft. Mir ist klar geworden, daß ich mich vollkommen in Ihnen geirrt habe. Sie sind hochsensibel, nachdenklich bis ins Tiefste und sehr klug. Es sollte mich nicht wundern, wenn aus Ihnen etwas ganz Besonderes wird. Es drängt mich, Ihnen etwas sehr Wichtiges mit auf den Weg zu geben: Wenn Sie je Zweifel an sich haben, denken Sie an meine Worte, daran, wie ich Sie heute beurteilt habe. Glauben Sie an sich."

Dann gab er mir die Hand. Ich war tief betroffen.

4. Kapitel

Zahl und Plan

Ich immatrikulierte mich für das Sommersemester 1959 an der Universität Köln. Paul mußte schon im ersten Semester sein Studium abbrechen und begann eine Lehre als Speditionskaufmannsgehilfe. Seine Wochenenden verbrachte er jetzt auf der Autobahn in Sanitätsbussen als Mitglied der Johanniter Unfallhilfe, in khakifarbener Uniform mit Schirmmütze und Umhängetasche, auf der ein großes, achtstrahliges Johanniter-Kreuz abgebildet war. Dieses Kreuz hatte eine eigentümliche Wirkung auf mich, so als wenn mich dieses geometrische Muster an etwas erinnern würde, ähnlich dem sogenannten déjàvu (bereits gesehen) -Effekt. Paul interessierte das Kreuz selbst wohl überhaupt nicht. Er träumte von einer Karriere als Arzt.

In diesem Sommer lernte ich Helga Ring kennen. Sie war ein ungewöhnlich apartes Mädchen, sechzehn Jahre alt und besuchte das Gymnasium. Bald bemerkte ich ihre leicht bronzefarbene Haut. Diese schöne Färbung habe sie von ihrem Vater geerbt, erklärte sie auf meine Frage hin. Als ich daraufhin nach dessen Beruf fragte, antwortete sie:

„Diplomchemiker!"

Das gefiel mir aber gut. Ob sie denn auch Chemie studieren wolle, fragte ich schön scheinheilig. Suchte ich doch schon so lange nach einer Freundin, die sich nicht nur für mich, sondern auch für 'Formeln' interessierte.

„Vielleicht ...", kam ihre Antwort.

Euphorie packte mich. Was denn der Vater jetzt mache, wollte ich wissen.

„Er ist tot. Er ist an einer unbekannten Muskelkrankheit gestorben." Er, ein sportlicher Mann, habe zuerst ein Bein nicht mehr bewegen können, einige Zeit darauf habe das andere auch nicht mehr funktioniert und wenig später die Arme nicht mehr. Helga erzählte, wie ihre Mutter 1945 während des Bombenhagels in Berlin den Vater mit Brustkorbbeatmung unterstützt habe, da seine Lungen immer schneller die Kraft verloren.

In diesem Moment hatte ich zum ersten Mal in meinem Leben – mit neunzehn Jahren – eine Vision. Ich hörte mich mit eindringlicher Stimme sagen:

„Passen Sie auf, daß Sie nicht ebenso am Versagen Ihrer Lunge sterben wie Ihr Vater."

Ich hatte mit Grausen gesehen, daß dieses junge Mädchen später an Lungenversagen sterben würde. Ich hätte mir auf die Zunge beißen können über meine Worte. Aber dann stellte ich fest, daß Helga die Ungeheuerlichkeit meiner Worte gar nicht verstanden hatte. Wir heirateten ein paar Jahre später.

*

Im chemischen Praktikum kochte ich jetzt Analysen. Man stellt abends einen weißen Porzellan-Mörser mit Pistill vor die Analysenausgabe und erhält am nächsten Morgen die Schale zurück, halb gefüllt mit einem Stoffgemisch aus bunten Salzen. Mit jeder weiteren Analyse vergrößert sich die Zahl der Elemente, die in dem jeweiligen Stoffgemisch enthalten sein können.

Dennoch lernt der Student mehr als die Hälfte aller Elemente niemals kennen. Er wird nur mit denen vertraut gemacht, die für die Hochschullehrer und die Industrie von Interesse sind. Daß es im Universum Silber und Uran gibt, Sauerstoffverbindungen des Siliziums oder Zucker, der aus den Elementen Kohlenstoff, Sauerstoff und Wasserstoff besteht, wird als nützlich betrachtet.

— 58 —

Damit kann man etwas anfangen. Der Student der Chemie oder der Physik gelangt durch diese zweckgebundene Einstellung zu der Ansicht, daß Elemente wie Indium, Holmium oder Rhenium unnütz sind. Man kann ja auch nicht erwarten, daß sich im Urknall zufällig nur nützliche Sachen gebildet haben – es muß ja wohl auch Weltraummüll geben!

Am Ende seines Studiums ist der Student nicht in der Lage, die Frage zu beantworten, wieviel stabile Elemente es gibt. Der Student ist daran gewöhnt, die schon besprochenen drei Sorten Elemente gedanklich in einen Topf zu stecken. Und das, obwohl die Dreifachheit in der Natur so häufig auftritt.

Alle 81 stabilen Elemente sind bei Normaltemperatur entweder/oder

gasförmig (z.B. Stickstoff)
flüssig (z.B. Quecksilber)
fest (z.B. Schwefel)

Die Hauptgruppenelemente des Periodensystems sind von ihren stofflichen Eigenschaften her und nach chemischem und physikalischem Verhalten in drei Gruppen aufgeteilt:

nichtmetallisch (z.B. Sauerstoff)
halbmetallisch (z.B. Arsen)
metallisch (z.B. Blei)

Die Nebengruppenelemente sind immer Metalle. Die Verbindungen, die chemische Elemente eingehen, sind ebenfalls dreifacher Art und werden streng unterschieden in

Ionenbindung (z.B. Kochsalz)
Atombindung (z.B. Methan)
Metallbindung (z.B. Kupfer)

— 59 —

In diesem Zusammenhang ist nur die Dreifachheit wichtig, nicht jedoch spezielle Kenntnisse über die Verschiedenheit chemischer Bindungen.

Die Fülle 'unwichtiger' Elemente verwirrt die Studenten eher, die meisten sind froh, nach dem Vordiplom organisch arbeiten zu dürfen. Die organische Chemie befaßt sich nur mit Verbindungen des Kohlenstoffs mit ganz wenigen anderen Elementen.

Auch in der organischen Chemie ist die Dreifachheit streng festgelegt. Der Kohlenstoff kann folgende drei Bindungen eingehen:

Einfachbindung
Doppelbindung
Dreifachbindung

Insgesamt gibt es nur drei Elemente im Universum, die über die Fähigkeit verfügen, diese drei Arten von Bindungen einzugehen:

Kohlenstoff
Stickstoff
Sauerstoff

Seit vielen Jahren hatte ich mich darauf gefreut, mir ähnlichen Studenten zu begegnen, die die Chemie so lieben würden wie ich. Aber ich fand niemanden. Zwar gab es einige, die größere Kenntnisse hatten als ich, doch wenn ich zu bohren begann, welche Pläne der eine oder andere habe, war nicht mehr hervorzuholen, als daß sie später das gleiche machen wollten wie ihre Vorgänger. Nach der Antwort auf die Frage zu suchen, warum es überhaupt Elemente gibt und welche Bedeutung sich dahinter verbirgt, empfinden Chemiker eben nicht als ihre Aufgabe. Wer aber hat die Aufgabe dann?

Da die Biochemie nicht zur Ausbildung des Chemiestudenten gehörte, verirrte sich dorthin kaum jemand. Heute hat die Biochemie eine solche Bedeutung erlangt, daß sie zu einem eigenen Hauptstudium avanciert ist.

*

Zur ersten Vorlesung hatten sich außer mir nur drei weitere Studenten eingefunden, vermutlich Biologen. Ein großer, dicker Mann schoß in den Hörsaal und begann seinen Vortrag wie ein Anwalt der Krone, mit theatralisch weit ausgestrecktem Arm:

„So wie sich das gesamte Gebäude der Literatur auf 24 Buchstaben aufbaut, so wie der Hamlet mit 24 Zeichen geschrieben ist,[1] so baut sich auch das Wunderwerk des Lebens auf 24 Aminosäuren auf."

Die Studenten neben mir schrieben mit gebeugten Köpfen wortwörtlich mit. Mich jedoch packte eine niemals zuvor erlebte Erregung: Könnte es sein, daß die beiden übereinstimmenden Zahlen – beidesmal die 24 –, die der Professor als Eselsbrücke und als rhetorisches Glanzstück benutzt hatte, kein Zufall sind? Der Mann da vorne hatte etwas ausgesprochen, ohne überhaupt zu erfassen, wie explosiv diese Aussage war. Bei mir hatte diese Bombe wahrlich gezündet.

Da mir klar war, welche ungeheuerlichen Konsequenzen diese Vermutung in sich barg, gab ich meine antrainierte Zurückhaltung auf und lief nach der Vorlesung sofort zu den wenigen guten Chemiestudenten meines Semesters und begann eine Diskussion über dieses Thema. Sie war allerdings sehr schnell beendet.

---

[1] C und z bzw. f und v werden im Deutschen gleich ausgesprochen. Somit verringert sich die Anzahl der Buchstaben auf 24 (19 Konsonanten und 5 Vokale).

„Plichta, die Anzahl von Buchstaben oder Aminosäuren ist doch völlig willkürlich. Was haben Buchstaben mit Aminosäuren zu tun? Das ist doch alles rein zufällig. Und außerdem ist sowieso **alles** scheißegal."

*

Aminosäuren sind Bausteine, chemische Verbindungen, aus denen sich Eiweiß zusammensetzt. Das ist der Stoff, aus dem alles Lebendige gemacht ist. Ihre räumliche Bauweise verlangt, anders als bei normalen chemischen Verbindungen, daß sie mit den Begriffen links und rechts gekennzeichnet werden: ähnlich der linken und der rechten Hand.

Das alles war mir damals schon klar. Jetzt aber ging es um die Frage, warum das Leben überhaupt an eine ganz bestimmte chemische Verbindung geknüpft ist und warum an eine ganz bestimmte Anzahl der Verbindungen. Die günstige chemische Struktur einer Aminosäure hat diese Frage gar nicht aufkommen lassen.

Erst einmal fand ich heraus, daß es gar nicht 24 Aminosäuren sind, sondern exakt 20. Der Professor hatte in professoraler Eigenmächtigkeit noch 4 dazugeschmuggelt. 1959 war unter Naturwissenschaftlern noch nicht allgemein bekannt, daß die Anzahl der Aminosäuren von Eiweißen von der zellkernlosen Bakterie bis zu den Säugetieren aus nur 20 Aminosäuren besteht. Das gleiche gilt für die Pflanzen, von der Grünalge bis zur Blütenpflanze. Der immer wieder vorgebrachte Einwand, es gäbe weitere Aminosäuren, zum Beispiel im Penicillin, dem Inhaltsstoff (kein Eiweiß!) eines Pilzes, verrät zwar Kenntnisse der organischen Chemie, aber Unkenntnis der Grundregeln der Biologie (Genetik). Auch die in der Fachliteratur immer wieder erwähnten sogenannten rechtsdrehenden Aminosäuren bestimmter Anaerobier, die von Schwefelwasserstoff leben, dürfen hier keine Berücksichtigung finden.

An diesen 20 Aminosäuren verblüffte mich folgendes: Sie setzen sich zusammen aus 19 links gebauten Aminosäuren (die rechts gebauten Formen treten in der Natur nicht auf, können aber im Labor hergestellt werden). Hinzu kommt eine Aminosäure, die kein optisches Zentrum hat und somit sowohl links als auch rechts gebaut ist. Also hatte der Biochemieprofessor mich über die Zahl 24 zur entscheidenden Zahl 19 gebracht. Welche Bedeutung der Zahl 24 zukommt, konnte ich noch nicht ahnen.

Das Leben ist also mit

19 linksgebauten Aminosäuren

kodiert, der Hamlet ist mit

19 Konsonanten

geschrieben. Dazu kommen die 5 Vokale.[1] Alle menschliche Sprache ist auf Konsonanten aufgebaut, worauf später eingegangen werden soll.

*

Ich war in meinem 19. Lebensjahr durch einen Biochemieprofessor auf eine Frage gestoßen, die zur Entscheidung zwingt: Zufall oder Bauplan? Tertium non

---

[1] Der Kehlkopf arbeitet wie ein Blasinstrument. Wir pressen Ausatmungsluft durch die Stimmritze und erzeugen so Töne: Vokale. Die Konsonanten hingegen werden auf dreifache Weise: von Lippen, Zähnen und Zunge erzeugt.

datur – eine dritte Möglichkeit scheidet aus. Eine Lösung des Problems war erst einmal nicht in Sicht.

Eine Aminosäure hat etwas mit Chemie zu tun, und die Zahlen 1 und 19 mit Mathematik. Damit war der Weg vorgezeichnet. Die Zahl 19 ist eine Primzahl. Primzahlen sind dadurch definiert, daß sie **nur** durch die Zahl 1 und sich selbst teilbar sind.

Die Sache war für mich überzeugend. Ein kleines Gedankenexperiment faszinierte mich: Ich stellte mir vor, Gott gäbe mir als Chemiker und Ingenieur die Aufgabe, Lebewesen mit Selbstbewußtsein aus den im Universum notwendigerweise existierenden Elementen zu konstruieren. Sie müßten also mit einer Sprache ausgestattet sein, denn nur wer sprechen kann, kann (über sich selbst) nachdenken. Ich würde einen Bauplan benutzen. Für den Körper nähme ich eine bestimmte Anzahl chemischer Bausteine. Diese Anzahl wäre nicht willkürlich, sondern genau festgelegt. Was käme zur Festlegung der Anzahl in Frage? Ich würde jene Zahlen wählen, die den Hintergrund aller Mathematik darstellen: die

Primzahlen

In den Primzahlen steckt ein tiefes Geheimnis, das von den Mathematikern nie gelöst werden konnte. Sollte etwa hier meine Aufgabe versteckt sein?

*

Ein paar Jahre später stieß ich ein drittes Mal auf die Zahl 19. Während meiner Ausbildung in physikalischer Chemie sprach wieder ein Professor in einer Vorlesung etwas aus, ohne daß ihm die tiefere Bedeutung klar war. Er wies darauf hin, daß innerhalb der stabilen Elemente exakt 20 Reinisotope vorkommen. Ich habe mir sein

Vorlesungsskript als Beweis aufbewahrt. Später wurden solche Hinweise auf rätselhafte Zusammenhänge aus den Universitäten verbannt. Er bezeichnete es als merkwürdig (und freute sich dabei über seine scharfe Beobachtungsgabe), daß von diesen 20 Reinisotopen das niedrigste Element, das Beryllium, die gerade Ordnungszahl

4

hat. Es folgen die Elementnummern

**9, 11, 13, 15, 21, 25, 27, 33, 39, 41, 45, 53, 55, 59, 65,
67, 69, 79, 83**

Mit einem Blick kann man erkennen, daß es sich um

19 ungeradzahlige Reinisotope

handelt. Damit weiß ich, daß sowohl in der Biochemie als auch in der Kernchemie die gleiche Zahlensequenz auftritt, nämlich

1 + 19 Aminosäuren
und
1 + 19 Reinisotope

Damit hatte ich bei meiner Aufgabe als 'Konstrukteur' tatsächlich etwas übersehen. Die Bausteine, aus denen ich die Lebewesen planen würde, sind chemische Verbindungen. Sie bestehen aber ihrerseits aus noch kleineren Einheiten, nämlich chemischen Elementen. Da ich nur ein und denselben Bauplan für das Gesamtwerk wählen würde, hatte der Hinweis des Physikers Beweischarakter.

Warum war die Gemeinsamkeit in den Bausteinen des Lebens und der Materie noch nie jemandem aufgefallen? Nun, die Kernchemiker beschäftigen sich mit Isotopen, die Biochemiker mit Aminosäuren. Beide Sorten 'Chemiker' haben eine völlig verschiedene Ausbildung für ihr Fachgebiet. Bei den Chemikern wiederum gehören Biochemie und Kernchemie nicht zum Ausbildungsplan. So einfach ist das.

Es stand nun fest, daß ich später zusätzlich Kernchemie und Biochemie würde studieren müssen. Vor einem Mathematikstudium allerdings hoffte ich mich erfolgreich drücken zu können. Eins jedenfalls stand fest: Wenn an der Sache etwas dran war, würde in unser bestehendes Weltbild der Blitz einschlagen.

*

Die physikalische Chemie ist Pflichtfach für jedes chemische Examen. Da sich die meisten Chemiker nicht für Physik interessieren und erst recht nicht für Mathematik, graust es den meisten jungen Chemikern davor. Die Domäne der physikalischen Chemie ist die Thermodynamik, da bei chemischen Prozessen Wärme freigesetzt wird. Die sehr schwierigen mathematischen Berechnungen dieser Wissenschaft waren schon gegen Ende des vorigen Jahrhunderts abgeschlossen. Es herrschte damals eine Stimmung, die mit der heutigen zu vergleichen ist: 'Wir wissen schon alles'. Max Planck hat sich nicht gescheut, darüber zu berichten, daß ihm ein berühmter Professor für Physik vom Studium abriet: „Es gibt nichts Entscheidendes mehr zu entdecken".

Die Leistungen auf dem Gebiet der Thermodynamik gehören in der Tat zu dem Großartigsten, was der Mensch im neunzehnten Jahrhundert entwickelt hat. Albert Einstein war davon so angetan, daß er behauptete, selbst wenn die jetzige Physik in späteren Zeiten von einer neuartigen Physik abgelöst werden würde, bliebe auf jeden Fall eins von der 'alten Physik' erhalten: die Lehrsätze der Thermodynamik. Einstein meinte damit die 3 Grundpfeiler der Physikalischen Chemie, nämlich den I., II. und III. Hauptsatz der Thermodynamik. Er hat auch nähere Aussagen darüber gemacht, wie er sich die Grundlage einer solchen neuen Physik vorstellen könnte: Es seien die ganzen Zahlen!

Ich war fasziniert. Als ich dies zum ersten Mal las, war mir klar: Hier zeigt sich das wahre Genie! Aber eins fragte ich mich ratlos: „Warum vermutete er hinter der Thermodynamik nicht auch einen tieferen Hintergrund?"

Die 3 Hauptsätze der Thermodynamik sind rein empirisch, also durch Erfahrung gewonnen. Mit dem 'Gewuse' von mathematischen Formeln, die nötig waren, den Stoff überhaupt zu verstehen, ist eine ungeheure Abschreckung verbunden. Auf der Ebene kann nur noch nach immer größerer Kompliziertheit gesucht werden, was meinem Bedürfnis nach Klarheit widersprach.

*

Die beiden ersten Hauptsätze schließen die Existenz eines perpetuum mobile aus; der dritte Hauptsatz besagt, daß bei der tiefstmöglichen Temperatur von $-273,2°$ C, absoluter Nullpunkt genannt, keinerlei Bewegung der Atome mehr stattfindet und somit die Entropie[1] den Wert Null besitzt. Die Zahl

---

[1] Bei einer chemischen Reaktion entsteht dreierlei: End-produkt, Wärme und Entropie. Zum Verständnis des Begriffes Entropie: Beim Verbrennen einer kleinen Menge Kohlenstoff verteilen sich die entstandenen Kohlendi-oxidmoleküle im Raum. Wollte man die Reaktion um-kehren, müßte man alle Moleküle erst wieder an den Ort des Geschehens zurückbringen.

273,2

beschäftigte mich schon seit der Schulzeit. Durch die Untersuchungen von Gay-Lussac weiß man, daß sich Gase pro Grad Abkühlung oder Erwärmung um

$$\frac{1}{273,2}$$

ihres Volumens zusammenziehen bzw. ausdehnen. Mich verblüffte, daß also einmal ein bestimmter Zahlenwert und zum anderen genau sein Kehrwert auftritt, ohne daß dies weltweit auch nur einem Physiker schlaflose Nächte bereitet. Als man die Einheit der Temperatur festsetzte mit 0 Grad Celsius am Gefrierpunkt und 100 Grad am Siedepunkt des Wassers, wurde die Temperatur einfach im Dezimalsystem festgelegt, weil das zum Rechnen bequem ist. Wasser wurde gewählt, weil schmelzendes Eis immer eine konstante Temperatur besitzt. Diese zufällige Auswahl machte mich nachdenklich. Temperatur ist physikalisch ein sehr schwierig zu erklärender Begriff. Es gibt eigentlich keinen Dampf von gleichmäßig hundert Grad, sondern nur eine mittlere Geschwindigkeit der Gasmoleküle.

Was mißt eigentlich ein Thermometer? Das Quecksilber wird von den Gasmolekülen angestoßen. Der größte Teil der Moleküle fliegt so schnell, daß es einer Temperatur von ungefähr hundert Grad entspricht, aber eine Menge Moleküle sind sehr viel kälter oder sehr viel heißer. Gasmoleküle, die alle gleichzeitig hundert Grad heiß sind, gibt es nicht. Insofern täuscht der Quecksilberfaden den Wert einhundert Grad nur vor. Wir definieren den Wärmeinhalt eines Gases als die Bewegung der Gasmoleküle. Bewegung ist Änderung des Ortes im Raum. Derselbe Raum, der eine elektromagnetische

Welle dazu zwingt, eine ganz bestimmte Geschwindigkeit einzuhalten, umgibt auch jedes Gasmolekül. Wir wissen nicht, was Raum wirklich ist. Solange wissen wir daher nichts über das wahre Wesen von Temperatur und Wärme, obwohl unsere Wärmekraftmaschinen ausgezeichnet funktionieren.

Zur gleichen Folgerung führt auch eine andere Überlegung. In welchem der drei Aggregatzustände

fest
flüssig
gasförmig

sich ein Stoff befindet, hängt ab von Druck und Temperatur. Alle physikalischen Größen lassen sich auf drei Grundgrößen zurückführen:

Masse
Länge
Zeit

deren Einheiten seit C. F. Gauß im cgs-System angegeben werden, im

Zentimeter [cm]
Gramm [g]
Sekunde [s]

-System. Selbst der schwierig zu fassende Begriff der elektrischen Ladung läßt sich auf mechanische Grundgrößen zurückführen[1]. Aus dieser Dreifachheit der Grundgrößen wird über die Vorstellung der mechanischen Bewegung gefolgert, daß Temperatur keine

---

[1] $\sqrt{Kraft \cdot L\ddot{a}nge}$

— 69 —

Grundgröße sei. Ich bezeichne sie als einen Zustand, dessen wahres Wesen uns verschlossen bleiben wird, solange wir nicht wissen, was Raum wirklich ist.

*

Von Paul gab es gute Nachrichten. Er hatte die Kaufmannsgehilfenprüfung bestanden, und jetzt bot ihm seine Firma eine Stelle an mit einem Gehalt von 360 DM monatlich. Ich setzte mich mit Paul in mein kleines Zimmer und verbot ihm, auch nur mit dem Gedanken zu spielen, eine solche Stelle anzunehmen.

Er hatte so wie ich eine feste Freundin. Das Mädchen würde Medizin studieren, das Fach, das ihm völlig verschlossen schien. Sie entstammte einer Industriellenfamilie. Ihre Mutter war Milliardärin. Die ganze Angelegenheit belastete ihn wie ein Alptraum. Er mußte innerlich zittern bei dem Gedanken, daß dieser Clan einen Speditionskaufmann sicher ablehnen würde. Mich hingegen faszinierte diese neue Peter und Paul-Konstellation, denn seine Freundin würde nicht irgendwelche Aktien erben, sondern die Aktien eines Chemiekonzerns.

Ich erklärte, daß der Familienclan, in den er einheiraten könne, nichts gegen ihn habe, vorausgesetzt, die junge Erbin liebe ihn. Schwindelerregende Abenteurer, Schwätzer und Aufschneider würden im allgemeinen akzeptiert, auch Rennfahrer und Prinzen, selbst Schwule und Jongleure. Nur einen ehrlichen jungen Mann, der für 360 Mark im Monat bei einer Möbelspeditionsfirma arbeitet, nähmen sie auf gar keinen Fall.

„Habe ich dann überhaupt eine Chance?"

„Ich werde dir eine andere Stelle besorgen oder dich wieder studieren lassen."

*

— 70 —

Eine Woche später war der 17. September 1963. Paul kam zu mir und erklärte, daß er sich nun entscheiden müsse. Ich spürte die Lösung in mir, aber sie war noch nicht konkret.

Paul wendete sich an unseren Vater. Der wiederum bestellte mich sofort ins Wohnzimmer.

„Paul sagt, er muß sich jetzt entscheiden. Du sollst eine Stelle für ihn haben? Du hast doch gar keine!"

„Ich habe doch eine Stelle für ihn!", hörte ich mich selbst antworten. Gleichzeitig war mir, als wenn mich ein kalter Hauch berührte. Mir schien, als würde der Vater plötzlich begreifen. Er sah mich seltsam ahnungsvoll an.

„Aber selbst, wenn du etwas Besseres für den Paul hättest, glaubst du denn, daß diese Familie den überhaupt nimmt?"

„Ihr habt den Paul immer unterschätzt", erwiderte ich, „ihr habt Dummheit und Faulheit gegen Fleiß und Klugheit abgewogen. Ehen aber werden nach anderen Regeln geschlossen."

„Was wär das für eine Chance, wenn du dieses Mädchen kennengelernt hättest!"

Ich wehrte ab: „Die Gründer der Firma haben einmal von Chemie Ahnung gehabt. Bei den Enkeln und Urenkeln ist die Chemie raus! Die wissen nicht einmal, was Chemie ist! Denen geht es nur um Geld und Macht! Ich habe große chemische Pläne. Es ist besser, ich bleibe damit zunächst im Hintergrund. Der Paul wird das 'Trojanische Pferd' sein und in dem Pferd sitzt der Peter!"

Mein Vater wirkte plötzlich geistig erschöpft. Die ganze Situation war gespenstisch. Dann entspannte sich sein Gesicht. Er hatte mich begriffen.

Zwei Stunden später war mein Vater tot, und ich übernahm die 'Führung' in der Familie Plichta.

*

Auf dem Friedhof nahm mich der Marketingdirektor der kanadischen Stahlfirma, in der mein Vater nach seinem Ausscheiden als Beamter gearbeitet hatte, beiseite:

„Herr Plichta, wir haben Ihren Vater sehr geschätzt. Ich möchte Ihnen dieses Geld für Ihre Frau Mutter überreichen."

Er zückte seine Brieftasche und zog einen Scheck seiner Firma hervor. Ich nahm ihn entgegen und las die eingetragene Summe. Es war ein sehr hoher Betrag.

„Ich bedanke mich im Namen meiner Mutter. Sie ist versorgt und braucht das Geld nicht."

Mit diesen Worten gab ich ihm den Scheck zurück, einfach so, als Geschenk. Der Direktor steckte ihn wieder zurück in seine Brieftasche. Er schaute mich nachdenklich an und stellte genau die Frage, die ich geplant hatte: „Kann ich Ihnen einen Gefallen tun?"

„Haben Sie eine Stelle für meinen Bruder in der europäischen Hauptzentrale in der Schweiz? Er hat die mittlere Reife, ein technisches Praktikum und eine abgeschlossene kaufmännische Lehre."

„Ist Ihr Bruder so wie Sie?"

Ich bejahte.

„Dann hat er die Stelle."

5. Kapitel

Weltraum und Welträtsel

Zum ersten Mal in meinem Leben hatte ich ein festes Einkommen, eine Beamtenwaisenrente. Bisher hatte ich mir mein Studium mit verschiedenen Jobs selbst finanziert. Jetzt konnte ich mir alles kaufen, was ich notwendig brauchte: ein richtiges Bett und einen Schreibtisch mit Drehstuhl. In unserem Haus herrschte kein Geiz und Streit mehr. Ich konnte in Ruhe lernen.

Eines Morgens wachte ich wie benommen auf. Ich setzte mich auf die Bettkante und versuchte zu mir zu kommen. Plötzlich erlebte ich den Traum, von dem ich wachgeworden war, blitzartig noch einmal:

Ein Mann saß in Stockholm in einem großen Saal, in auffällig altmodischer Kleidung. Er bekam den Nobelpreis verliehen. Vor langer Zeit hatte er schon einmal gleichzeitig drei Nobelpreise erhalten, nämlich für Chemie, Physik und Medizin. Jetzt war er von einer langen Reise zu unseren benachbarten Sonnen zurückgekehrt. Zwei Menschen hatten ihn begleitet, aber er war allein zurückgekommen. Er bekam nun wieder den Nobelpreis, weil sich durch seine Reise seine früheren wissenschaftlichen Behauptungen hatten beweisen lassen. Während er nun den bei einer solchen Zeremonie üblichen Reden zuhörte, sah er wie in einem Film noch einmal sein ganzes Leben ablaufen.

Er war in jungen Jahren ein leidenschaftlicher Ingenieur für Raketenantriebe und Weltraumtechnik gewesen. Sein Genie war zunächst überhaupt nicht erkannt worden. Er wählte einen Umweg, um zu seinem Ziel zu kommen. Er hoffte hinter den Bauplan zu kommen, mit dem Gott diese Welt verschlüsselt hat. Er wußte, daß man diesen Bauplan nicht mit 'weißem Kittel kostümiert' finden kann. Um seine Pläne zu verwirklichen, hatte er nacheinander Chemie, Physik und Biologie studiert und sich mit der Geschichte dieser Wissenschaften und der Philosophie beschäftigt. Nach vielen Jahren als Privatgelehrter hatte er die Lösung des Welträtsels gefunden.

Daraufhin ließ er sich in bestechender, rücksichtsloser Form auf einen kurzen, äußerst erbitterten Kampf mit denen ein, die seit Jahrhunderten erzählen, sie hätten die Weisheit und das Wissen auf Erden gepachtet, die in Wirklichkeit jedoch nur ihre Pfründe verwalten. Als der Kampf gewonnen war, erhielt er als erster Mensch drei Nobelpreise. Jetzt hatte er die nötige Aufmerksamkeit, Raketen so zu bauen, wie er es für richtig hielt. Er hatte zwei Raketentypen entwickelt, einen Diskus und ein Weltraumgefährt, sowie einen neuartigen Treibstoff. Das Weltraumgefährt war sehr lang, hatte einen Hohlspiegel am hinteren Teil und führte am Kopfteil einen Raketendiskus mit, um damit auf Planeten zu landen.

Die Gelder für die Verwirklichung seiner unglaublichen Ideen waren von der ganzen Menschheit aufgebracht worden. Nun saß er wieder im Saal, sein Traum brach ab.

Auch mein Traum brach hier ab.

Ich war wie erstarrt. Ich wußte, daß der Traum etwas mit mir zu tun hatte. Die Kombination Welträtsel und Raketentechnik war mir aus meinem Leben bestens vertraut. Den Raketendiskus hatte ich wiedererkannt. Es war genau der, den ich mit 15 Jahren erfunden hatte. Über den Treibstoff hatte ich leider nichts erfahren.

*

Von zwei Dingen war ich in meiner Kindheit besonders gefesselt gewesen: von Schieß- und Sprengstoffen und von Zukunftsromanen. Aber schon im Alter von 15 Jahren war mir klargeworden, daß es eine Weltraumfahrt, wie es den Autoren von Zukunftsromanen vorschwebt, überhaupt nicht geben wird, da Raketen nach einer bestimmten mathematischen Gleichung fliegen, die verhindert, daß wir wie mit einem Flugzeug von einem Punkt A zu einem Punkt B und wieder zurück fliegen können, ohne nachtanken zu müssen. Ich wußte schon damals genau, daß wir unsere Weltraumraketen, die zum damaligen Zeitpunkt überhaupt noch nicht existierten, falsch bauen würden.

Ich hatte Wernher von Brauns Bücher über die kompletten theoretischen Berechnungen eines Fluges zum Mond und zum Mars gelesen. Seine Überlegungen, Hydrazin-Salpetersäure-Triebwerke zu benutzen und Raketen von solcher Größe und solchem Kostenaufwand zu bauen, lehnte ich ab. Als gravierendsten Mangel empfand ich, daß mehrstufige Flüssigkeitsraketen statt billiger Feststoffraketen verwendet werden sollten. Sie kamen mir vor wie der hilflose Versuch des Menschen, gegen die Gesetze dieses Planeten anzukämpfen, nämlich entweder eine Geschwindigkeit von etwa 30 000 Kilometern pro Stunde zu erreichen oder aber auf die Erde zurückzufallen. Von der ganzen teuren Rakete sehen wir nichts wieder. Mit solchen Raketen andere Planeten anzusteuern, ist aussichtslos, denn zum Abbremsen und Landen wären wieder riesige Treibstoffmengen nötig, ebenso wie zum Starten.

Von Braun war immer überzeugt, Weltraumfahrt würde dann möglich, wenn die eigentlichen Weltraumraketen erst im Weltraum auf einer Außenstation gebaut und betankt würden. Die gewaltigen Mengen Material dafür könnten möglicherweise nach einer Idee von Sänger mit zweistufigen Raketenflugzeugen in den Weltraum transportiert werden.

Mir wurde klar, daß die Rakete in Form einer überdimensionalen Zigarre, deren ganzes Gewicht von einem Feuerstrahl getragen werden muß, falsch konstruiert war. Raketen etwa die Form eines Flugzeuges zu geben, um den Auftrieb der Luft zu nutzen, wäre schon besser. Gibt es eine richtige Raketenform, und wir haben sie einfach noch nicht gefunden?

Mir kam spontan die richtige Idee, als ich mir eine Zeichnung von Leonardo da Vinci anschaute. Es handelte sich um die Skizze eines Fluggerätes, das über Pedalantrieb mit menschlicher Muskelkraft von einer großen, runden Luftschraube angetrieben wird.

Man müßte den Flugkörper diskusförmig bauen und ihn mit einem Kranz von Drehschaufeln zum Starten, Fliegen und Landen im Bereich gasumhüllter Planeten umgeben, denn insbesondere bei Start und Landung sind die langgestreckten Raketenzylinder äußerst explosionsgefährdet. Angetrieben werden die Drehschaufeln durch vier im Innern des starren Diskus angebrachte Strahlturbinen, deren Verbrennungsgase zu einem Teil in den äußeren Drehkranz geleitet werden, dort die Rotation des Propellerkranzes bewirken sowie zur Schmierung der Gaslager dienen. Zum andern Teil verlassen sie den Diskus auf der Unterseite durch eine starre, trichterförmige Düse.

Auch die Verbrennungsgase eines zusätzlichen Raketenmotors mit flüssigen Treibstoffen können durch diese Düse strömen, um wie eine Wasserstrahlpumpe oder ein Nachbrenner die Leistung der Strahlturbinen zu erhöhen.

Eine solche Rakete bietet folgende Vorteile: Wenn beim Start ein oder mehrere Triebwerke ausfallen, kann sie nicht abstürzen. Denn der Drehflügler, dessen innerer Teil durch kleine Gegentriebwerke starrgehalten wird und somit nicht mitrotiert, ist lenkbar wie ein Hubschrauber.

Wird die Atmosphäre verlassen, arbeitet nur noch das Raketentriebwerk. Beim Landen auf einem gasummantelten Planeten schwebt der Schrauber ohne Verbrauch von Treibstoff langsam herab. Erst in der letzten Phase wird mit Hilfe von Strahlturbinen gelandet. Ist die Atmosphäre wasserstoff-, ammoniak- oder kohlenwasserstoffhaltig, genügt ein flüssiges Oxidationsmittel zum Antrieb der Strahlturbinen. Ist sie sauerstoffhaltig, erübrigt sich ein flüssiges Oxidationsmittel.

Mich packte große Erregung und Freude. Natürlich, das war's! Eine zigarrenförmige Rakete muß ihr ganzes Startgewicht durch das Feuer tragen, das die Raketendüsen erzeugen, eine närrische Verschwendung von Raketentreibstoff. Bei Startbeginn darf sich die Rakete nach keiner Seite hin neigen. Ein scheibenförmiger Raketendiskus, um den ein Schaufelkranz kreist, wird wegen des Drehmomentes dieses Kranzes völlig ruhig gehalten. Ein solcher Diskus kann nicht mehr wackeln. Wenn bei einer herkömmlichen Rakete der Raketenmotor Leistungsabfall zeigt oder gar ausfällt, fällt die ganze Rakete auf die Erde zurück und explodiert. Meine Scheibe dagegen würde zur Erde zurückschweben.

*

Ich fertigte eine technische Skizze an. Abends legte ich sie Vater vor, der eine Reihe erteilter Patente besaß.

„Fliegende Untertassen sind technischer Unsinn!",
erklärte er mir.

Doch nachdem ich ihm in allen Einzelheiten die
Vorzüge dieses neuen Fluggerätes erläutert hatte, packte
es ihn plötzlich.

„Das ist ja phantastisch!" rief er aus und lief aufgeregt durch die Küche. „Das mußt du beim Patentamt in
München anmelden!"

Statt mich von seiner Erregung mitreißen zu lassen,
sagte ich, von einer inneren Stimme gelenkt:

„Nein, wir werden die Scheibe nicht patentieren
lassen. Unsere schwachen Treibstoffe sind nicht in der
Lage, die Scheibe in einem Rutsch als Einstufenrakete in
den Weltraum zu tragen. Man müßte doch wieder mehrere Scheiben übereinanderstellen, und das wäre Unsinn.
Die Scheibe hat, wenn sie durch einen Raketenantrieb
schräg beschleunigt wird, verblüffende Flugeigenschaf-
ten. Würden wir sie in München anmelden, die Amerikaner und Russen würden daraus ein Transportmittel für
Wasserstoffbomben machen. Ein Flugzeug muß fliegen.
Aber die Scheibe kann anhalten und, wie eine Festung
am Himmel stehend, aus allen Rohren feuern. Wenn man
sie mit Raketen beschießt, kann sie, im Gegensatz zum
Düsenjäger, in den Weltraum entweichen."

Ich sah, wie mein Vater mich begriff, wir schauten
uns gebannt in die Augen.

„Peter, glaubst du, daß es eines Tages heißer brennende Treibstoffe geben wird?"

Damit sprach er die entscheidende Frage der Rake-
tenkunst aus, weil die neue Raketenform gekoppelt sein
muß mit einem Treibstoff, der über bessere Eigenschaften verfügen muß als die bisher bekannten.

Mit Erstaunen hörte ich mich antworten:

„Ja, Vater, ich glaube, daß es im Periodensystem ein
Element gibt, das die Kraft besitzt, eine Rakete in der

neuen Form als Einstufenrakete in den Weltraum zu schießen."

„Dann finde du diesen Treibstoff, und wenn du ihn gefunden hast, patentiere beides zusammen."

Ich erfaßte sofort die absolute Richtigkeit seiner Worte. Es war das einzige Mal in meinem Leben, daß ich meinen Vater bewunderte.

Natürlich waren meine Vorstellungen damals noch nicht technisch ausgereift. Es sollten noch fast 40 Jahre bis zur Patentanmeldung und -erteilung für Diskus und Treibstoff vergehen.

*

Leonardos Zeichnung hatte mir mit 15 Jahren die Idee zu meiner Raketenscheibe geschenkt. Jahre später fand man im Prado in Madrid das dritte und vierte Tagebuch dieses genialen Menschen wieder. Ich war seltsam berührt, als ich erfuhr, daß er am Ende des vierten Tagebuches einen Gruß hinterlassen haben soll, in der Sprache des Quattrocento zu lesen und in Spiegelschrift:

Lieber Leser, lies mich gründlich,
denn gar selten kehre ich zu dieser
Erde zurück
                    L. da V.

Von der chemischen Zusammensetzung des Treibstoffes hatte ich noch keine Vorstellung. Ich hatte nicht einmal eine Vermutung, daß es sich um Verbindungen des Elementes Silizium mit Wasserstoff handeln müßte.

Was würde denn überhaupt rechtfertigen, Nachbarsonnen aufzusuchen? Die Mühen und Kosten, die dafür notwendig wären, sind unvorstellbar. Und was würde man entdecken? Kolumbus brachte von seiner Reise bunt geschmückte mittelamerikanische Indianer und natürlich Gold mit.

Wenn wir die Erde verließen, wenn wir gar das Sonnensystem verlassen könnten, was wollen wir entdecken? Planeten? Gar solche, die bewohnt sind?

*

Leben ist eine Gemeinschaft dreier Lebensformen, nämlich von

Pflanzen
Tieren
Menschen

Die Pflanzen stellen die drei Nährstoffe her, von denen Tiere und Menschen leben:

Zucker
Fette
Eiweiß

Alle anderen Pflanzeninhaltsstoffe werden chemisch von der Pflanze aus diesen drei Grundbausteinen produziert. Um die drei Nährstoffe selbst zu produzieren, spaltet die Pflanze Wasser in Wasserstoff und Sauerstoff. Tier und Mensch verbrennen die Wasserstoff-Sauerstoff-Verbindungen des Kohlenstoffs wieder zu Wasser. Dieser Kreislauf wird von drei Porphyrinverbindungen aufrechterhalten, von

Chlorophyll
Hämin
Cobalamin

Wenn es überhaupt außerirdisches Leben gibt in unvorstellbarer Entfernung, es müßte das gleiche sein wie hier. Denn die drei Elemente, die Doppelbindungen eingehen können, sind einzigartig im Universum. Nur sie lassen chemische Gerüste zu, durch die Elektronen oder Protonen hindurchwandern können. Auch wenn wir Hunderte von Billionen Kilometer zurücklegen würden, wir wären der Wahrheit nach dem Wesen des Lebens keinen Zentimeter näher gekommen. Aber es muß etwas geben, was die Reise dennoch rechtfertigt. Was könnte das sein?

Damals traf der Mensch die Vorbereitungen, um zum Mond zu fliegen. J. F. Kennedy hatte längst jene berühmte Rede gehalten, in der er den Raum zwischen Erde und Mond einen Ozean nannte, der durchfahren werden müsse, weil er eine Herausforderung für die gesamte Menschheit darstelle. Die spärlichen Informationen über die gewaltigen Triebwerke der Mondrakete faszinierten mich. Die Amerikaner beherrschten die Technik des Flüssigwasserstoff-Flüssigsauerstoff-Brenners vor allem aufgrund der neu entwickelten Computertechnik, mit deren Hilfe die Probleme, die bislang beim Kühlen der Brennkammern bestanden hatten, fast spielerisch gelöst wurden.

Von der hundert Meter hohen Rakete würde nichts weiter zurückkehren als eine winzige 'Blechdose', in der drei Menschen eingepfercht wie Ölsardinen sitzen und darum beten würden, daß die Fallschirme funktionieren mögen. Das ganze Programm kostete einhundert Milliarden Dollar. Zwar würden keine Indianer und kein Gold mitgebracht werden, sondern nur ein Sack mit Steinen. Aber die Steine würde man chemisch untersuchen. Man wüßte dann endlich, ob Erdgestein und Mondgestein identisch sind und ob das Alter gleich ist oder nicht.

Wir wissen nämlich nicht, ob der Mond tatsächlich,

wie die Spaltungstheorie des Astronomen George H. Darwin annimmt, von der Erde abgesprungen ist.[1] Ich hielt die Abspaltungstheorie für die einzig richtige, während die Konkurrenztheorie, nämlich der Einfang des fertigen Mondes, zu physikalischen Widersprüchen führen muß. Wenn der Mond aber ein Teil der Erde ist, muß das Erde-Mond-System aus zwei Planeten bestehen, also einen Zwillingsplaneten darstellen. Steht der Mond vor der Erde in bezug auf die Sonne, ist er der dritte Planet, steht er jedoch hinter der Erde, ist die Erde der dritte Planet. Daß damit dieser Zwillingsplanet etwas mit der Zahl **3** zu tun hat, fand ich unglaublich aufregend. Genauso aufregend war meine Überlegung, ob vielleicht die Existenz von Leben auf unserem Planeten notwendig mit der Existenz unseres Mondes zu tun hat. Ohne den Mond würden die Wassermengen der Erde nicht bewegt, die Weltmeere wären nur große Tümpel.

*

---

[1] Die Verteilung der Kontinente auf diesem Planeten ist unregelmäßig. Die Rückseite der Erde, der Pazifische Ozean, ist eine einzige Wasserfläche. Alle fünf Kontinente sind erwiesenermaßen aus einem Urkontinent hervorgegangen (Kontinentalverschiebung). Nach A. E. Ringwood müßte die Abtrennung des Mondes erfolgt sein, als in der Erde die Trennung von Eisenkernen und Silikatmantel erfolgt war. Durch Absinken des schweren Eisens zum Erdmittelpunkt müßte die Rotation der Erde zugenommen haben, so wie eine Pirouettentänzerin sich schneller dreht, wenn sie die Arme anzieht. Dadurch könnte ein Teil der Schale fortgeflogen sein, und mit der Abgabe erheblicher Masse wäre ein Verlust von Drehimpuls der Erde verbunden. Dieser Drehimpuls müßte dann in der heutigen Mondbahn stecken. (A. Unsöld)

Die Zeit, die der Mond braucht für seinen Umlauf um die Erde, beträgt einen siderischen Monat,

27,32 Tage

Nach dieser Zeit hat er wieder dieselbe Stellung unter den Sternen.[1]

Jeder Medizinstudent muß folgenden Satz auswendig lernen: Die Zeit, die das Leben im menschlichen Mutterleib heranwächst, beträgt von der Empfängnis bis zur Geburt die statistische Zeitdauer von zehn siderischen Monaten, das sind

273 Tage

Es ist erwiesen, daß der weibliche Zyklus dem wahren astronomischen Rhythmus folgt und eben nicht dem zwei Tage länger dauernden Zyklus von Vollmond zu Vollmond. Den in der Regel männlichen Astronomen ist das vollkommen gleichgültig. Welch seltsame Übereinstimmung der 273 Tage mit dem absoluten Nullpunkt von

– 273° C

Da taucht er wieder auf, der Zusammenhang zwischen dem Mond und dem Wasser. Das Wasser wiederum ist für mich die wohl geheimnisvollste Substanz, die es im Planetensystem gibt. Wasser gilt zwar in der Bio-

---

[1] In seinen Kalendern verwendet der Mensch dagegen die Dauer des sidonischen Monats von 29,53 Tagen: die Zeit, die der Mond braucht, um wieder dieselbe Stellung zur Sonne einzunehmen nach einem Umlauf. Diese Zeit ist länger als der siderische Monat, da die Erde inzwischen auf ihrer Bahn weitergelaufen ist.

logie als Träger des Lebens, denn alle Zellreaktionen laufen in wäßrigem Medium ab. Das trifft aber nicht den entscheidenden Punkt.

Aus einem zutiefst geheimnisvollen Grund ist etwa jedes fünfundfünfzigmillionste Wassermolekül gespalten. Die triviale Grundgleichung der Chemie

$$H_2 O \Leftrightarrow H^+ + OH^-$$

bedeutet, daß Wasser immer ein untrennbares Stoffgemisch aus drei Bestandteilen ist:

$$H_3 O^+$$
$$H_2 O$$
$$H_1 O^-$$

Wer versuchen wollte, diese drei Bestandteile zu trennen, würde scheitern. Obwohl wir nicht einmal für die Dreifachheit des Wassers eine Erklärung haben, wollen wir in den Weltraum. Was wir da wollen, wurde mir immer unklarer – trotz meines leidenschaftlichen Interesses für Raketentechnik.

Nun, nach meinem Traum, wurde mir klar, daß wirkliche Weltraumfahrt erst stattfinden kann, wenn wir die Rätsel der Welt gelöst haben.

*

Mein Studium näherte sich dem Abschluß. Meine letzte Aufgabe war, wie sich später herausstellte, schicksalhaft. Ich sollte eine chemische Verbindung herstellen, die ein jüngerer deutscher Chemiker namens Ernst Otto Fischer erstmalig isoliert hatte, das inzwischen berühmt gewordene Dibenzolchrom. Die Verbindung besteht aus zwei Benzolringen, die wie Butterbrothälften aufeinander liegen. Dazwischen schwebt ein nullwertiges Chromatom, aber niemand weiß so richtig, wie ein nullwertiges Atom chemisch bindet. Ich bekam sehr schnell heraus, daß sich in Köln schon eine Reihe Vorgänger vergeblich bemüht hatte, diese Verbindung herzustellen. So bestand wenig Aussicht, daß ich bei meiner Arbeit erfolgreich sein könnte. Zu meinem großen Ärger fiel mir auch noch ein langes Quecksilberthermometer in den Mehrhalskolben mit der dunklen Brühe und zerbrach, ausgerechnet mir, der ich so eingebildet war auf meine geschickten Chemikerhände. Doch schlagartig hatte ich die Idee: Quecksilber!

Quecksilber zählte im Mittelalter zu den drei Stoffen

Quecksilber
Schwefel
Salz

von denen der berühmte Chemiker und Arzt Paracelsus behauptet hatte, sie seien die Grundlage alles Stofflichen. Damit löste er die aus der Antike stammende Vorstellung des Dualismus der Elemente Schwefel und Quecksilber ab. Nur mit Hilfe eines dritten Stoffes könne das Wesen der Natur, ihre Dreifachheit, verstanden werden.[1]

Ich überlegte nicht lange, eilte flugs zur Chemikalienausgabe, besorgte ein Gläschen Quecksilber und schüttete es dem Quecksilber aus dem Thermometer noch hinterher. Vielleicht war meinen Vorgängern nicht gelungen, das in der Suppe schwimmende Aluminiumpulver zur Reaktion zu bringen. Gespannt wartete ich auf den Moment, in dem sich zum Schluß meines Expe-

---

[1] Paracelsus gehörte zu den wenigen Menschen, die ihrer jeweiligen Zeit um Jahrhunderte voraus sind.

rimentierens an einem Kühlfinger im Hochvakuum wunderschöne dunkelrote Kristalle bilden sollten – so hatte es jedenfalls der Autor des Darstellungsverfahrens beschrieben. Sie entstanden tatsächlich. Professor Linke war hocherfreut und wollte dauernd wissen, wie ich denn das geschafft hätte. Ich verriet's ihm nicht und vergaß den Vorfall erst einmal.

*

Die mündlichen Prüfungen des Hauptdiploms begannen mit dem Fach organische Chemie. Mein Prüfer, Professor Birkhofer, meinte nach einer halben Stunde wohlwollend, ich gehöre wohl zu denen, die alles wüßten. Deswegen werde er mich einmal etwas fragen, was ich noch nicht wisse. Vor ein paar Jahren habe ein Chemiker eine Verbindung hergestellt, die wie ein Sandwich aussehe, mit einem nullwertigen Chromatom zwischen den Hälften. Ob ich mir vorstellen könne, wie eine so ungewöhnliche Verbindung darzustellen sei. Ich konnte mir das sehr gut vorstellen. Ich beschrieb, wie ich von einem dreiwertigen Chromsalz ausgehen und es im ersten Schritt mit einem Metallstaub, zum Beispiel Aluminiumpulver, zum einwertigen Chrom reduzieren würde. Ich könne mir sogar vorstellen, dem Reaktionsgebräu einen Schuß Quecksilber zuzusetzen. Dann diskutierte ich den weiteren Schritt zum nullwertigen Chrom.

Professor Birkhofer sprang auf, umarmte mich und rief, er habe noch nie einen so klugen Kandidaten der Chemie in einer Prüfung erlebt, und gab mir die ersehnte Note.

Als ich wieder auf dem Gang stand, wußte ich plötzlich, was ich wirklich erlebt hatte: Mir war das nullwertige Chromatom zum zweiten Mal begegnet. Das war bestimmt kein Zufall mehr. Aber noch hatte ich keine Ahnung, daß ich eines Tages dem Entdecker der interessanten Verbindung gegenübersitzen würde. Professor Birkhofer hatte über diesen Fischer gesagt, der bekomme für diese Verbindung eines Tages den Nobelpreis, und ich hatte erwidert, das glaube ich auch. Den Nobelpreis hatte er längst, als wir uns dann so viele Jahre später unterhielten.

*

Ich suchte Herrn Professor Fehér, den Direktor des Institutes für anorganische Chemie, auf.

„Nun, Sie werden jetzt wohl organischer Chemiker werden wollen", empfing er mich.

„Nein, Herr Professor, ich habe nicht Chemie studiert, um mich den Rest meines Lebens mit den Verbindungen eines einzigen Elementes zu beschäftigen. Ich will Anorganiker werden, da mich die gesamte Chemie und alle Elemente interessieren."

In den Augen des alten Herrn funkelte es.

„Solche Worte, Herr Plichta, hört man heute kaum noch. Ich hätte eine Stelle für Sie in einer Abteilung, in der man viel chemische Phantasie braucht. Aber es ist nicht ungefährlich, dort zu arbeiten. Man braucht Mut. Haben Sie den?"

Anstelle einer Antwort frage ich gespannt: „Welche Abteilung?" und fühlte mich, als ob ich sehr tief geschlafen hätte.

„Wir sind das einzige Institut der Welt, das in großen Mengen Silizium-Wasserstoffe herstellt."

Schon als 12jähriger Junge war ich durch mein Chemiebuch auf die Existenz der Benzine des Siliziums gestoßen. Mit zunehmendem Alter spürte ich immer stärker, daß diese Stoffe mein Leben beeinflussen würden. Kurz vor dem Abitur hatte ich sogar in einer feurigen Rede vor meinen Klassenkameraden erklärt, daß ich vorhätte, von den Silanen erstmalig Verbindungen herzustellen. Während meines Studiums hatte ich mich jedoch kein einziges Mal mehr damit befaßt.

Ich saß wie erstarrt. Der Professor wollte erklären, was das für Stoffe sind, doch ich fiel ihm ins Wort:

„Bis zu welchen Silanen sind Sie gekommen?"

„Nun", meinte er, „auch nur so weit wie Herr Stock[1], bis zum Tetrasilan."

„Und gibt es inzwischen Verbindungen?"

„Nein", erwiderte er, „die Silane explodieren ja mit allen Reagenzien. Nur mit dem Jod ist uns die Darstellung einer Verbindung gelungen."

„Mit explosiven Substanzen habe ich schon als kleiner Junge experimentiert. Ich möchte gern in Ihrer Abteilung arbeiten. Ich will Verbindungen der Silane herstellen. Das muß gehen. In der Chemie hat sich gezeigt, daß alles geht, wenn man es nur richtig anfängt. Mit Silanen zu arbeiten, davon habe ich geträumt! Ich hatte keine Ahnung, daß Sie sie besitzen."

Die Augen des alten Wolfs leuchteten.

*

Silane sind Flüssigkeiten, die den Benzinen ähneln, die wir in unsere Autotanks füllen, nur sind sie in höchstem Maße selbstentzündlich, brennen wie höllisches

---

[1] Alfred Stock entwickelte Apparaturen zum Arbeiten mit luftempfindlichen Substanzen unter völligem Ausschluß von Sauerstoff oder im Vakuum. Ihm gelang als erstem die Reindarstellung von Mono-, Di-, Tri- und Tetra-Silanen durch Umsetzung von Magnesiumsilizid mit anorganischen Säuren. Er war einer der größten anorganischen Chemiker dieses Jahrhunderts.

Feuer und lassen sich nicht löschen, wenn sie einmal brennen. Wäre dem genialen Stock die Darstellung von Verbindungen gelungen, hätte er vielleicht den Nobelpreis erhalten. So aber hatte man keine Verwendung für sie. Nach seinem Tod wollte niemand mehr auf der ganzen Welt dieses Teufelszeug herstellen.

Herr Fehér hatte die deutsche Forschungsgemeinschaft überzeugen können, beträchtliche Geldmittel für weniger gefährliche, elegantere und handhabungssichere Darstellungsweisen zur Verfügung zu stellen. Nun saß er da auf einigen Mengen der vier getrennten Silane, die aus einem, zwei, drei oder vier Siliziumatomen bestehen. Er war so klug wie ehemals Herr Professor Stock.

Da sich Verbindungen nicht herstellen ließen, wollte er wenigstens erstmals höhere Silane herstellen, nämlich solche mit fünf, sechs, sieben oder acht Siliziumatomen. Es sollten in einer neuen halbtechnischen Anlage so große Mengen Rohsilane hergestellt werden, daß wenigstens in Spuren die ersehnten höheren Silane abgetrennt werden könnten.

Es kam alles ganz anders.

6. Kapitel

Vision und Entschlossenheit

Nachdem ich meine Diplomarbeit abgegeben hatte, begann ich meine Promotion zusammen mit einem anderen Diplomchemiker, Rolf Guillery. Mir standen zwei Labore zur Verfügung und die exzellenten Hochvakuumapparaturen meiner Vorgänger. Ich ging von der Überlegung aus, daß die gefährlichen Silane mit vier geschickten Chemikerhänden besser zu bewältigen waren.

Das Monophenyl-Disilan sollte unsere erste Silanverbindung sein. Ich wollte es auf zwei verschiedenen Wegen herstellen, so daß jeder Irrtum ausgeschlossen wäre. Die Synthese gelang, wir zeigten Herrn Fehér die identischen Kernresonanzspektren der neuen Verbindung. Der Professor revanchierte sich umgehend: Ich wurde Angestellter des Instituts. Gerechnet hatte ich mit einer sogenannten Viertelstelle und natürlich damit, daß Rolf die gleiche Stelle erhalten würde, da uns die Darstellung der Verbindung schließlich zu zweit gelungen war. Ich erhielt statt dessen eine volle Stelle nach BAT 2 mit der knallharten Auflage durch den Institutsdirektor Fehér, auch nicht eine Mark mit meinem Kollegen zu teilen. Bezahlt wurde die Stelle von der Deutschen Forschungsgemeinschaft. Es hieß, der Chef habe die Gelder dafür seit Jahren eingefroren und für denjenigen bereitgehalten, der in der Silanchemie den Durchbruch schaffen würde.

So begann die Geschichte vom Aufstieg und Fall des Peter Plichta am Institut für anorganische Chemie der Universität Köln.

*

In meinem Labor erlebte ich damals die glücklichste Zeit meines Lebens. Eines Morgens wachte ich auf, erfüllt von einem wunderschönen Gefühl, und fuhr, wie von einer Hand gelenkt, ins chemische Institut, um in die Bibliothek zu gehen. Magnetisch angezogen, trat ich an ein bestimmtes Regal heran und ergriff einen Jahresband mit chemischen Publikationen. Ich schlug das Buch auf und fand eine Veröffentlichung über die Substitution von Phenylgruppen an Siliziumatomen, die über ein freies Wasserstoffatom verfügen. Der Phenylrest ließ sich einfach in kondensierten Halogenwasserstoffen gegen Halogenreste austauschen. Schlagartig wußte ich, wie ich vorgehen würde. Es mußte möglich sein, Tetraphenyl-Disilan herzustellen und von dieser Verbindung zwei Benzolreste durch zwei Bromatome auszutauschen. Alle weiteren Schritte waren dann klar.

Die hier verwendeten Fachausdrücke sind bewußt wiedergegeben, um den Lesern einen Einblick in die Sprechweise von Chemikern zu vermitteln. Einzelheiten zu verstehen, ist hier nicht notwendig.

Bei meinen Überlegungen würde ein Zwischenprodukt auftreten, das symmetrische Diphenyldibrom-Disilan mit zwei asymmetrischen Siliziumatomen.[1]

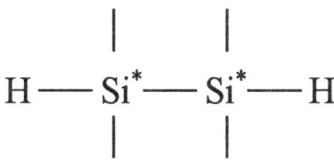

_____

[1] Die Brom- und Phenylreste fehlen bei der Strukturformel, da der chemisch nicht vorgebildete Leser nur die beiden gespiegelten Siliziumatome erkennen soll. Dieselbe Strukturformel wiederholt sich später mit Germanium- bzw. Kohlenstoffatomen. Der Buchstabe H bedeutet ein Wasserstoffatom.

Mit seinen beiden freien Wasserstoffatomen entspricht es stereochemisch genau der Weinsäure, an der Pasteur vor mehr als hundert Jahren eine der wichtigsten Entdeckungen der Chemie machte.

Das war es also, warum ich von der Bettkante aus fast schwebend die Bibliothek erreicht hatte: asymmetrische Zwillingssiliziumatome! Unter einem asymmetrischen Siliziumatom versteht ein Chemiker ein Siliziumatom – darstellt durch das Symbol 'Si' – , das an seinen 4 freien kreuzförmigen Armen 4 verschiedene Atome oder Atomgruppen besitzt. Eine chemische Silanverbindung mit einem solchen, durch ein Sternchen deutlich gemachten asymmetrischen Siliziumatom, tritt immer in 2 verschiedenen Spiegelformen auf, die miteinander nicht deckungsgleich sind. Wenn sich nun 2 solcher sterischer Siliziumatome miteinander verknüpfen – wie in der oben gezeigten Strukturformel – , müssen von dieser Verbindung insgesamt 4 Spiegelformen existieren. Dies läßt sich durch ein sehr einleuchtendes Bild aus dem Alltag demonstrieren.

Wir wollen einen viereckigen Tisch mit Messer und Gabel decken. Wenn am vorderen Sitzplatz (1) die Gabel links und das Messer rechts liegt, sind diese am gegenüberliegenden Platz (3) umgekehrt und seitenverkehrt. Das gleiche gilt für Platz 2 und 4. Das hier geschilderte Beispiel ist den meisten Chemikern nicht geläufig und verhindert somit, daß man sich 2 gegenüberstehende asymmetrische Atome als sich gegenüber umgekehrt erfaßt. Da ich einen Zwillingsbruder besitze, den man getrost als mein Gegenteil (Gegenstück) bezeichnen darf, empfand ich die Darstellung der ersten asymmetrischen Silanverbindung mit 2 Spiegelzentren nicht nur als chemisch reizvoll, sondern als schicksalhaften Einstieg in die Beschäftigung mit der Theorie vom Raum.

Da war sie also wieder, die bohrende Frage meiner

Jugend nach der unbekannten Struktur des absoluten Raumes!

*

Ich zeigte Rolf die acht Stufen, mit denen man von Phenylchlorsilan, einem Industrieprodukt, zu einem reinen Disilan gelangen kann. Wir besorgten uns zwei Zehnliterkanister der Substanzen und begannen, Tag und Nacht, auch an Wochenenden und feiertags, zu synthetisieren. Parallel zu diesem Verfahren wollten wir auch Silane direkt mit Reaktionspartnern angreifen.

Vier Silane waren damals bekannt. Mono- und Disilan sind gasförmige Substanzen. Sie standen uns, abgefüllt in kleinen Stahlbomben, zur Verfügung. Tri- und Tetrasilan sind Flüssigkeiten. Sie lagen unter Luftabschluß in einer Tiefkühltruhe im Institutsdämmerschlaf. Schon Alfred Stock hatte versucht, Silane mit Halogenen umzusetzen, und dabei heftige Explosionen verursacht. Ich hatte eine Idee: Man müßte etwa Brom mit Frigen verdünnen, diese Lösung kühlen und vorsichtig zu einer stark verdünnten, auf minus 80 Grad gekühlten Trisilanlösung zutropfen. Für diesen Versuch würde ich allerdings einen ganz bestimmten Tropftrichter benötigen, der wegen seines Vakuummantels drei Glaswände besitzen müßte, was glasbläserisch kaum lösbar schien. Aber da es sein mußte, gelang es auch.

Wir bereiteten die Bromierung des Disilans vor und lösten alle technischen Probleme. Wir übten die einzelnen Schritte des Experiments. Ostersonntagmorgen 1968 war es so weit. Ich hatte Helga, mit der ich inzwischen verheiratet war, gebeten, mit nach Köln zu kommen, um die beiden Chemiker mit ihren schußsicheren Gesichtshelmen und auch die Apparatur zu fotografieren. Nachdem sie die Aufnahmen gemacht hatte, fuhr sie nach

Düsseldorf zurück. Daß wir unser Leben aufs Spiel setzten, wußte sie nicht.

Beim vorsichtigen Eintropfen der Bromlösung verschwand die braune Farbe des Broms. Als ich schneller eintropfte, wurden wir von einem phantastischen Ereignis überrascht: Über der kalten Flüssigkeit entstanden elektrische Blitze. Sie drehten sich einige Zentimeter über der gerührten Lösung kreisförmig mit. Damit war klar, warum die Silane all unseren Vorgängern mit gewaltigem Knall um die Ohren geflogen waren. Nach einem Moment ehrfürchtigen Staunens fragte ich Rolf:

„Hast du je davon gehört, daß es so etwas gibt, ein elektrisches Gewitter über einer minus hundert Grad kalten Flüssigkeit?"

Er schüttelte den Kopf.

„Ich habe am Hochzeitstag meines Zwillingsbruders aus der Ferne ein Gewitter beobachtet, bei dem eine ungeheure Menge von Blitzen durch eine freischwebende Wolkenwand zuckte."

Plötzlich hatte ich eine Eingebung: „Wir werden das hier nie wieder sehen. Denn beim nächsten Mal arbeiten wir mit einer noch höheren Verdünnung. Aber wenn wir statt Brom Chlor verwenden, werden wir mit dem ganzen Labor in die Luft fliegen."

„Ja", antwortete Rolf, „dann fliegen wir in die Luft."

„Du machst doch mit?" fragte ich vorsichtig.

„Natürlich mache ich mit", sagte Rolf.

Es gelang uns, einen Gaschromatographen so umzufunktionieren, daß wir damit explosive und aggressive Substanzen trennen konnten. Wenig später standen die sauber getrennten verschiedenen Disilan-Bromide auf dem Schreibtisch.

Nun war der Weg frei, wie in der organischen Chemie an der Silankette unzählige Substitutionsreaktionen durchzuführen. Als nächstes wollten wir Trisilan chlorieren, ein Versuch, mit dem wir in die Luft fliegen würden.

*

Auch der Plan, die erste Disilanverbindung mit asymmetrischen Zwillingsatomen herzustellen, war nach monatelangen Bemühungen verwirklicht worden. Es hatte geklappt. Die Substanz besaß, wie die Weinsäure, zwei freie Wasserstoffatome, die chemisch völlig gleich sind. Wir hatten deshalb gehofft, im Kernresonanzspektrum eine einzelne freie Linie, ein Singulett, für die beiden Protonen zu finden. Ich war, von einer tiefen Spannung erfüllt, mit Rolf zu den Organikern gegangen. Wir Anorganiker besaßen keinen Kernresonanzspektrographen. Zu dritt standen wir im Meßraum, der Schreiber lief übers Papier, jeden Moment müßte er hochschnellen, ich ballte die Faust. Da plötzlich sauste er hoch, hielt, zitterte und sprang wieder nach unten. Wir wiederholten die Messung mehrere Male. Immer wieder von neuem zitterte der Schreiber. Wir zeigten die Aufnahme dem Organiker, Herrn Professor Roth. Der hatte schnell die Antwort: „Da ist Dreck in der Substanz."

Nachdenklich traf ich, als wir wieder im Labor waren, die Entscheidung, die beiden freien Bromatome gegen zwei weitere Wasserstoffatome auszutauschen. Das entstehende symmetrische Diphenyl-Disilan würde vier gleiche Protonen besitzen, allerdings keine asymmetrischen Siliziumatome mehr. Mal schauen, was dann wohl aus dem „Dreck" wird. Als wir die neue Verbindung spektroskopierten, fanden wir ein wunderschönes Singulett, kein Zittersignal.

„Es wird trotzdem Dreck gewesen sein", meinte Professor Fehér.

Ich nahm einen Kugelschreiber und malte die Formel für das Disilan mit den zwei asymmetrischen Siliziumatomen auf. Darunter zeichnete ich die gleiche Formel, nur diesmal mit zwei asymmetrischen Germaniumatomen. Rolf erkannte sofort, was ich vorhatte.

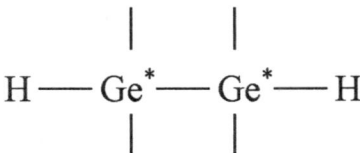

$$H - Ge^* - Ge^* - H$$

„Wie willst du denn das machen?"

Ich sagte: „Aus Germanium! Wir werden es chlorieren, mit Phenylgruppen behängen und versuchen, je zwei Germaniumatome zu verknüpfen."

Für zweitausend Mark bestellte ich Germaniumpulver in der Chemikalienausgabe, ein ganzes Kilogramm. Ich brauchte nur noch zu warten, bis Herr Fehér ins Labor schießen würde. Der erschien auch sehr aufgeregt.

„Wie können Sie für zweitausend Mark Germanium bestellen?"

Ich entgegnete betont liebenswürdig: „Ich möchte eine Digermanverbindung herstellen und beweisen, daß das Zittern des Schreibers nicht Dreck angezeigt hat, sondern zwei Zwillingsverbindungen. Aber wenn Ihnen zweitausend Mark zu teuer sind, werde ich es selbst bezahlen."

In dem Moment zeigte sich, daß Professor Fehér wirklich ein Gefühl für Chemie besaß.

„Herr Plichta, hat denn schon irgendeiner auf dieser Welt Digermanverbindungen hergestellt? Solche mit freien Wasserstoffatomen?"

Ich verneinte.

„Und wie wollen Sie das schaffen?"

Ich hielt meine linke und rechte Hand hoch wie zwei asymmetrische Atome: „Mit meinen Händen!"

Er starrte mich an, nickte und verließ das Labor,

nicht ohne sich noch einmal umzudrehen und zu sagen: „Sie können an diesem Institut in Zukunft soviel Germanium kaufen, wie immer Sie wollen."

„Ich brauche auch einen Kernresonanzspektrographen!" rief ich ihm hinterher.

„Sie bekommen ihn!"

Ich erhielt zusätzlich mehrere Diplomanden und einen Lehrling.

*

Die Chlorierung des Trisilans führten Rolf und ich wegen der Gefährlichkeit in der Nacht durch und nur zu zweit. Ich hatte Paul informiert, daß in dieser Nacht etwas passieren könne.

Alle Vorbereitungen hatten viel länger gedauert als geplant.

In dem Moment, als die Chlorlösung in das Hohlküken lief – erst dann kann sie weiter in die untere, stark verdünnte Silanlösung tropfen –, schellte laut das Telefon. Durch vorsichtiges Zurückdrehen des Hochvakuumhahnes unterbrach ich das Experiment, unmittelbar bevor der erste Tropfen hätte in die Lösung fallen sollen, ging zum Schreibtisch und zog von der linken Hand die Handschuhe ab. Mit meiner nassen Hand hob ich den Hörer ab und nahm den Helm vom Kopf.

Hinter mir begann ein Haarfön zu sausen. Ich drehte mich um. Rolf hatte den Handschuh der rechten Hand ausgezogen und war dabei, mit der rechten ungeschützten Hand den Hochvakuumhahn zu drehen, während er mit der linken Hand fönte.

„Halt!" brüllte ich, warf den Hörer auf die Gabel, zog meinen Helm auf, packte mit der linken nackten Hand die schwere eiserne Lampe, lief zu Rolf und versuchte, mit dem Lichtkegel die Stellung des Kükens zu

— 97 —

kontrollieren. Rolf konnte doch ohne Scheinwerfer durch die schußsichere Schutzscheibe am Labortisch gar nichts erkennen! Da gab es einen Blitz wie bei einem Gewitter, und sofort danach folgte der Donnerschlag. Die Explosionswelle packte mich, ich flog durch den Raum, erfüllt von einem überwältigend glücklichen Gefühl.

*

Rolf und ich wurden in die Universitätsklinik eingeliefert. Die schußsichere Kleidung, die ich beantragt hatte, hatte uns das Leben gerettet.

Als ich wieder gesund war, ließ ich einen neuen Trichter bauen. Er erhielt ein Hochvakuumreduzierventil, dessen Drehknopf ich übermantelte und mit einer mehrere Meter langen Tachometerwelle versah. Am Institut gab es einige Aufregung, weil manch einer erwartete, ich käme beim zweiten Versuch, Trisilan zu chlorieren, nicht so glücklich davon. Eines Tages besuchte ich Rolf im Krankenhaus. Ich setzte mich zu ihm aufs Bett und sagte:

„Rolf, ich hab gestern nacht das Trisilan chloriert. Es hat geklappt."

*

Rolf und ich absolvierten ein freiwilliges Nebenstudium am kernchemischen Institut: das radiochemische Praktikum und anschließend das kernchemische Praktikum für Fortgeschrittene. Gleichzeitig besuchten wir die Vorlesung von Professor Herr, dem Chef des kernchemischen Institutes. Da wir beide schon ein viersemestriges physikalisches Experimentalpraktikum hinter uns hatten, interessierten wir uns jetzt mehr und mehr für kernchemische und kernphysikalische Zusammenhänge. Durch die Beschäftigung mit diesen beiden Fächern geriet ich wieder zu den kritischen Fragen, die mich schon in der Kindheit beschäftigt hatten, zu Fragen des Aufbaus der Atome.

Da sich alle Atome aus nur drei Sorten Atomteilchen zusammensetzen, sind die Gesetzmäßigkeiten von Atomkern und Atomhülle spielerisch einfach zu begreifen. Sie herauszufinden hingegen war außerordentlich schwierig gewesen, denn die Zusammenhänge ließen sich nur durch eine Reihe höchst einfallsreicher experimenteller Untersuchungen in befriedigende Theorien umwandeln. Ich würde bald 30 Jahre alt sein und war immer noch mit drei Hauptfragen beschäftigt:

1.) Warum verlaufen die Ordnungszahlen – das heißt, die Anzahl der Protonen der stabilen Elemente – so einfach über die Zahlen 1, 2, 3, ... bis 83, und warum fehlen gerade die Elemente 43 und 61?

2.) Warum existieren die Elemente nicht wie Einzelkinder? Während beispielsweise Phosphor nur einmal vorkommt, er besitzt mit fünfzehn Protonen zusätzliche sechzehn Neutronen, kommt Chlor zweimal vor, nämlich sowohl mit siebzehn Protonen und achtzehn Neutronen als auch mit siebzehn Protonen und zwanzig Neutronen.

3.) Warum verfügen die Hüllenelektronen über gerade vier Eigenschaften, in der Fachsprache die vier Quantenzahlen genannt?

Während die positiven Ladungen der Protonen sich in einem unvorstellbar kleinen Atomkern konzentrieren, können die Teilchen mit der entgegengesetzten Ladung keine Konglomerate bilden, denn sie stoßen sich gegenseitig ab. Diese Aussage gilt aber nur bedingt. Werden Elektronen nämlich in die Nähe eines Atomkerns gebracht, verhalten sie sich plötzlich völlig unverständlich. Sie sitzen dann wie Spatzenpaare auf Drähten. Ein geheimnisvolles Gesetz sagt ihnen, daß auf dem innersten

Kreis ein Pärchen sitzen darf, auf dem darauffolgenden insgesamt vier Paare, auf der dritten Schale neun Paare und auf der vierten sechzehn. Das mathematische Gesetz hierfür ist quadratischer Art, denn die Zahlen

$$1, 4, 9, 16$$

lassen sich als die Quadrate der Zahlen

$$1, 2, 3 \text{ und } 4$$

beschreiben. Da nun weitere Schalen folgen, könnte man vermuten, daß auf der fünften Schale 25 Pärchen Platz haben. Tatsächlich gilt das Gesetz aber nur für die ersten vier Kreise. Außerdem wissen wir, daß es insgesamt nur vier Sorten Elektronen auf den Schalen gibt.

*

Da steckte für mich ein ganz schlimmes Problem. Ich hatte mich bisher nur damit beschäftigt, daß alles dreifach ist, so wie etwa alle Atome in diesem Universum aus Proton, Neutron und Elektron bestehen. Wenn das Gesetz streng gültig ist, wie kommt es dann, daß die Hüllenelektronen vier Quantenzahlen[1] besitzen?

Dadurch daß ich diese Frage nach der Vierzahligkeit

---

[1] Die Urheber der Wortprägung „Quantenzahlen" benannten damit folgende alternative Eigenschaften der Elektronen: 1. ihre Zugehörigkeit zu einer bestimmten Schale, 2. ihre spezifische Eigenschaft (s, p, d oder f) auf einer Schale, 3. ihr magnetisches Verhalten, 4. ihren Links- oder Rechtsspin. Diese Klassifikation ist allerdings rein empirisch, auch wenn damit ein ungeheurer Erklärungsanspruch verbunden wird.

der Quantenzahlen stellte, fiel mir die Vierfachheit in allen möglichen Bereichen in die Augen: Am Himmel sind es die vier Stellungen des Mondes, auf der Erde die vier Jahreszeiten. Die DNA arbeitet mit vier Basen, die höheren Lebewesen besitzen vier Extremitäten, die Edelgasschalen schließen mit vier Elektronenpaaren ab. Als geradezu mystisch empfand ich immer, wie elegant sich die Oberfläche einer Kugel ausrechnen läßt, indem man die Kreisfläche mit einer ganzen Zahl, nämlich mit 4 multipliziert. Wir verdanken unser Leben dem Licht der Sonne. Wodurch entsteht das Licht? Einfach dadurch, daß jeweils vier Protonen in das Heliumisotop der Masse 4 umgewandelt werden. Trotzdem wäre es den Menschen gleichgültig, wenn auf der Sonne statt dessen aus je fünf Protonen ein Atom mit der Massenzahl 5 produziert würde. Was könnte der Grund sein dafür, daß manches streng dreifach ist, manches hingegen vierfach?

Von den drei Hauptfragen schien mir die dritte am ehesten lösbar. Die Quadrate der Zahlen 1, 2, 3, 4, die auch Hauptquantenzahlen der Elektronenhülle genannt werden, mußten etwas mit den Zahlen als solchen zu tun haben.

So hatte das auch Arnold Sommerfeld gesehen, der viele Jahre seines Lebens versucht hatte, Probleme der theoretischen Physik zahlentheoretisch zu untersuchen. Acht seiner Schüler erhielten den Nobelpreis, nur er, der wahre Meister nicht. Nur Albert Einstein, Max Planck (und Werner Heisenberg am Ende seines Lebens) haben ihn verstanden. Diese drei wußten, daß, wenn es einen göttlichen Bauplan gibt, dahinter nichts anderes stecken kann als die Zahlen. Der Gedanke ist uraltes platonisches Erbe. Seine Nachfolger verfolgten diese Gedanken nicht weiter, weil sie Zahlen als mystisch ansahen und stolz darauf waren, jeden Bauplan – und damit Gott – aus der Welt verbannt zu haben.

Sommerfeld wußte, daß sich zwei Elemente, die sich verbinden möchten, ihre Elektronen untereinander so auszutauschen versuchen, daß sie auf ihren äußeren Schalen jeweils acht Elektronen, folglich vier Elektronenzwillingspaare besitzen. Diese vier Elektronenpaare sind nicht alle vier gleich. Drei Paare, die als p-Elektronen bezeichnet werden, bilden eine Familie, während das vierte Paar mit dieser Familie nicht verwandt ist. Man hat übrigens heute noch nicht die leiseste Ahnung, warum das so ist. Man nimmt es hin und ist stolz auf das, was man weiß.

*

Ich saß im Arbeitszimmer von Professor Herr und hörte, daß es eine künstliche vierte radioaktive Zerfallsleiter gibt, und schrieb auf einen Zettel:

3 + 1

Darunter malte ich einen Kreis und zeichnete in diesen kreuzförmig

vier Elektronenzwillingspaare

In das obere Pärchen malte ich den Buchstaben s, in die drei anderen Pärchen den Buchstaben p. Die Zeichnung erinnerte mich an den gedeckten Tisch mit 4 Bestecken. Wäre eines dieser Bestecke vergoldet und drei versilbert, änderte sich an der räumlichen Geometrie nichts. Die silbernen Paare wirkten auf mich wie Spiegelbilder des goldenen Bestecks auf Platz 1.

Das war alles, was ich Sommerfeld voraus hatte, die Beobachtung, daß die Natur zweimal etwas Dreifaches auf eine Vierfachheit erweitert: bei den radioaktiven Zerfallsreihen und bei den Elektronen der Edelgasschalen. Sofort fiel mir ein drittes Beispiel ein. Wir sehen mit unseren Augen mit drei verschiedenen Farbzapfen drei Farben. Zwei dieser Farben ergeben durch Mischung eine weitere, die vierte Farbe. Mit diesen vier Farben, nämlich Rot, Gelb, Grün und Blau, sehen wir dann das ganze Spektrum aller Farben, und zwar weit über hundert.

*

Professor Herr machte mir Mut. In einer Vorlesungsstunde sprach er über das Reinisotop Arsen, Element 33. Ich stand auf, unterbrach ihn.

„Herr Professor Herr, gibt es irgendeine Erklärung, warum das Element Arsen ein Reinisotop ist und kein Mehrfachisotop?"

Er zögerte einen Moment und antwortete dann: „Herr Plichta, darüber wissen wir nichts. Wir haben nicht die leiseste Ahnung."

Jetzt war die Gelegenheit gekommen für jene Frage, die ich wenigstens einmal auf der Universität stellen wollte: „Könnte es sein, daß alles, was wir wissen, worauf wir so stolz sind, Unsinn sein mag, solange wir nicht die Frage beantworten können, warum es überhaupt Rein- und Mehrfachisotope gibt?"

„Ich will Ihnen die Frage ehrlich beantworten", erwiderte Professor Herr. „Es könnte so sein. Dahinter könnte etwas ganz anderes stecken."

*

Professor Fehér ließ mich in dieser Zeit wieder einmal zu sich kommen. Er empfing mich väterlich und empfahl mir dringend, mein nebenherlaufendes Jurastudium abzubrechen. Es sei reine Zeitverschwendung, da ich wahrscheinlich nach der Promotion schnell eine Professur für Chemie erhalten würde.

Ich wandte ein: „Herr Professor, denken Sie daran, daß Leibniz ein Jurist war."

Plötzlich erfaßte ich, daß sich die Rechtswissenschaft grundsätzlich in drei Hauptgebiete gliedert

Bürgerliches Recht
Strafrecht
Verwaltungsrecht

so wie es zum Beispiel in der Chemie drei Sorten Elemente gibt. Davon war ich überrascht. Wenn etwa in der Physik der Magnetismus immer etwas Dreifaches ist und sich aus

Paramagnetismus
Diamagnetismus
Ferromagnetismus

zusammensetzt, wird ein allgemeines Naturgesetz dahinterstecken, das wir noch nicht entdeckt haben. Aber was könnte hinter dem dreifachen Aufbau der Juristerei stekken? Sollte ich die Juristen fragen? Das ging nicht. Das ist eben einfach so. Könnte es sein, daß all die Jurasemester nur dazu dienten, mir begreiflich zu machen, daß die Dreifachheit keine Eigentümlichkeit nur der Naturwissenschaften ist, sondern etwas viel Tieferes, etwas Universelles, Ewiges?

Der Gedanke zu habilitieren – davon hatte ich früher geträumt. Jetzt war ich mir nicht mehr sicher, ob ich wirklich in die Forschung wollte. Am liebsten hätte ich mich mit dem Doktorhut unterm Arm zurückgezogen, um zehn Jahre nachzudenken. Wenn mich jemand zehn

Jahre lang unterstützen würde, könnte ich mit vierzig Jahren versuchen, den Bauplan der Natur zu entschlüsseln. Dann wäre ich reifer als jetzt, erfahrener und in der Mitte meines Lebens.

Es würde mir auch gar nichts anderes übrigbleiben, als weiterzulernen. Wäre das mit einer Professorenstelle zu vereinbaren? Was ich herausfinden wollte, ließ sich auf keinen Fall aus speziellen Kenntnissen entwickeln. Dafür mußte ich informiert sein über das, was die Vorgänger gedacht und geleistet hatten. Dazu war es nötig, sich mit der Geschichte der Naturwissenschaften und der Geschichte der Philosophie und Mathematik wirklich tief auseinanderzusetzen und sie nicht nur flüchtig zu lesen. Dazu würde weiterhin notwendig sein, Weltgeschichte zu studieren. Natürlich mußte ich mich auch mit Biologie beschäftigen, der dritten Naturwissenschaft neben Physik und Chemie.

Was mußte ich noch alles lernen! Medizin und Astronomie – und natürlich Philosophie. Ohne die Beschäftigung mit den großen Denkern des Abendlandes und der indischen und chinesischen Philosophie brauchte ich mir überhaupt keine Hoffnungen zu machen.

Eigentlich müßte ich natürlich theoretische Physik studieren. Aber davor warnte mich ein Gefühl: das wäre eine Sackgasse. Die empirischen Ergebnisse der Quantenmechanik sind richtig. Nur, die theoretischen Schlüsse, die aus ihnen gezogen werden, haben zu Vernebelung auf allen Gebieten der Naturerkenntnis geführt. Die Übertragung quantenmechanischer Theorien wird gar als naturwissenschaftlich gestützte Philosophie ausgegeben. Das Wesen der Physik läßt sich durch die Quantenmechanik niemals ergründen. Man weiß nicht, warum sich Elektronen gerade nach vermeintlich erkannten Zahlengesetzen auf den Schalen befinden. Doch kann man zum Beispiel durch fortgesetzte Spektralanalyse soviel empi-

rische Daten anhäufen, daß der Mangel an Grundlagen-
erkenntnis verdrängt wird.

*

Die Vorbereitung auf die mündliche Doktorprüfung
zog sich ein halbes Jahr hin. Wiederholt wurde der Termin der Prüfung verschoben. Das Erlebnis, das ich jetzt
schildere, traf mich völlig unvorbereitet.

Der Tag war ähnlich verlaufen wie andere der letzten Zeit. Ich saß nachts im Bett. Auf meinem Nachttisch
lagen einige Lehrbücher, und rechts neben mir schlief
Helga. Ich hatte ein aufgeschlagenes Physiklehrbuch auf
meinen Knien. Mein Blick hatte für einen Moment auf
der Planck-Einstein-Formel

$$h \cdot \nu = m \cdot c^2$$

geweilt. Bei ihrer Betrachtung war ich mit meinen Gedanken abgeschweift und war erfüllt von der Rätselhaf-
tigkeit dieser Formel, in der die gesamte Kernphysik und
Atomphysik zusammengeballt sind. „Was mag wohl dahinter stecken?" Wie oft in meinem Leben hatte ich diese
Formel[1] betrachtet?

---

[1] Lies: h mal ν (nü) gleich Masse (m) mal Lichtgeschwindigkeit (c) ins Quadrat. In der Gleichung kommen
zwei Naturkonstanten vor: das Plancksche Wirkungsquantum h und die Lichtgeschwindigkeit c. ν ist die Fre-
quenz einer elektromagnetischen Welle, und die Fre-
quenz ist die Anzahl der Schwingungen der Welle pro
Sekunde. Die Gleichung setzt sich zusammen aus zwei
Gleichungen: $E = h \cdot \nu$ (Planck) und $E = m \cdot c^2$ (Einstein). Sie ist die zentrale Formel der Quantenmechanik
und paßt nicht in die klassische mechanische Physik. Der

Plötzlich hatte ich eine Erscheinung. Wir wissen nicht, was das wirklich ist, eine Erscheinung. Wir wissen erst recht nicht, warum sie gerade in einem bestimmten Moment auftritt.

Mein Blick schweifte von dem Buch ab. Ich schaute hoch in einen grenzenlosen, schwarzen Raum. Dabei blieb alles im Zimmer völlig unverändert, außer daß ich selbst von einem unendlichen Glücksgefühl ergriffen wurde. Während der Gedanke durch meinen Kopf zuckte: 'Was ist denn das?', sagte eine Stimme, als spräche sie mit einem andern:

„Das ist der Mann, der das alles herausgefunden hat."

Während es in mir aufschrie: 'Alles? Das geht doch nicht!', begann ich zu begreifen, was diese Erscheinung zu bedeuten hatte. Hinter der Planck-Einstein-Beziehung mußte mehr stecken als eine Formel. Wenn das feststand, war auch schon sichergestellt, daß ich es sein würde, der das Rätsel lösen würde. Das einzige, was ich brauchte, war die Gewißheit, daß hinter dieser Formel etwas Entscheidendes steckt. Der Rest war mit Intelligenz und Fleiß zu schaffen. Ich wollte Helga wecken und vor Freude schreien. Doch da passierte noch etwas. In dem unendlichen, schwarzen Raum schwebte etwas auf mich zu und nahm Formen an. Es war eine junge Frau,

---

Ausdruck 'Quanten' kommt von Quantum (lat.: die Menge). Planck erkannte, daß nicht nur die Materie gekörnt ist (Atome), sondern auch die Energie. Um die Gesetze der Atomhülle (Atomphysik) mit der klassischen Physik zu integrieren, wurde das Kunstwort Quantenmechanik geschaffen. Warum die Lichtgeschwindigkeit etwas mit dem Wirkungsquantum zu tun hat, weiß niemand in der Physik. Da beide Naturkonstanten in der Gleichung vorkommen, hält man die Frage für gelöst.

sie war gestorben, früh gestorben, sie trug ein weißes Kleid und wirkte, als ob sie schliefe. Es war meine Frau Helga. Während mich das Entsetzen packte, sagte dieselbe Stimme von außen:

„Helgas Tod ist nur die Umkehrung davon, daß er das alles herausgefunden hat."

Ich fing an zu schreien, und der Raum verschwand.

Helga wachte auf, schaute verwirrt, ich schrie weiter. Jetzt schrie sie entsetzt:

„Was ist los?"

„Ich hab' eine Erscheinung gehabt! Ich werde hinter das Rätsel dieser Welt kommen und du wirst in Umkehrung dazu jung sterben müssen!"

Helga erschrak zunächst, faßte sich dann aber und versuchte mich zu trösten: „Aber Peter, wir müssen doch alle einmal sterben! Das 'Wann' ist nicht so wichtig."

Ich aber war der tiefsten Überzeugung, daß das Herausfinden eines naturwissenschaftlichen Geheimnisses nicht an den Tod meiner Frau gebunden sein darf. Wenn das so vorherbestimmt wäre und ich mitmachen würde, wäre ich eine Marionette. Wir schauten uns ratlos an. Was mochte Helga denken? Sie wußte, wie sehr ich die Wissenschaften liebte und wie entschlossen ich nach Erkenntnis strebte.

Helga brachte mir etwas zu trinken und ein Blechröhrchen mit Schlaftabletten. Da ich pharmakologisch vorgebildet war, irritierte es mich, daß das Arzneimittel rezeptfrei in Apotheken zu erhalten war. (Heute ist das undenkbar.)

Ich wurde müde, das Wort 'Apotheke' ging mir nicht aus dem Sinn, als wenn es eine Bedeutung für mich bekommen würde.

Über die Erscheinung haben wir nie wieder geredet.

7. Kapitel

Die ungeheuer deutlich formulierte, letzte Frage

Da die Physikalische Chemie Pflichtfach in allen chemischen Examen war, Rolf und ich aber unsere Kenntnisse in Physik und Kernchemie dokumentieren wollten, stellten wir einen Antrag bei der Fakultät, zum Doktorexamen in diesen beiden Fächern geprüft zu werden. Die Sache klappte, weil ich zum einen durch die 'Sprengung' meines Labors ziemlich bekannt geworden war, und zum anderen der Lehrstuhlinhaber für Kernchemie beträchtlichen Einfluß besaß. Er war Assistent beim Nobelpreisträger Otto Hahn gewesen und hatte später für die Regierung in NRW die Kernforschungsanlage Jülich mitaufgebaut. So hatte er denn leitende Aufgaben in Jülich und in Köln.

Die Prüfung in Kernchemie dauerte lange und war schwierig. Da in dem Prüfungszimmer eine Bronzebüste von Otto Hahn aufgestellt war, hatte ich das Gefühl, daß dieser mit an der Prüfung teilnahm. Ich beeindruckte Professor Herr mit Details aus einer Arbeit von Hahn, die man nicht in den Büchern finden kann, und so war die Verabschiedung von meinem Prüfer regelrecht feierlich.

*

Professor Herr mußte etwas in den Prüfungsbogen geschrieben haben, was Professor Hauser zu Beginn der Prüfung in Physik am selben Abend veranlaßte, mich ungläubig anzusehen und zu sagen, eine solche Note habe der Kollege Herr ja noch nie gegeben. Wir saßen in einem kleinen Zimmer des Dekanats im Universitätshauptgebäude. Herr Hauser schien einen Moment nachdenklich. Dann trafen sich unsere Blicke, und er fügte hinzu:

„Dann brauche ich Sie in Physik erst gar nicht zu prüfen. Ich werde Ihnen die Note Eins ohne Prüfung geben. Der andere (er meinte Rolf) war schon bei mir. Der wußte auch 'alles'. Mich hat interessiert, wer von Ihnen beiden die treibende Kraft ist. Nun, jetzt weiß ich, warum Sie in der Fakultät bekannt sind wie ein bunter Hund. Wir können jetzt aber nicht beide zur Tür rausgehen, sondern müssen schon noch zwanzig Minuten verstreichen lassen."

Er schaute mich nachdenklich an und fragte: „Haben Sie sich Gedanken gemacht, warum Siliziumatome keine Doppelbindungen eingehen können? Silizium steht in der vierten Hauptgruppe direkt unter dem Kohlenstoff und müßte nach den Regeln von Physik und Chemie Doppelbindungen eingehen."

Ich antwortete zögernd mit quantenmechanischen Formulierungen.

Er mußte mein Zögern bemerkt haben.

„Glauben Sie das vielleicht nicht, was Sie gerade erzählt haben? Bitte denken Sie daran, das ist keine Prüfung, die Note 'Eins' habe ich Ihnen sowieso schon gegeben."

Jetzt, in meiner letzten Prüfung, mußte ich mich entscheiden. Sollte ich das Ausmaß meiner Zweifel am herrschenden physikalischen Weltbild mutig vertreten?

„Herr Professor, ich halte Begriffe wie d-Orbitale und Hybridisierung nur für eine Form, unsere Hilflosigkeit zu verschleiern."

Er starrte mich an, und zum ersten Mal wurde ich mit dem Doktortitel angeredet: „Herr Dr. Plichta, wollen Sie mit dem, was Sie gerade gesagt haben, ausdrücken, daß Sie die gesamte Elektronentheorie, die Grundlage von Chemie und Physik, nicht für ein wenig falsch halten, sondern für völlig falsch?"

Und so antwortete ich auf diese ungeheuer deutlich formulierte, letzte Frage an der Universität Köln: „Herr Professor Hauser, ich halte unsere Vorstellung von Elektronentheorie für völlig falsch. Dahinter muß sich etwas ganz anderes verbergen."

Da sagte er mit der gleichen Förmlichkeit: „Das glaube ich auch."

*

Wir saßen uns gegenüber und betrachteten uns.

Er nahm das Gespräch wieder auf: „Herr Dr. Plichta, wissen Sie eigentlich, daß Sie beides sind, Chemiker und Physiker?"

Ich bejahte.

„Fühlen Sie sich mehr als Chemiker oder als Physiker?"

Ich erwiderte: „Ich bin mit der ganzen Tiefe meines Herzens Chemiker. Aber es gibt physikalische Überlegungen, von denen ich nicht lassen kann."

Er nahm die Antwort auf und überlegte: „Wissen Sie, was ich glaube?"

Ich verneinte.

„Ich glaube, daß vor mir der Mann sitzt, der die ungelösten Probleme der modernen Chemie und Physik in zehn Jahren gelöst haben wird. In zehn Jahren werden Sie etwas anderes sein als heute, Sie werden dann theoretischer Physiker sein."

Blitzartig hatte ich die Worte der Vision im Kopf: 'Das ist der Mann, der alles herausgefunden hat.' Ich mußte mich hüten, mir davon etwas anmerken zu lassen und versuchte deshalb gelassen zu wirken.

„Ich habe zwar noch vor zu habilitieren, aber dann

möchte ich eine Zeitlang in die chemische Industrie gehen, dahin, wo Geld verdient und nicht ausgegeben wird. Ich muß diesen Elfenbeinturm verlassen. Max Planck und Albert Einstein haben an dieser Enträtselung gearbeitet und sind gescheitert. Wenn ich mich hier einmischen würde und erfolgreich wäre, der Neid der Gelehrten würde mich totschlagen."

Plötzlich wußte ich, sein nächster Satz würde mein Leben entscheidend beeinflussen.

„Herr Dr. Plichta, jetzt weiß ich es ganz genau. Sie werden es schaffen. In zehn Jahren. Gleichgültig, wo Sie dann sein werden, rufen Sie mich an!"

Da wußte ich es auch.

*

Mit Beginn meiner Habilitationszeit in Köln arbeiteten Rolf und ich nicht mehr zusammen. Ich wurde beamteter Assistent, Rolf hingegen erhielt kein Angebot des Institutsdirektors. Soviel Dummheit meines Chefs beunruhigte mich. Ich machte Herrn Fehér Vorhaltungen und sagte ihm ins Gesicht, daß ich es für völlig falsch hielte, ein solches Pärchen, zwei so aufeinander abgestimmte Chemiker wie Rolf und mich zu trennen.

Ich hatte gehofft, daß mir in absehbarer Zeit höhere Silane, nämlich Penta- und Hexasilan aus unserer halbtechnischen Anlage zur Verfügung stehen würden. Die wollte ich flugs zyklisieren. Dadurch würde Herr Fehér mit seinen siebzig Jahren noch ein berühmter Mann werden, und ich natürlich auch. Aber an diesem Institut mahlten die Mühlen nicht so schnell, wie es mir vorschwebte; kurzum, auf absehbare Zeit würde es keine höheren Silane geben.

Auf der Autobahnstrecke Köln-Düsseldorf war ich wohl Hunderte von Malen an den Türmen der Bayer-

Tochter „Erdölchemie" vorbeigefahren. Dort werden kettenförmige Kohlenstoffverbindungen pyrolysiert[1]. Doch erst jetzt, als ich wieder daran vorbeifuhr, wußte ich plötzlich, was ich versäumt hatte: die drei existierenden kettenförmigen Silane der Hitze auszusetzen. Was aber würde bei einer mittleren Temperatur von etwa 300 Grad Celsius passieren? In den Chemiebüchern der damaligen Zeit stand, daß höhere Silane nicht existieren, weil sie bei Zimmertemperatur instabil sind. Nun werden Chemiebücher genauso geschrieben wie andere Bücher auch. So pflanzen sich denn nicht nur die Menschen fort, sondern auch ihre Irrtümer.

Gemeinsam mit einem Mitarbeiter führte ich den Versuch durch. Wir benutzten ein mit Glaswolle und ein wenig Platinasbest gefülltes Glasrohr, durch das im Hochvakuum bei 360 Grad Trisilan gezogen wurde. Der Vorgang wurde mehrfach wiederholt und das entstandene dünnflüssige Öl gaschromatographisch präparativ getrennt, denn solche Stoffe lassen sich nicht mehr durch Destillieren trennen. Wie ich erwartet hatte, waren kettenförmige und verzweigte höhere Silane entstanden, und zwar die bislang unbekannten Silane: Penta-, Hexa-, Hepta-, Okta- und Nonasilan. Noch erfolgreicher verlief die Pyrolyse von Tetrasilan.

Die höheren Silane, die Dieselöle des Siliziums – da waren sie. Fünfzig Jahre lang war danach gesucht worden!

*

---

[1] Thermisches Zersetzen chemischer Verbindungen, das zum Beispiel bei kettenförmigen Kohlenwasserstoffen (Benzinen) zu wichtigen Isomeren (verzweigten Ketten) führt. Diese Isomere besitzen unter anderem eine höhere Oktanzahl als die Ausgangsstoffe.

Diese Öle würden sich in industrieller Fertigung in einfachster Weise herstellen lassen aus den drei Grundstoffen

Magnesium
Silizium
Schwefelsäure

deren Herstellung wenig kostet. Höhere Kohlenwasserstoffe, wie sie zum Beispiel im Erdöl vorhanden sind, gibt es genug; sie sind mit Hilfe von Sonnenlicht vor vielen Millionen Jahren auf natürliche Weise entstanden. Aber daß es solche Verbindungen aus Silizium statt aus Kohlenstoff so einfach geben könnte, damit hatte niemand gerechnet. Ich hielt sie in den Händen und wußte: Ich habe eine der letzten großen anorganischen Erfindungen gemacht. Nur, wozu sie gebraucht werden, wozu sie von Nutzen sind, das wußte ich nicht. Gerade das ist das Wesen einer chemischen präparativen Erfindung: Sie muß in der Hand des Menschen nützlich sein.

Ich wußte, daß ich einen schweren Fehler begangen hatte. Fünfzehn Jahre lang hatte mein Chef gehofft, diese Röhrchen in den Händen halten zu können. Er hatte die Stocksche Methode durch modernere Geräte verbessert. Jetzt war ich ihm zuvorgekommen. Ein Wochenende hatte ich gebraucht. Ich würde sehr vorsichtig sein müssen, denn an den Instituten geht es zu wie am chinesischen Kaiserhof: Nicht nur der Kaiser verliert das Gesicht, sondern auch alle Eunuchen. Und deren Rachsucht ist gefährlich.

Empfand Professor Fehér meinen Erfolg auch als seinen Triumph? Er hatte es behauptet, und sein Schüler hatte es bewiesen: Von Silanen ließen sich nicht nur Verbindungen herstellen, es war auch möglich, die höheren Silane zu gewinnen und Herrn Stock damit doppelt zu übertreffen. Die Isolierung der höheren Silane nach dem umständlichen Stockschen Verfahren – das war Fehérs ureigene Idee. Vielleicht fühlte er sich aber auch lächerlich gemacht. Ich hatte schließlich alles ohne Aufwand, mit einem Stück Glasrohr geschafft. Fünfzehn Jahre Mühen, Dutzende von Doktoranden, der Kampf um die Geldmittel – und jetzt dieser Plichta mit seiner Glaswolle, die auch noch aus Silizium besteht.

Ich bot ihm an: „Herr Professor, wir könnten diese pyrolytische Arbeit in die Schublade legen und erst dann hervorholen, wenn die höheren Silane aus den Rohsilanen fraktioniert sind."

Er stöhnte auf: „Wollen Sie mich auch noch verhöhnen nach dem, was Sie mir angetan haben? Gehen Sie. Ich möchte alleine sein."

*

Meine präparativen Arbeiten waren weiterhin erfolgreich. Endlich gelang es mir auch, das Dibromdiphenyl-Digerman darzustellen. Diese Verbindung entspricht sterisch (d.h. räumlich) genau jenem Disilan, dessen zwei asymmetrische Siliziumatome den Schreiber des Kernresonanzspektrographen beim Aufzeichnen des Protonensignals hatte zittern lassen.

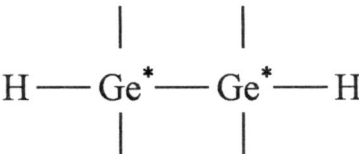

Dieses Zittern müßte sich jetzt, beim Messen des Digermans, wiederholen. Mehrere Chemiker standen gespannt vor dem Gerät und beobachteten den Schreiber. Für sie ging es um den Nachweis einer chemischen

Verbindung. Ich hingegen spürte wieder die Kälte in meinem Nacken, die immer dann plötzlich da war, wenn Entscheidendes passierte. Stereo-Chemiker befassen sich mit räumlichen chemischen Strukturen. Ich hingegen war längst dabei, aus der Stereochemie heraus eine Entdeckung auf die Mathematik, die Lehre von Zahl und Raum, zu übertragen. Meine Entdeckung ist einem Nur-Mathematiker grundsätzlich unmöglich.

Wenig später konnte die Messung mit einem neu erworbenen hochauflösenden Kernresonanzspektrographen wiederholt werden. Diesmal zeichnete der Schreiber zwei wunderschöne einzelne Signale auf.

In der entsprechenden Silanverbindung war also doch kein 'Dreck' gewesen! Wie peinlich für die Professoren der organischen und der anorganischen Chemie. Für Silizium- und Germaniumatome galt schlicht stereochemisch dasselbe wie für Kohlenstoffatome. Die feinsten Zeitschriften der Welt für anorganische Chemie würden meine Publikationen drucken. Die eigentliche Bedeutung mußte ich vorerst für mich behalten.

Die Veröffentlichung in einem Organ der Amerikanisch-Chemischen Gesellschaft zeigt die Schreiberaufzeichnungen (Spektren) des sterischen Disilans und Digermans nebeneinander. Beim Digerman jedoch ist das hochauflösende Signal wie eine Mikroskopie rechts mit ins Bild hineinprojiziert. Nachdem ich die Zeitschrift in den Händen hielt, wußte ich, daß ich zwei Rätseln auf der Spur war.

Das erste Rätsel handelte von der Geometrie des Raumes um einen Atomkern. Die Physiker haben diesen Raum mit dreidimensionaler Mathematik behandelt. Womit auch sonst? Stand ein anderer Raumbegriff zur Verfügung? Etwa das merkwürdige vierdimensionale Raum-Zeit-Kontinuum, mit dem sie kosmologisch das Universum beschreiben?

Wäre der Raum um einen Atomkern oder besser um einen Punkt endlicher Größe kugelförmig, aber irgendwie begrenzt, ob nun in millionstel Bruchteilen von Zentimetern oder Milliarden von Lichtjahren, er wäre auf jeden Fall dreidimensional. Der Raum um einen Punkt endlicher Größe ist aber nicht endlich, sondern immer unendlich. Hier setzte meine Kritik ein. Ein unendlicher Raum kann nicht dreidimensional sein so wie ein noch so großer endlicher Raum. Aber welche Dimension hat er dann? Wenn 2 asymmetrische Atome sich gegenüberstehen, gibt es insgesamt 4 Spiegelformen. Dies verlangt die kreuzförmige Geometrie, die ich mir am Beispiel des gedeckten Tisches verdeutlichte. Ich war da auf einer ganz heißen Spur, die mich in ein Labyrinth führen sollte. Von der Formulierung des Rätsels im Sommer 1970 bis zur vollständigen Lösung sollten 19 Jahre vergehen.

Das zweite Rätsel war viel einfacher und sollte sich dennoch als Lebensaufgabe entpuppen. Es ging um die einfache Frage: 'Wofür eignen sich die Dieselöle des Siliziums?' Schon bald fand ich wenigstens heraus, daß man sie verbrennen muß. Ich wußte natürlich, daß sie mit Luft blitzartig verbrennen. Mehr nicht. Bei dieser Frage würde es sogar 24 Jahre dauern.

*

Zu Beginn dieses Sommers hatte ich eine Reihe von Verfahren erarbeitet, Silane und Germane elegant zu substituieren oder zu verknüpfen. Ich hätte schon jetzt Professor Fehér und Frau Professor Baudler, seine Nachfolgerin, schachmatt setzen können, indem ich mit einer Zusammenschrift meiner Arbeiten oder einem Dutzend Publikationen meine Habilitation beantragt hätte.

Mein Chef erhielt Besuch von einem befreundeten Anorganiker, Herrn Professor Hieber aus München. Ich wurde gebeten, dem Gast und Frau Baudler die höheren Silane vorzustellen.

Ich erschien mit einem Becherglas voller Glasröhrchen, die ich an der Oberseite mit Insulinkappen verschlossen hatte. Was sollten die drei schon anderes damit anfangen, als die einzelnen etikettierten Röhrchen anzufassen und von Hand zu Hand weiterzureichen? Doch dann geschah etwas Unvorhergesehenes: Mein Chef hatte sich, wie oftmals, eine Zigarre angezündet. Mein Blick wurde von der Glut der Zigarre förmlich angezogen. Ich nahm eines der Röhrchen und löste die Gummikappe ab. Sofort war es totenstill im Raum. Ich hielt das offene Röhrchen in meiner rechten Hand und lächelte. Als die gesamte Aufmerksamkeit auf mir ruhte, schüttete ich den Inhalt des Röhrchens in einen gläsernen Aschenbecher: Es war glasklares Öl von der Konsistenz eines Speiseöls. Die drei hatten erwartet, daß das Öl bei Berührung mit Luft mit einer Stichflamme verbrennen würde. Nur ich, der vierte im Raum, wußte etwas, was ich auch Herrn Fehér bislang nicht verraten hatte: Ab dem Heptasilan (7 Siliziumatome) sind die Silane nicht mehr selbstentzündlich.

Ungefähr eine halbe Minute lang war es still. Jetzt hatte Professor Hieber gemerkt, daß sich hinter meiner Vorführung etwas Unerwartetes verbarg.

„Die brennen ja gar nicht! Sind das überhaupt Silane?"

Anstelle einer Antwort nahm ich ein Streichholz, zündete es an und näherte die Flamme dem Öl. Die Stille wirkte gespenstisch. Da plötzlich gab es einen Blitz, wie ihn nur Silane erzeugen. Im Zimmer regnete es den gelbbraunen gläsernen Regen von Siliziummonoxid. Es blieb weiter totenstill. Wieder war es nach einer Weile Professor Hieber, der als erster begriff, was er da miterlebt hatte. Die Lehrbücher schrieben, höhere Silane könne es nicht geben, da sie instabil seien. In Wirklichkeit wird das Öl mit zunehmender Kettenlänge handhabungssicherer.

Der Gast sprang auf. Er, der einen Arm durch eine Explosion verloren hatte, trat auf mich zu und schüttelte mir die Hand:

„Herr Dr. Plichta, das war das Eindrucksvollste, was ich in meinem ganzen Leben gesehen und erlebt habe. Ich möchte deshalb hier ausdrücklich folgendes aussprechen: Sie werden es noch weit bringen. Ich wünsche Ihnen alles, alles Gute!"

Ich mache eine knappe Verbeugung und verlasse den Raum.

Draußen lehne ich mich an eine Wand, lege beide Hände auf mein Herz und versuche ruhig zu atmen. Ich hatte den dreien nicht verraten können, was ich schlagartig begriffen hatte, als ich das Silanöl anzündete: Dieses Öl ist nicht einfach eine neue, kostbare Verbindung, die Chemiker hübsch hüten und um Gottes Willen nicht einfach anzünden sollen. Nein, im Wesen dieser Substanz steckt, daß sie zum Anzünden da ist. Sie ist nicht dazu da, daß man sie in kleinen Röhrchen gefangenhält oder Verbindungen von ihr herstellt. Nein, ihr Wesen ist der Blitz, mit dem sie abbrennt.

*

Professor Herr war von der NASA nach Texas eingeladen worden. Als Schüler von Otto Hahn erhielt er als einziger deutscher Kernchemiker schwarzen Mondsand vom ersten Mondflug, die Menge eines Fingerhutes. Er schätzte mich und rief mich sofort zu sich. Ich schnappte mir meinen Photoapparat und lief hinüber zum Gebäude der Kernchemie. Der schwarze Sand schien, in sterischer Aufsicht, aus gläsernen Kügelchen zu bestehen. Ich nahm einige davon auf die Fingerspitzen, hielt sie hoch und fragte:

„Herr Professor Herr, wie alt ist das?"

„Dieser Sand ist 4,6 Milliarden Jahre alt", antwortet er. „Er ist so alt wie die Erde."

„Und, weiß man jetzt, wo der Mond herkommt?"

Er verneinte und fügte hinzu: „Wir werden den Mondstaub analysieren."

„Hoffentlich sind Sie dann nicht genauso klug wie vorher!"

Als ich wieder draußen stand und in den Abendhimmel schaute, sagte ich plötzlich laut: „Was habe ich denn mit dem Mond zu tun?"

Plötzlich verstand ich, daß das Rätsel, hinter dem ich her war, etwas mit dem Mond zu tun haben mußte. Wenn Mond und Erde gemeinsamen Ursprungs sind, wären sie trotz ihrer Verschiedenheit Zwillingsplaneten. Scheuchte man einmal Astronomen ein paar Millionen Kilometer weit in den Weltraum, dann würden sie aus dem Abstand sehen, daß es sich um einen Doppelplaneten handelt, einzigartig bei Silikatplaneten, denn Merkur, Venus und Mars haben keine Monde. Nur die überschweren Gasplaneten haben eingefangene Monde.[1] Ich fühle mich völlig ratlos. Warum sollte ich mir denn über den Mond den Kopf zerbrechen?

*

Ich brach ziemlich plötzlich die Habilitation in Chemie ab. Auch die schriftliche Zulassungsprüfung für

---

[1] Die als Marsmonde bezeichneten Satelliten Phobos und Deimos sind unregelmäßig geformte eingefangene Meteoriten von zwanzig bzw. zwölf Kilometern Durchmesser.

eine Promotion in Jura – wegen eines bereits abgeschlossenen Studiums brauchte ich kein Staatsexamen – reizte mich nicht mehr. Statt dessen zog ich mich ein halbes Jahr zurück, um nachzudenken. In dieser Zeit beschäftigte ich mich unter anderem mit der japanischen Sprache. Da mich die Fremdartigkeit der Sprache faszinierte, belegte ich einen Intensivkurs.

Ich saß jetzt von morgens bis abends in einem Hörsaal und lernte japanische Schriftzeichen. Sie sind aus der chinesischen Schrift übernommen worden. Der Kursusleiter ging auf die menschlichen Sprachen ein. Ich bekam schnell das Gefühl, daß ich auch in diesen Zweig der Wissenschaften nur hineingezogen worden war, um mit Verblüffung erneut die Dreifachheit zu finden. Die Sprachen werden folgendermaßen unterteilt:

ural-altaisch
sino (chinesisch)-tibetanisch-birmanisch
indo-europäisch

Die Vertreter der ersten Sprachgruppe – sie umfaßt die Steppensprachen – haben sich interessanterweise westlich und östlich des riesigen asiatischen Kontinentes niedergelassen. Sie sprechen finnisch, ungarisch, türkisch, bzw. koreanisch, japanisch. Das Japanische kennt unsere Grammatik nicht, insbesondere nicht unsere Art des Konjugierens, dieses Setzen in Person, Zahl, Zeit, Form und Aussageweise. Aber nicht nur das fand ich so interessant, sondern, bei meinem bereits geweckten Interesse für die Anzahl der Konsonanten, auch das japanische Konsonantenalphabet. Es ist fast identisch mit unserem, nur verbinden die Japaner wegen ihrer Silbenschrift einen Konsonanten immer mit einem der fünf Vokale, zum Beispiel ka, ke, ki, ko, ku oder pa, pe, pi, po, pu.

Ich ging der oben genannten Dreifachheit aller

menschlichen Sprachen nach, was nur möglich ist, wenn man sich dazu in die Theorie der chinesischen Sprache einliest.

Tatsächlich haben schon im vorigen Jahrhundert die Brüder August Wilhelm und Friedrich von Schlegel nachgewiesen, daß es auf dieser Erde drei große Formen der Sprache gibt:

1. isolierende Sprachen,
   zum Beispiel das Chinesische,
2. agglutinierende Sprachen,
   zum Beispiel Turk-Sprachen,
3. flektierende Sprachen,
   zum Beispiel indogermanisch.

Es gibt nur 3 Möglichkeiten, sich grammatikalisch auszudrücken. Die Vermischung der Rassen und ihre ungeheure Fülle von sprachlichen Dialekten hat den Sprachforschern ein ungeheures Betätigungsfeld geboten und sie zu 'Spezialisten' gemacht. Das berühmte 'ja aber' wird sofort hervorgezaubert. Was für die Sprache des allerletzten Indio-Stammes gilt, wurde wichtiger als die Dreifachheit. Ich fragte den Dozenten während des Unterrichts:

„In den Naturwissenschaften gibt es eine auffallende Dreifachheit. Hat man sich Gedanken gemacht, warum es gerade drei große Sprachgruppen gibt?"

Wie zu erwarten, stieß ich mit meiner Frage auf Unverständnis.

*

Als nächstes nahm ich mir die Möglichkeiten der menschlichen Schriften vor. Während die Deutschen etwa mit Buchstaben schreiben und so Silben und Wörter bilden, so schreiben die Chinesen jedes einzelne Wort mit einem besonderen Zeichen, auch wenn sie dieses Zeichen je nach Dialekt völlig anders aussprechen. Japaner, die wie die Chinesen Asiaten sind, schreiben hingegen so wie die Deutschen mit Silben, benutzen aber dafür chinesische Zeichen, die sie je nach Wort völlig anders aussprechen und die im Gegensatz zum chinesischen Gebrauch keinen feststehenden Sinn mehr besitzen.

Diese verwirrenden 3 Schriftarten lenkten mich auf die 3 Rassen. Ein falsch verstandener Rassismus, der lieber von den 3 Rassen ablenkt und sich mit den 32 Mischrassen der Welt und ihren vielfältigen Besonderheiten beschäftigt, verhindert, daß über die 3 Grundrassen dieses Planeten

Schwarze
Weiße
Gelbe

die alle 3 ihren Ursprung in Asien haben, nachgedacht wird. Nach der Dreizerfalltheorie des Anthropologen und Ethnologen Professor Egon von Eickstedt hat sich die negride Rasse in Südasien gebildet, die mongolide in Ostasien und die europide im nordwestlichen Eurasien. (Indianer sind ein Nebenzweig der Mongoliden.)

Da mir bekannt war, daß in Südindien, in Neu-Guinea und auf bestimmten pazifischen Inseln viele Menschen negroid sind, leuchtete mir die Dreizerfalltheorie sofort ein, denn die schwarze Bevölkerung Afrikas ist mit Sicherheit nicht auf dem Landweg oder auf dem Holzfloß nach Südasien gelangt. Die heute in Afrika lebende Bevölkerung ist aus Asien eingewandert. Das ist bewiesen! Da aber in Afrika noch Ur-Rassen aus der Voreiszeit existierten, wie z.B. die Pygmäen, hat wissenschaftliche Gleichgültigkeit mal wieder gesiegt.

Damals fing ich an, Zorn auf Paläontologen und ihre bejubelten Knochenfunde zu entwickeln, denn alle Funde vor der letzten und vierten Eiszeit betreffen ausgestorbene Menschenrassen, die nur Vorläufer der heute lebenden **3** Rassen waren.

Auch in den Wirtschaftsformen fand ich beim Studium der Frühgeschichte bei allen **3** Rassen diese Dreifachheit:

höheres Jägertum
Pflanzertum
Hirtentum

Die Beschäftigung mit Zoologie, Anatomie und Physiologie führte zu einer solch ungeheuerlichen Beobachtung von Dreifachheit in der Natur, daß ich mich glücklich fühlte, nicht mehr im Labor zu stehen. Die Silanöle, für die ich später ein Patent erhalten würde, und die es laut Chemiebuch gar nicht geben durfte, waren nicht einfach ein von mir aufgedeckter wissenschaftlicher Irrtum, sondern nur ein göttlicher Stolperstein für mich, um zu erfassen, wie gründlich in den Wissenschaften gelogen wird durch Weglassen, Totschweigen und Aufstellen von Behauptungen, bei denen man sich sicher ist, daß sie so bald nicht widerlegt werden können.

*

Bis dahin hatte ich an die Entstehung der ersten Lebensformen durch Zufallsprozesse und auch an die Darwinistische Lehre der Entstehung der Arten durch natürliche Zuchtauswahl geglaubt. Ich begann zu zweifeln.

Da wir genau wissen, daß der Übergang vom Affen zum Menschen nicht fließend vonstatten ging, unter anderem wegen der verschiedenen Chromosomenzahl, ist die Lehre von der Abstammung des Menschen und der Menschenaffen von gemeinsamen Vorfahren mit Dreistigkeit verbunden. Niemand erzählt unseren Kindern und Studenten, daß die Weibchen der 3 Menschenaffen-Rassen

Gorillas
Orang-Utans
Schimpansen

keine Klitoris besitzen. Aus falsch verstandener Scham wird man das wohl nicht verschwiegen haben. Es wird verschwiegen, weil es nicht in die Evolutionstheorie hineinpaßt. Die Entstehung dieses weiblichen Körperteils beim Menschen hatte unendliche Folgen und kann unmöglich Zufall sein.

Damit war ich gedanklich wieder bei der Theoretischen Physik gelandet. Dort nämlich ist der Zufall sogar zum Götzen erhoben worden. Man wollte Gott als Schöpfer und Lenker aus der Physik verbannen, weil er wissenschaftlich nicht faßbar war. Aus der – so erscheinenden – Zufälligkeit aller Prozesse auf den Atomschalen folgerte man kurzerhand, daß alle Prozesse im Universum rücksichtslos durch den Zufall gelenkt sind, und hatte so einen 'Ersatz' für Gott geschaffen. Von der Naturkonstante bis zum menschlichen Geist – alles Zufall! Dies hat Einstein zu den Worten veranlaßt: „Der Alte würfelt nicht."

Ich hatte zwar die Erscheinung in meinem Schlafzimmer und die Prophezeiung von Professor Hauser immer noch im Kopf, begann aber zu ahnen, warum ich die Theoretische Physik dennoch nicht studieren würde. Man kann dieses Fach nämlich nicht studieren, wenn man von vornherein starke Zweifel empfindet. Entweder man würde die Prüfungen nicht bestehen, oder man würde 'verrückt'. Selbst autodidaktisch war die Sache undurchführbar, denn wenn unsere Theorien von den Atomkernen und den Elektronenhüllen nicht nur ein bißchen, sondern völlig falsch sind, dann konnte ich unmöglich das wirkliche Fundament dadurch finden, daß ich überholte und falsche Vorstellungen studierte. Wer hinter das Geheimnis der Planck-Einstein-Gleichung kommen und von dem wirklichen – nicht nur in den Köpfen von Physikern ausgedachten – Fundament her ein bestehendes Fach erneuern will, muß rücksichtslos vorgehen.

Wenn ich wirklich dazu bestimmt bin, die Wahrheit über die Gesetzmäßigkeiten der Welt zu finden, dann mußte es einen Grund geben, warum ich mich mit der Chemie so verbunden fühlte. Ich hatte mir ja schon als Kind vorgenommen, mich in Chemie wirklich gründlich auszubilden. Jetzt, nach dem Chemiestudium, wo ich endlich unbelastet von noch bevorstehenden Prüfungen war, erfaßte ich erst, daß ich es noch nicht gründlich genug getan hatte. Die Chemie ist ein so ungeheuer umfangreiches Stoffgebiet, daß man getrost behaupten kann, daß kein Chemiker in diesem Jahrhundert sie mehr völlig beherrscht. Was sollte ich tun?

*

Im Herbst 1971 begann ich zunächst meine Tätigkeit in der chemischen Industrie. Die Aufgaben, die dort auf mich zukamen, fielen mir leicht. Ich hatte fast das Gefühl, als ob ein 'guter Geist' kräftig Hilfestellung leisten würde. Schon zwei Jahre später, ich war 33 Jahre alt, teilte mir der Vorstandsvorsitzende des Unternehmens mit, daß ich mit 35 Jahren für einen Posten im Vorstand vorgesehen sei. Statt erfreut 'ja' zu sagen, bat ich um eine Woche Bedenkzeit.

8. Kapitel

Umgedreht und seitenverkehrt

Bis zu meiner Tätigkeit in der Industrie hatte ich die Pharmazie eher für einen Nebenzweig der Chemie gehalten. Während meiner Arbeit fiel mir auf, daß mein Chemiekonzern bei seinen weltweiten Aktivitäten einen Chemiker gebraucht hätte, der gleichzeitig auch Pharmazeut war. Viele Inhaltsstoffe von Kosmetika sind gleichzeitig Arzneimittelstoffe.

Da feststand, daß ich noch zwei Jahre auf den dikken Posten warten müßte, kam mir der Gedanke, in dieser Zeit die pharmazeutischen Staatsexamina zu absolvieren. Für meine Firma wäre das ein beträchtlicher Gewinn, der sich nicht dadurch hätte erzielen lassen, daß man zusätzlich einen Apotheker eingestellt hätte. Für mich lag der Gewinn ebenfalls auf der Hand: weitere Ausbildung in Biochemie und Pharmazeutischer Chemie.

*

In der Woche Bedenkzeit rief mich mein Bruder an. Er war längst so reich, wie er es sich immer erträumt hatte, besaß inzwischen das Abitur und studierte Medizin.

Er kam nach Düsseldorf geflogen und wirkte ernst wie immer. Helga, Paul und ich gingen hinauf in unser Wohnzimmer. Ich setzte mich aufs Sofa, während Paul sichtlich erregt nicht Platz nehmen wollte. Einige Meter von mir entfernt am Eßtisch stehend, begann Helga stolz:

„Peter wird schon in ein paar Jahren in den Vorstand kommen!"

Paul, jetzt auch am Tisch, stieß scharf hervor:

„Der Peter kommt nicht in den Vorstand. Er muß kündigen! Das mit meinem Medizinstudium klappt nicht so, wie ich es mir vorgestellt habe. Peter muß auch Medizin studieren und sich dabei um mein Studium kümmern. Ich kann mir schließlich nicht leisten, das Studium abzubrechen."

„Paul, wenn ich auch Medizin studierte, wäre das der falsche Weg. Laß mich lieber Pharmazie studieren, dann kann ich dir besser helfen."

Paul war sichtlich erleichtert. „Studier' von mir aus Pharmazie. Aber ohne dich schaffe ich das Physikum nicht."

Helga fiel ihm ins Wort: „Seid ihr denn beide verrückt geworden? Jetzt hat Peter eine Bombenzukunftsaussicht. Was ist dagegen ein Apothekertitel! Soll er etwa für andere Hustensaft verkaufen?"

„Ich kann dem Peter ja, wenn er Apotheker ist, eine Apotheke schenken. Er wollte doch immer in Ruhe nachdenken. Dann könnte er in einem ruhigen Büro über der Apotheke als Theoretiker arbeiten und unten verkaufen seine Angestellten den Hustensaft."

Mein Herz klopfte. Ausgerechnet mein Bruder hatte diese zündende Idee.

„Nein, nein, nein!" fauchte Helga ihn an. „Heutzutage ist eine Apotheke auch nicht mehr das, was sie einmal war. Heutzutage braucht man ein paar Arztpraxen über einer Apotheke."

Damit hatte Paul gewonnen. Er mußte nur noch fragen: „Wieviel Geld wollt ihr denn haben?"

Helga triumphierte und dachte sich eine Summe aus, bei der Paul wohl erbleichen würde: „1,5 Millionen!"

Der jedoch war sichtlich erleichtert, wie günstig die Sache lief. Der wußte genau, was es für ihn wert war, wenn sein Bruder Peter ihm helfen würde.

„Hiermit verspreche ich: An dem Tag, an dem ich Arzt bin und mein Bruder Apotheker, erhält der Peter von mir 1,5 Millionen Mark für ein Ärztehaus mit Apotheke."

Helga ging auf Paul zu. „Dann hebe deine Hand und schwöre das!"

Paul hob die Hand und schaute Helga an und sagte: „Ich schwöre das."

Ich saß schweigend da und schaute in meine Zukunft. Daß mein Bruder etwas von seinem sagenhaften Reichtum rausrücken wollte, verriet nur, wie sehr er in Schwierigkeiten war. Paul würde also Arzt und ich Apotheker. Als Apotheker mit eigener Apotheke wäre ich frei. Das war mein wahrer Gewinn, nicht die Million. Die Mitarbeit im Vorstand eines chemischen Konzerns hätte mich finanziell genausogut abgesichert, mir aber zeitlich wohl kaum die Gelegenheit gegeben, über Welträtsel nachzudenken. Damit stand mein Entschluß fest.

*

Ich erhielt den Studienplatz in Marburg zugewiesen. Marburg war damals die Hochburg der deutschen Pharmazie. Hier wirkte der 'Pharmaziepapst' Prof. Dr. Dr. h.c. mult. Böhme. Er hat mindestens ein Dutzend Ehrendoktortitel der traditionsreichsten Universitäten. Gemeinsam mit Professor Hartke ist er Verfasser des Kommentars zum Deutschen Arzneibuch 7, womit die deutsche Pharmazie aus der Mittelalterlichkeit des sechsten Deutschen Arzneibuches herausgetreten ist. Durch einen Antrittsbesuch bei Professor Böhme erreichte ich nach anderen untauglichen Versuchen, sofort ins vierte Semester aufgenommen zu werden.

Da das Pharmaziestudium für 'normale' Studenten grundsätzlich viel zu kurz angesetzt ist, muß im Hauruckverfahren gelehrt werden, was ein angehender Pharmazeut eigentlich alles wissen müßte. Das kann nur zu Frustration und Halbwissen führen und setzt für viele lückenlos den unbefriedigenden Zustand fort, den man schon von der Zeit vor dem Abitur kennt: Stoff in Hülle und Fülle wird 'durchgejagt', ohne Rücksicht darauf, daß man nach der Klassenarbeit schnell das meiste wieder vergessen darf. Dies bedeutet exakt die Umkehrung des Satzes: 'Non scholae, sed vitae discimus' (nicht für die Schule, sondern für das Leben lernen wir)! Wie soll man je Zusammenhänge erfassen lernen und zur Frage nach dem 'Warum' vorstoßen, wenn nicht die im jungen Menschen natürlicherweise vorhandene, göttliche Neugier erhalten und gefördert wird.

Meine Studiensituation in Marburg war mit der normaler Pharmaziestudenten nicht vergleichbar, da ich den ganzen Studienbetrieb ja schon einmal erlebt hatte. Zudem hatte ich durch mein Arbeitsgastspiel in der Industrie Abstand vom Lehrbetrieb gewonnen. Nun merkte ich, wie ich nach meinen Erfahrungen und aus einer distanzierten Beobachtungshaltung heraus kaum mehr in der Lage war, mein Bedürfnis für Zusammenhänge zurückzustellen, zugunsten des Eintrichterns zusammenhangloser, oberflächlicher Wissensfragen für die jeweils nächste Klausur.

Die Pharmazie ist ein Studienfach, das große Teile aus den **3** naturwissenschaftlichen Fächern

Chemie
Physik
Biologie

zu einer speziellen Wissenschaft zusammenfügt. Darüber hinaus ist die Pharmazie die Zwillingsschwester der Medizin. Das Thema Gesundheit und Krankheit betrifft jeden Menschen existentiell. So fordert sie geradezu zu ganzheitlichem Denken heraus.

*

Mit zäher Entschlossenheit widmete ich mich dennoch diesem 'Eintrichtern'. Nachdem meine Frau Helga und ich uns vor Beginn dieses Studiums getrennt hatten, lernte ich glücklicherweise eine Mitstudentin aus dem gleichen Semester kennen. Ingrid hatte eine natürliche Begabung für Biologie (Botanik), ich half ihr mit meinen Kenntnissen in Physik und Chemie aus.

Da mein Lehrbuch der Physik vom vielen Benutzen auseinandergefallen war, kaufte ich mir eine Neuauflage. Sie enthielt ein neu hinzugekommenes Kapitel über statistische Physik, das mich in seinen Bann zog.

Es ging um 'Statistik der Ensembles' und 'Physikalische Ensembles' und beginnt folgendermaßen:

„Eine Herde Affen hat einen riesigen Sack mit Buchstabennudeln entdeckt, und jeder Affe vergnügt sich damit, die Buchstaben, die er einen nach dem anderen blind herausgreift, so wie sie kommen, zu 'Texten' aneinanderzureihen. Auch Worttrenner (Spatien) sind in dem Sack. Kann dabei der Hamlet-Monolog herauskommen oder wenigstens der Satz 'TO BE OR NOT TO BE' (Sein oder Nichtsein)?"

Der Autor dieses Kapitels, Dr. Helmut Vogel, arbeitete damals an einem Forschungsinstitut für Biophysik und Biochemie. Seine eigenwillige Behandlung des Hamlet lief auf den närrischen Gedanken hinaus, den unqualifizierten Zufall, der hinter der Quantenmechanik steckt, auch auf Biologie und Chemie zu übertragen. Hinter der Beschäftigung der Affen, zufällig Texte zu komponieren, verbirgt sich die Frage, ob aus der 'Ursuppe' Leben entstehen konnte. Damals hatten die

Bemühungen aus der Physik heraus begonnen, sich die Chemie der Peptide (der Eiweißbausteine) aller Lebewesen als Summe von Zufallsentstehungsprozessen vorzustellen. Hinter dem Leben durfte also wegen der 'Grundlage aller Dinge', der Quantenmechanik, kein Bauplan stehen, sondern nur der reine Zufall. Damit mußte dann aber die Anzahl der Aminosäuren – exakt 20 – auch Zufall sein. Da ich aber just in diesem Semester Biochemie paukte und mich mit der Chemie dieser Aminosäuren auseinandersetzen mußte, war ich wie elektrisiert.

Wenn Affen den Hamlet erwürfeln könnten, wäre in der Tat kein Bauplan nötig. Mir wurde plötzlich klar, daß die Natur, hätte sie nur die Möglichkeit gehabt, durch zufällige Entscheidungen beeinflußbar zu sein, niemals das Wunderwerk des menschlichen Geistes hervorgebracht hätte. Es wären statt dessen Fehlentwicklungen eingetreten, die im Häufungsfalle zur Blockierung des Lebens geführt hätten. Zudem sind die stereochemischen Bausteine des Lebens räumlich gebaute Bausteine und nicht Nudeln, die man einfach hintereinander legen kann. Das Lebensproblem ist also mit linearen Zufallsketten nicht erfaßbar, sondern nur mit potenzierter, das heißt räumlicher Struktur. Genau das haben Quantenmechaniker aus Mangel an stereochemischen Kenntnissen im Grundansatz nicht verstanden.

Damit war ich schon wieder bei den tiefen Fragen. Immer deutlicher wurde mir klar, daß hinter allen drei Naturwissenschaften dasselbe Naturgesetz stehen muß. Es mußte ein zahlentheoretischer Bauplan sein, da ich immer wieder dieselben Zahlen antraf. Das bedeutete, daß es überhaupt keinen Zufall im eigentlichen Sinne geben kann.

*

Früher hatte ich mich mit den zwanzig Aminosäuren, aus denen sich das Leben zusammensetzt, nur wegen der merkwürdigen Aufspaltung in

1 und 19

hinsichtlich ihrer Drehbarkeit beschäftigt. Jetzt fiel mir beim Betrachten ihrer chemischen Formeln im Biochemiebuch[1] folgendes auf: Der Zeichner hat die Asymmetrie der neunzehn Zentren deutlich sichtbar gemacht, indem er die vier Bindungsarme auszeichnete. Unter den neunzehn linksgebauten Aminosäuren befinden sich aber zwei, die jeweils über ein zweites asymmetrisches Zentrum verfügen.

Im Falle des L-Threonin hat der Zeichner das auch sichtbar gemacht:

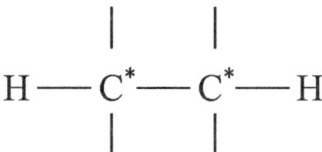

Im Falle des L-Isoleucin ist jedoch der Bindungsarm zu einem der Wasserstoffatome nicht gezeichnet. Die Asymmetrie des zweiten Kohlenstoffatoms ist überhaupt nicht erkennbar.

$$HC \overline{} C^* \overline{} H$$

---

[1] Karlson, Peter: „Biochemie für Mediziner und Naturwissenschaftler", Stuttgart, 8. Auflage 1972.

— 133 —

Dieses Lehrbuch, aus dem eine ganze Generation von Medizinern und Apothekern die Grundlagen der Biochemie gelernt hat, geht auf die zwei optischen Zentren im Isoleucin nicht ein. Die Bedeutung der Frage, warum 2 der 19 linksgebauten Aminosäuren doppelte asymmetrische Zentren haben, wird von der Elite der Biochemiker überhaupt nicht erfaßt.

Es ist nämlich stereochemisch oberflächlich von 19 linksgebauten Aminosäuren zu sprechen, wenn 17 Aminosäuren über 1 sterisches Kohlenstoffatom verfügen und nur die linksgebaute Form in der Natur existiert. Bei den beiden Aminosäuren mit 2 sterischen Zentren gibt es jeweils vier Spiegelformen.

Die wissenschaftliche Lehrmeinung geht davon aus, daß in der Ursuppe eine Mischung von links- und rechtsgebauten Formen existiert hat (Racemat). Da man nicht weiß, wo die rechte Spiegelform geblieben ist, wird postuliert, daß das Mischungsverhältnis der Spiegelformen nicht exakt 50 zu 50 betragen habe, sondern ungefähr 51 zu 49. Im späteren Verlauf sollen sich dann beide Spiegelformen regelrecht ausgelöscht haben, so daß die zwei Prozent mehr für die linke Spiegelform übriggeblieben sind.

Die Matrizen, die sich später für die Produktion der Peptide bildeten, wurden somit für die linke Spiegelform programmiert.

Baron v. Münchhausen hätte seine helle Freude.

Die ganze Theorie bricht zusammen wegen der zwei Aminosäuren mit den doppelten Spiegelzentren. In der Ursuppe müssen etwa für die Aminosäure Threonin vier Spiegelformen existiert haben, die sich aus zwei Familien zusammensetzten: nämlich aus dem Threonin und dem Allothreonin. Von beiden Familien gibt es jeweils zwei Spiegelformen, die sich gegenseitig 'auffressen' können, wodurch zwei (linke) Formen übrigbleiben müßten. Da aber drei Spiegelformen verschwunden sind, ist die Theorie unhaltbar.

*

Das sterische, zwillingsatomige Disilan, das in Köln für mich so bedeutsam war, hat das gleiche chemische Grundgerüst wie das L-Isoleucin und das L-Threonin.

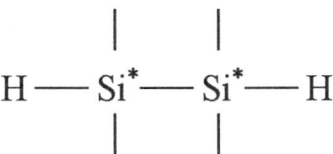

Nur sind in der Strukturformel der beiden Aminosäuren die sterischen Atome vierarmige Kohlenstoffatome (C statt Si). Aufgefallen war mir das nur deshalb, weil Professor Karlson einen kleinen schwarzen Strich zwischen einem Wasserstoffatom und einem Kohlenstoffatom vernachlässigt hat.

Zum ersten Mal deutete sich plötzlich ganz zart eine Verbindung an zwischen meinen experimentellen Arbeiten in Köln und den

19 sterischen Aminosäuren
und
19 Reinisotopen mit ungerader Ordnungszahl

Ich erzähle Ingrid von meinen Erlebnissen in Köln und von meiner Überzeugung, daß ich herausfinden werde, warum sich das Leben gerade für

1 + 19

Aminosäuren entschieden hat.

Sie war ganz begeistert. „Aber warum bist du dann hier in Marburg und studierst Pharmazie?"

„Das Pharmaziestudium scheint eine Bedeutung für mich zu haben, die ich jetzt noch nicht erkennen kann. Aber ich vermute, daß ich das am Ende des Studiums wissen werde."

Ich schilderte ihr mein Verhältnis zu Wissenschaftskollegen recht drastisch.

„Sie sind zufrieden mit dem, was sie mit ihren Apparaturen messen können. Die sind gewohnt, die Natur so zu sehen, wie sie uns erscheint. Die Vorstellung, daß sich dahinter etwas Rätselhaftes verbirgt, ist ihnen völlig fremd. Materie, der Stoff, der sich in unserem Weltall befindet, ist für sie leblos und tot. Daß es überhaupt lebendige Strukturen gibt, verdanken wir nach ihrer Meinung dem Zufall und der für selbstverständlich genommenen Eigentümlichkeit des Kohlenstoffs, so wunderschöne organische Verbindungen zu bilden."

„Ja, und glaubst du, daß sich hinter dem Rätsel der Welt etwas verbirgt, was man herausfinden kann?"

„Ich weiß sogar, Ingrid, daß ich eines Tages etwas ungeheuer Wichtiges herausfinden werde."

„Und was willst du dann machen?"

„Wahrscheinlich ist etwas wirklich Neues an die Öffentlichkeit zu bringen genauso schwierig wie das Herausfinden selbst. Wenn die Wahrheit herauskommt, und diese bedeutet, daß das bisher Erreichte falsch ist, läßt sich das nicht einfach publizieren. Schon gar nicht in unserer Zeit, in der die Wissenschaftler so viel publizieren, als seien sie alle verrückt geworden. Du kannst dir gar nicht vorstellen, mit welcher Wut die reagieren würden, wenn einer käme und an ihrem Defizit an tiefen Fragen rüttelte. Die fühlen sich wohl in einer Welt, in der die Wahrheit verborgen ist. In einer solchen Welt darf jeder behaupten, was er will, solange er nicht revolutionär ist und ihm keiner das Gegenteil beweisen kann. Revolutionen werden immer erst als notwendig akzeptiert, wenn sie sich durchgesetzt haben. Man muß nur gründliche Kenntnisse von der Geschichte der Wissenschaften haben. Die liest sich nämlich wie eine einzige menschliche Tragödie.

Sollte sich herausstellen, daß mein Verdacht von der Existenz eines Bauplanes begründet ist, kann ich das nicht einfach publizieren. Mich würde keiner ernstnehmen. Mir würde auch keiner helfen. Ich müßte den kompletten Beweis alleine erbringen. Aber auch dann noch würden diese Kollegen höchstens aufschauen, um mir zu signalisieren, für wie verrückt sie mich halten.

Wenn eine zukünftige Physik sich auf ganz einfache Zahlenzusammenhänge zurückführen läßt, bricht die gesamte Naturwissenschaft wie ein Kartenhaus zusammen. Am gefährlichsten wären solche neue Gedanken für diejenigen, die sich berufsmäßig mit Zahlen beschäftigen, die Mathematiker. Die streiten ab, daß es Zahlen überhaupt gibt. Zahlen sind menschliche Phantasieprodukte für sie. Sie behaupten, daß sich die Naturwissenschaftler die Naturkonstanten nur einbilden. Das ist bequem."

*

Ingrid war fasziniert. „Wie machst du das, wie gehst du vor, wenn du etwas herausfinden willst? Wonach suchst du im Moment?"

„Wir haben gerade für die nächste Klausur den Aufbau des roten Blutfarbstoffes durchgenommen. Du weißt, daß im Karlson die Frage, wie der eingeatmete Sauerstoff von den roten Blutkörperchen festgehalten wird, nicht beantwortet wird. Es wird lediglich von einer koordinativen Bindung gesprochen, bei der fünf Koordinationsstellen durch Stickstoff besetzt sind und die sechste Koordinationsstelle ausgerechnet durch ein Sauerstoffmolekül statt eines Stickstoffmoleküls. Keiner weiß, wie das Sauerstoffmolekül vom Eisenatom festgehalten wird, obwohl die Molekülstruktur des roten Blutfarbstoffes entschlüsselt ist. Man hat vier Eisenatome gefunden, vier Porphyrinreste und vier Peptidketten, deren Aminosäuresequenzen entschlüsselt sind. Man weiß eigentlich alles über das Blut, das den Luftsauerstoff zu den einzelnen Zellen bringt. Reiner Sauerstoff ist für organische Verbindungen eigentlich das reinste Gift. Er zerstört alles. Irgendwie schafft es der rote Blutfarbstoff, sich vor dem Sauerstoff zu schützen.

Die Strukturformel des Häms, die dir sehr kompliziert erscheint, ist ein geniales Ringsystem von Kohlenstoff und Stickstoffatomen, deren Doppelbindungselektronen freibeweglich sind und somit im Kreis laufen können.

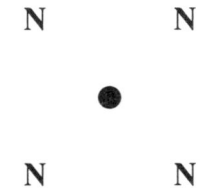

Im Zentrum dieser Ringstruktur sitzen 4 Stickstoffatome. Diese halten ein zentrales Eisenatom in der Mitte freischwebend fest. Das Eisenatom (durch die Kugel im Schaubild verdeutlicht), ist somit von jeweils vier Stickstoffatomen umgeben. Man hält das Eisenatom einfach für einen zentralen Liganden, der zufällig aus der Ursuppe da reingeschwuppst ist."

Ingrid unterbrach mich: „Und was meinst du?"

„Seitdem ich die Abbildung der Sauerstoffbindungskurve im Karlson gesehen habe, ist mir ein Verdacht gekommen. Der Kurvenverlauf ist sigmoid. Solche *S*-

förmigen Kurven habe ich schon einmal in einem Lehrbuch gesehen, und zwar in einem Kapitel über Ferromagnetismus. Eisen hat nämlich die verblüffende Eigenschaft, das magnetische Feld einer Spule, von der es umgeben ist, zu verhundertfachen. Die Magnetisierungskurven werden in der Physik Hysteresis-Schleifen genannt.

Ich habe den Verdacht, daß das Eisen im Hämoglobin eine ferromagnetische Aufgabe erfüllt. Dieser Verdacht hat sich verstärkt, als ich die Doppelbindungen im Häm-Molekül zählte. Es sind 13 Doppelbindungen, daher 26 bewegliche Elektronen."

„Was ist daran so wichtig?"

„Ingrid, Eisen ist ausgerechnet das sechsundzwanzigste Element und sein Atomkern ist somit selbst von 26 Elektronen umgeben. Das könnte bedeuten, daß das Eisen im Blut gar kein zweiwertiger Ligand ist, sondern ein nullwertiges Metallatom. Die Chemiker, die die Struktur des Häms entschlüsselt haben, kannten keine organischen Moleküle mit nullwertigen Metallatomen. Das gleiche gilt für die Chemiker, die die Sequenz der 4 Peptidketten aufgeklärt haben. Ich habe früher einmal eine Verbindung hergestellt, die wie ein Sandwich aussieht und in der Mitte ein nullwertiges Chromatom hat. Dieses Chromatom wird lediglich durch drehende Doppelbindungselektronen der Benzolringe freischwebend festgehalten. Ein Benzolring hat 6 drehende Elektronen, und ein nullwertiges Chromatom besitzt auf seiner 3. und 4. Schale 6 Elektronen, mit denen es wechselwirken kann."

Ingrid meinte: „Das kann man doch publizieren."

„Ja, so etwas läßt sich publizieren, nur weiß ich eben nicht, welchen 'Trick' das Riesenmolekül benutzt, um so elegant Sauerstoff in der Lunge in Empfang zu nehmen und dort, wo er gebraucht wird, wieder abzugeben."

*

— 139 —

1981 sollte ich die Lösung finden. Die kreisförmig durch das Molekül laufenden Doppelbindungselektronen erzeugen ein elektromagnetisches Feld, so wie das bei einem stromdurchflossenen, kreisförmigen Leiter jedem Physiker oder Elektroingenieur vertraut ist. Die 4 Stickstoffatome stellen nichts anderes dar als die vier Pole eines

Quadrupolmagneten

Quadrupolmagnete werden in der Teilchenphysik zur Fokussierung von Strahltransportsystemen verwendet. Durch die Gegenüberstellung von Nordpolen (Symbol $\mathcal{N}$) und Südpolen (Symbol $\mathcal{S}$) in planer Anordnung wird die Zentrierung der Kernteilchen in den Mittelpunkt des Quadrupolmagneten bewirkt.

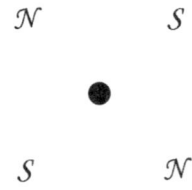

Ein zentrales Eisenatom mit der Ladung Null beeinflußt ein magnetisches Feld ferromagnetisch so, daß das ganze Molekül, das vier Hämgruppen besitzt, wie ein Eisenmagnet wirkt. Wenn jetzt ein paramagnetischer Stoff sich diesem Molekül nähert, muß er magnetisch festgehalten werden. Das An- und Ausschalten eines solchen Magneten kann die Eiweißhülle mit ihren vier Ketten übernehmen, indem bei pH-Verschiebungen deren räumliche Anordnung verändert wird. Eines der vier Gase, die wir einatmen, der

Sauerstoff

ist paramagnetisch (magnetisch). Die übrigen drei Gase der Atmosphäre

Stickstoff
Argon
Kohlendioxid

sind diamagnetisch (nicht magnetisch). Der Paramagnetismus des Sauerstoffs, das ist Prüfungswissen bei Chemikern und Physikern, nur den Biologen ist das gänzlich unbekannt. Da es in der Chemie des Lebens keine ferromagnetische Erscheinung gibt, brauchen sie eben nicht darüber nachzudenken. Eine elegantere Bindung als die hier geschilderte molekular-physikalische[1] ist nicht denkbar. Der Gedanke wird noch dadurch gestützt, daß eins der größten Atemgifte, das Kohlenmonoxid, bekanntlich eine festere Bindung mit Hämoglobin eingeht. Auch dieses Gas ist paramagnetisch.

Der Widerstand gegen eine solche einfache Lösung basiert wie immer auf der Neuartigkeit des Gedankens, aber auch auf dem Dogma, daß der Sauerstofftransport 'irgendwie' chemischer – und nicht elektro-physikalischer – Natur sein muß.

*

Im Frühjahr 1976 meldete ich mich zum 2. Staatsexamen. Da ich mich mit mehreren Professoren angelegt hatte, bekam ich im Vorfeld mitgeteilt, daß mein Durch-

---

[1] Einzelne Eisenatome – wie etwa im Eisendampf – sind paramagnetisch. Ferromagnetismus ist immer an Struktur gekoppelt. Im Hämoglobinmolekül sind die vier Hämgruppen mit ihren vier Eisenatomen räumlich auf das genaueste strukturiert.

fallen beschlossene Sache sei. Um aus dieser Falle wieder herauszukommen, bat ich um einen Termin bei Herrn Professor Böhme, dem Vorsitzenden der hessischen Landesprüfungsleitung.

Ich legte meine Zukunft in seine Hände, indem ich ihm anbot, die Universität zu wechseln. Lieber wolle ich erneut studieren, als in einem chemischen Fach durchfallen, dazu liebe ich die Chemie zu sehr.

Er wirkte betroffen: „Herr Plichta, ich wünsche, daß Sie die Universität nicht wechseln, sondern sich hier zum zweiten Staatsexamen melden. Ich werde mir in dieser Angelegenheit etwas einfallen lassen, aber ich muß zunächst auch die Argumente der Gegenseite hören. Ich werde eine Lösung finden."

Da stand ich draußen vor seinem Dienstzimmer und ahnte, daß ich bald herausfinden würde, warum ich in Marburg Pharmazie studiert hatte.

Einige Wochen später hing ein Schreiben am Schwarzen Brett des Institutes:

Hessische Landesprüfungsleitung
Direktor: Prof. Dr. Dr. h.c. mult. Böhme

Im Fach Pharmazeutische Chemie erfolgt die Prüfung von Herrn Dr. Plichta durch Herrn Professor Dr. Dr. h.c. Böhme.

gez.: Prof. Dr. Dr. h.c. Böhme

Ich wußte, das würde die anspruchsvollste und schwierigste Prüfung meines Lebens werden. Aufgrund seines Alters und seiner vielerlei Aufgaben prüfte Professor Böhme nur noch ausnahmsweise. Folglich war meine Prüfung – für das gesamte Institut sichtbar – ein Ausnahmefall.

Professor Böhme würde knallhart, aber gerecht prüfen. Er hatte als Verfasser der Kommentare zu den europäischen Arzneibüchern, die damals vorbereitet wurden, die gesamte weltweite Pharmazie im Kopf und auch deren juristische und historische Besonderheiten bis zum allerletzten, allerkleinsten i-Tüpfelchen.

*

Am Tag der Prüfung erschien ich ein wenig verfrüht im Institut. Aus einer Ahnung heraus betrat ich ein mir bisher unbekanntes Labor. Niemand war anwesend.

Auf einem der gekachelten Labortische lag ein rotes, dickes Buch, der Kommentar zum Deutschen Arzneibuch 7 von Böhme/Hartke, über tausend Seiten. Da jetzt noch einen Blick reinzuwerfen, hätte wenig Sinn. Trotzdem nahm ich den Band in die Hände, hob ihn mit ausgestreckten Armen in Augenhöhe hoch, ließ ihn auf den Tisch hinunterfallen, so daß er zufällig irgendwo aufklappte. Diese merkwürdige Art der Orakelbefragung war mir bis dahin völlig fremd.

Auf der rechten Seite oben mittig stand der Name eines Arzneimittels: Ephedrin. Darunter war die Strukturformel abgebildet.

Ephedrin ist verwandt mit jenen Disilan- und Digermanmolekülen, mit denen ich in Köln gearbeitet hatte. Da waren sie wieder, die sterischen Zwillingsatome: Genau wie bei den beiden Aminosäuren besteht das Ephedrinmolekül aus zwei sterischen Kohlenstoffatomen mit je einem freien Wasserstoffatom.

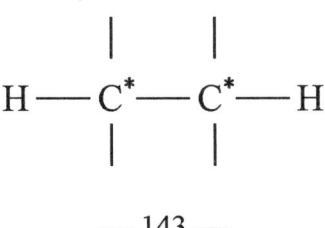

Voller Neugierde las ich mehrere Seiten der Monographie und stieß auf die recht komplizierte Racemattrennung bei der technischen Ephedrinsynthese (Trennung der 4 Spiegelformen). Ich war verärgert. Davon hatte ich noch nie etwas gehört. Eine einzige solch schwierige Frage zu Beginn meiner Prüfung und ich wäre erledigt. Hätten die Zwillingsatome keine Bedeutung für mich gehabt, hätte ich die Kommentierung durch Herrn Böhme nicht einmal angeschaut.

Doch es wurde Zeit. Ich klappte das dicke Buch zu, betrat den Prüfungssaal und nahm vor dem Schreibtisch von Professor Böhme Platz.

*

Auf dem Schreibtisch standen drei schwere Bücher. Professor Böhme zögerte einen Moment und wählte das mittlere davon – es war der Kommentar zum Deutschen Arzneibuch 7. In der gleichen Art wie ich kurz zuvor hob er das Buch mit beiden ausgestreckten Armen hoch bis über Kopfhöhe und ließ es dann fallen. Es öffnete sich und blieb aufgeschlagen liegen. Noch während er sich hinunterbeugte, erkannte ich die Formel mit den asymmetrischen Zwillingsatomen. Ich las sie diesmal umgedreht und seitenverkehrt.

„Herr Plichta, Ephedrinsynthese!" befahl Professor Böhme mit einer Handbewegung.

Ich wagte nicht, mich umzudrehen, mir war, als stehe da jemand.

Dieses einzige Mal in meinem Leben bin ich wirklich geprüft worden in Chemie und Pharmazie; es war ein Schlagabtausch. Im Wesentlichen ging es darum, ob ich eine einzige Frage nicht beantworten konnte, ein einziges Wort nicht wußte. Durch die Schwierigkeit der ersten Frage war der Weg vorgezeichnet. Ich redete und erläuterte. Jeden Satz, den ich sprach, wählte ich nach seiner Klarheit aus, jedes Wort nicht allein nach Zweckmäßigkeit, sondern auch nach Schönheit, mein Beitrag zu dem Schauspiel, das sich hier ereignete. Da saß ich vor dem berühmten Böhme und wußte endlich, daß ich wegen ihm, wegen dieses Tages Marburg und die Pharmazie hinter mich gebracht hatte. Es war all die Jahre immer nur um zwei asymmetrische Zwillingsatome gegangen.

Herr Professor Böhme stellte ausschließlich Fragen, über die ich Bescheid wußte, über die ein Pharmaziestudent nicht viel wissen kann, die jedoch in meinem Leben irgendwann von Bedeutung gewesen waren und mich beschäftigt hatten. Er prüfte mich quer durch die Pharmazie. Ich hörte mich selbst sprechen und war gleichzeitig fasziniert und voller Ehrfurcht. Ich begriff: Die vielen eigentümlichen Ereignisse in meinem Leben waren nicht Zufall, sondern Wegweiser zu einem Ziel. Begonnen hatte das alles, als ich in Köln beschloß, die erste Silizium-Wasserstoff-Verbindung mit zwei asymmetrischen Zwillingsatomen präparativ herzustellen. Die Prüfung dauerte eine halbe Stunde, eine Stunde, anderthalb Stunden, und irgendwann merkte Professor Böhme, daß die Zeit längst um war. Da saßen wir, beide erschöpft.

Der alte, hochgewachsene Mann schlug mit der Faust auf den Tisch, sprang auf, sein Stuhl fiel krachend um und flog ein paar Meter weit. Er streckte mir über den Tisch hinweg seine Hand entgegen.

„Herr Dr. Plichta, es war mir ein Erlebnis!" donnerte er, und wir schüttelten einander die Hände.

9. Kapitel

Die Königin der Wissenschaften

Da mein Bruder Paul noch viele Jahre brauchen würde, um Arzt zu werden, wollte ich ursprünglich in Marburg den Doktor in Medizinischer Biologie machen. Ingrid hätte in dieser Zeit als Apothekerin Geld für uns beide verdienen können.

Nach dem Prüfungserlebnis wechselte ich nun meinen Plan. Ich zog zurück nach Düsseldorf und besorgte mir eine Praktikantenstelle in einer Apotheke.

Mit 30 Jahren hatte ich den Plan gefaßt, mich ab dem 40. Lebensjahr für wenigstens 10 Jahre zurückzuziehen und mich nur mit Lesen und Denken zu beschäftigen. Jetzt war ich 36 Jahre alt. Ein Jahr würde ich brauchen, um die Approbation als Apotheker zu erhalten. In diesem Jahr starb Helga, von der ich inzwischen geschieden war. Ihr Tod stellte die Hälfte der Prophezeiung dar, die ich niemals vergessen hatte. Ich hatte mit ihrem frühen Sterben gerechnet, dennoch traf mich der Schock mit grausamer Härte, weil ich niemanden hatte, dem ich mich anvertrauen konnte. Die andere Hälfte der Voraussagung hatte gelautet: Ich löse das Rätsel der entscheidenden physikalischen Naturkonstanten und damit ein Naturgeheimnis.

Die jetzt beginnende Vereinsamung wurde nur durch den Liebreiz meiner damals fünfjährigen Tochter gemildert. Eine zweite Ehe, die ich einging, diente mehr einem Unterschlupf und dauerte keine drei Jahre.

Das Geld für meine Apotheke besorgte ich mir nicht von meinem Bruder. Ich setzte ihn matt, indem ich seine Schwiegermutter aufsuchte und ihr von seinem Versprechen an Helga berichtete. Der Kauf einer Eigentumswohnung und die Einrichtung einer Apotheke würde 520000 DM kosten. Dazu kamen später noch 250000 DM Schenkungssteuer. Ich erhielt das Geld und verzichtete damit erst einmal auf die Hälfte der 1,5 Mill. DM. Durch den Vertrag mit Pauls Schwiegermutter wurde ich finanziell unabhängig. Mein Plan, mich mit 40 Jahren zurückzuziehen, hatte begonnen, sich zu verwirklichen.

*

Während der Bauarbeiten auf der Sigmaringenstr. 1, wo später die Apotheke entstehen würde, hatte ich ein Jahr Zeit, um mich mit Astronomie und Astrophysik zu beschäftigen.

Für die Naturwissenschaften erfolgte der Sprung vom Mittelalter in die Neuzeit mit Isaak Newtons Definition des Gravitationsgesetzes, nachdem Johannes Kepler mit seinen 3 Planetengesetzen die Vorarbeit geliefert hatte. Bis dahin war völlig unklar, warum etwa die Erde um die Sonne ihre Bahnen zog, ohne dabei ins All fortgeschleudert zu werden. Das gleiche galt für das Erde-Mond-System. Newton bewies, daß sich Himmelskörper mit einer geheimnisvollen Kraft anziehen, machte aber keinen Hehl daraus, daß man über den Hintergrund dieser Gravitationskräfte nichts wisse. Daran hat sich bis heute nichts geändert. In das Kraftgesetz, das z.B. zwischen Erde und Mond wirkt, bringen beide Himmelskörper jeweils ihre Masse und ihren Abstand ein. Hier versteht man unter Radius den Abstand zwischen dem Erdmittelpunkt und dem Mittelpunkt des Mondes. Von Radius spricht man, weil der Mond eine Kreisbahn um die Erde zieht. Da die Kraft der Anziehung mit dem Abstand (Radius) der beiden Himmelskörper abnimmt, wirkt der Radius reziprok = 1/r. Die in physikalischen Gleichungen unter dem

Bruchstrich auftretenden Größen werden im Gymnasium meist nicht anschaulich genug erklärt. Die Folge davon ist ein Defizit an Abstraktion und ein trotzhafter Widerstand gegen Formeln.

Der Radius steht schlicht unter dem Bruchstrich, weil die Kraft mit zunehmendem Abstand abnimmt (je größer eine Zahl unter dem Bruchstrich ist, je kleiner ist der Wert des Bruchs).

Da der Radius zwischen Mond und Erde identisch ist mit dem zwischen Erde und Mond, gehen die beiden Quotienten 1/r als Produkt

$$\frac{1}{r^2}$$

in das Gravitationsgesetz ein. Der oben genannte Bruch (1 durch Radius ins Quadrat) wird allgemein umgekehrtes oder reziprokes Quadratgesetz genannt.

Dieses Gesetz ist entscheidend für alles, was im 'leeren' Raum wirkt. Wenn man eine punktförmige Lichtquelle im Abstand von einem Meter mit einem Lichtmesser auf 100 % eicht, würde dieses Meßgerät in einem Abstand von zwei Metern nur noch 25 % Lichteinfall zeigen, im Abstand von drei Metern nur noch 11 %. Warum zeigt das Gerät diese Prozentwerte an? Setzt man in die o.a. Gleichung z.B. für r = 2 ein, erhält man 1 dividiert durch 2 hoch 2, also 1 durch 4. Setzt man für r = 3 ein, erhält man 1 durch 9. 100 geteilt durch 9 aber ist 11 (Rest 1). Die Reihe läßt sich so fortsetzen.

Während ich das reziproke Quadratgesetz bisher im physikalischen Sinne verstanden hatte, kamen mir jetzt Bedenken, ob es reicht, ein so überaus wichtiges Gesetz nur zu verstehen. Man müßte vielmehr die Frage stellen, warum sich Wirkungen allgemein im Raum quadratisch nach Zahlen verdünnen. Merkwürdig stimmt, daß der größte Physiker der Weltgeschichte, Newton, und der größte Philosoph der Neuzeit, Kant, Gott die Möglichkeit zusprachen, die Welt auch mit anderen Naturgesetzen auszustatten. Kant spricht in diesem Zusammenhang davon, daß statt des 'willkürlichen' reziproken Quadratgesetzes (hoch 2) auch ein anderes Gesetz stehen könnte, nämlich ein kubisches Gesetz (hoch 3). So sehr das Vertrauen in Gottes Allmacht bei Newton und Kant auch sein mag, mir kamen Zweifel. Auch wenn kein Physiker mehr von Gottes Allmacht redet, so hat sich an der angeblichen Willkür der Naturgesetze nichts geändert.

Newton und Kant wußten noch nicht, daß sich die Anzahl der Elektronenpaare auf den Atomschalen nach einem Maximalgesetz richtet. Die Maximalzahlen der Elektronenpaare lauten:

1, 4, 9, 16

Auf die erste Elektronenschale um einen Atomkern paßt immer nur 1 Elektronenzwillingspaar, auf die zweite Schale passen maximal 4 Paare, auf die dritte 9 und auf die vierte 16. Da die vier Zahlen die Quadratzahlen von 1, 2, 3 und 4 sind, ist das quadratische Gesetz mengenmäßig in den Atomhüllen und damit in der gesamten Natur verankert.

*

Bei meinem Studium der Astronomie und der Astrophysik mußte ich mich auch mit den Begriffen der Endlichkeit und der Unendlichkeit beschäftigen, allerdings nicht in bezug auf Zahlen, sondern in bezug auf den Raum.

Bis zur Renaissance, die die Wiederauflebung großartiger antiker Gedanken mit sich brachte, war über die

Vorstellung von 'Raum' nicht viel nachgedacht worden. Lediglich der Zeit wurde das Attribut 'Ewigkeit' zugesprochen. Der deutsche Kardinal Nikolaus Cusanus (aus Cues an der Mosel), Jurist, Diplomat, Philosoph und Mathematiker, erfaßte als erster, daß der Welt'raum' nicht begrenzt sein kann, sondern unendlich sein muß. Er brachte die Unendlichkeit von Raum und Zeit mit der Allmacht eines persönlichen Gottes in Zusammenhang. Er genoß hohes Ansehen und konnte seine revolutionären Gedanken trotz der Inquisition in Büchern veröffentlichen.

Etwa 100 Jahre später beschäftigte sich Giordano Bruno (aus Nola bei Neapel) erneut mit den Gedanken des Cusaners. Der Nolaner, nur Mönch und kein Kardinal, kein Diplomat, sondern mutiger Streiter, rechnete drastisch mit der bisherigen Vorstellung der Kirchenlehre ab und büßte das im Jahre 1600 auf dem Scheiterhaufen des römischen Marktplatzes mit dem Tode. Für die Kirchenfürsten waren die Erde und die Gestirne (Sonne, Mond, Wandelsterne [Planeten] und Fixsterne) ein abgeschlossenes, kugelförmiges System. Dahinter begann das, was man als Himmel (bzw. Paradies) bezeichnete, aber auch diesen Himmel stellte man sich endlich vor. Der Gedanke eines unendlichen, leeren Raumes existierte nicht.

Bruno, seiner Zeit weit voraus, erfaßte, daß sich der endliche Raum vom unendlichen Raum durch eine geometrische Eigentümlichkeit unterscheidet. Ein endlicher Raum, mag er auch noch so groß sein, hat immer nur einen Mittelpunkt. Ein unendlicher Raum hingegen hat sein Zentrum überall, das heißt, jede Stelle ist Mittelpunkt. Mathematisch korrekt besitzt somit der unendliche Raum unendlich viele Mittelpunkte.

*

Leibniz, dessen Genialität ihn auch zwangsläufig zur Beschäftigung mit dem Unendlichen führen mußte, baute Brunos Gedanken 100 Jahre später in seiner Monadologie aus (monás ist das griechische Wort für Einheit). Immer noch war es gefährlich, eine geistige Verwandtschaft mit Bruno erkennen zu lassen. Er bezeichnete die (Mittel-)Punkte der Unendlichkeit als Monaden. In jeder einzelnen Monade stellte er sich das ganze Universum gespiegelt vor. Seine Monaden hatten keine Ausdehnung. Die Materie haftete seiner Meinung nach den Monaden nur an. Dies läßt erkennen, warum er Gegner der Lehre von den Atomen war. Die Atomlehre vertrat damals sein Rivale Newton. In bezug darauf, daß diese merkwürdigen Punkte, die er Atome statt Monaden nannte, eine Ausdehnung haben mußten, hatte Newton recht. Er und alle Atomisten nach ihm (bis heute) haben dafür leider den Gedanken der Unendlichkeit um diese Punkte fallengelassen. Kein Atom wird als Mittelpunkt der Unendlichkeit angesehen.

Leibniz' Monadenlehre wurde erst gar nicht aufgegriffen, Newtons Atomlehre wurde sogar bis in dieses Jahrhundert hinein bekämpft, und zwar von der Elite der Naturwissenschaftler.

100 Jahre nach Leibniz vergingen, bis F. Heinrich Jacobi Auszüge aus Brunos alten philosophischen Schriften veröffentlichte. Erst jetzt übten diese Gedanken Einfluß auf einen der großen Philosophen des vorigen Jahrhunderts, nämlich auf F. W. J. Schelling aus und natürlich auf J. W. Goethe, dessen universeller Geist selber im faustischen Sinne nach Unendlichkeit strebte.

In diesem Jahrhundert wurde dann zwar der Atomgedanke aufgegriffen, um zum Schluß in einer als Teilchenzoo bezeichneten Welterklärung zu münden, dafür verblaßte das Streben nach der Unendlichkeit wieder. Heute sind wir mit unserer Raumvorstellung wieder da angelangt, wo wir im Mittelalter schon einmal waren: im endlichen Universum.

*

Da im Raum ein reines reziprokes Zahlengesetz wirkt, muß eine Wirkung, wie die von Gravitation oder Licht, sich mit größerem Abstand immer mehr verkleinern und damit gegen Null streben. Es ist eine Eigentümlichkeit der Unendlichkeit, daß sie sowohl unendlich groß wie auch unendlich klein sein kann.

Während die ganzen Zahlen mit 1, 2, 3, 4, 5, ... usw. beginnen und nie aufhören, beginnen die 'umgekehrten' (reziproken) Zahlen mit $1/1$, $1/2$, $1/3$, $1/4$ usw. und streben gegen Null. Die Zahl 1 bildet also für die ganzen und die umgekehrten Zahlen eine Schnittstelle.

Stellt man sich die ganzen Zahlen als beschriftete Perlen auf einer Schnur vor, ist jedem Schulkind geläufig, daß diese Schnur nie aufhört.

Die Umkehrung dieses Gedankens birgt aber eine gedankliche Schwierigkeit. Da der Abstand von 1 nach 2, also der Abstand zwischen zwei Perlen, genau so groß ist wie der Abstand zwischen 1 und 0, passen die umgekehrten Zahlen (**unendlich** viele) alle in diesen **endlichen** Abstand hinein. Wie groß eine Zahl auch sein mag (z.B. eine Zahl mit einer Billion × einer Billion Nullen), ihre Umkehrzahl ist immer noch größer als Null und natürlich kleiner als 1.

Bei der Beschäftigung mit dem unendlich Großen und dem unendlich Kleinen fiel mir etwas auf, was mich verblüffte. Zwischen einer Zahl, zum Beispiel

3

und ihrem Kehrwert

— 152 —

$$1 : 3 = 0{,}3333...$$

liegt ein quadratischer Faktor, nämlich

$$3^2$$

Denn man muß mit 9 multiplizieren, um von 0,3333... auf die Zahl 3 zu kommen (0,3333... · 9 = 3). Bei der Zahl 4 und ihrem Kehrwert 1/4 beträgt der quadratische Faktor 16.

Der quadratische Faktor zwischen einer Zahl und ihrem Kehrwert war für mich ein Hinweis, daß das reziproke Quadratgesetz als Raumgesetz die Zahlen mit dem Raum verknüpft. Wenn der Gott Newtons und Kants Baumeister und Mathematiker ist, was die beiden unbedingt bejaht hätten, dann müßte er sich an die Regeln der Mathematik und der Logik halten. Willkür in seinem Schöpfungsplan wäre damit ausgeschlossen.

Der Zahl 1 kommt bei meiner Betrachtungsweise als Schnittstelle der ganzen und reziproken Zahlen eine besondere Bedeutung zu. Man findet bei näherer Untersuchung in der Tat verblüffende Eigenschaften. Während die Wurzeln der ungeraden nicht quadratischen Zahlen irrational sind (z.B. die Wurzel aus 3 ist 1,73205...), liefert das Wurzelziehen aus 1 keine irrationalen Zahlen. Es ist nämlich die Wurzel aus 1 gleich −1, und die Wurzel aus −1 ist gleich i. Der Buchstabe i wurde von Leonard Euler eingeführt. Er ist die Abkürzung des Wortes imaginär.

Während ich mich mit ganzen Zahlen und mit ihren Kehrwerten, den reziproken Zahlen beschäftigte, wurde mir klar, daß ich endlich bis zum Fundament gegraben hatte, der Zahl 1 und ihrer Struktur.

*

— 153 —

Als eines Tages im Badezimmer der neuen Apotheke ein Waschbecken installiert werden mußte und dafür nur eine bestimmte Ecke in Frage kam, bat ich den Installateur, ein dreieckiges Waschbecken und darüber zwei Spiegel über Eck anzubringen.

Jedesmal, wenn ich in einen normalen Spiegel schaue, bin ich irritiert, weil es diesen Menschen so, wie er mich da anschaut, gar nicht gibt. Ich trage den Scheitel auf der rechten Seite, mein Spiegelbild hat ihn links. Die meisten Menschen nehmen diesen Unterschied nicht wahr. Vielleicht glauben sogar viele, sie sähen wirklich so aus, wie sie sich im Spiegel sehen.

Einen Spiegel, der aus zwei Spiegeln besteht, die im rechten Winkel ihren Berührungspunkt haben, beschreibt schon Plato in seinem Buch „Timaios". Ein solcher Spiegel dreht einen Gegenstand räumlich um und liefert immer drei Spiegelbilder. In der Mitte befindet sich meistens ein störender schwarzer Strich, weil die Spiegelflächen in ihren Berührungspunkten nicht mit einem Winkel von 45 Grad geschliffen sind.

Nachdem der Installateur mit seiner Arbeit fertig war, trat ich vor meinen neuen 'Raumspiegel'. Mich schaute der Peter Plichta an, der wirklich so aussah wie ich. Der Raumspiegel zeigte mich so, als stünde ich mir selbst (und damit umgekehrt) gegenüber. Zusätzlich existierten zwei (gewohnte) Spiegelbilder links und rechts. Ich holte mir einen Stuhl und blieb länger als eine Stunde vor dem Spiegel sitzen.

Mir kam ein verwegener Gedanke. Existieren die vier Personen, ich und die drei Spiegelbilder, auch dann noch, wenn ich den Spiegel wegnehme?

Ich bin eine real existierende Person mit zwei Augen, die ich stereochemisch als zwei asymmetrische Zentren bezeichnen würde. Mit räumlich gebauten chemischen Verbindungen, die über zwei asymmetrische,

— 154 —

chemische Zentren verfügen, habe ich wahrlich genug zu tun gehabt. Die habe ich im Kopf, so wie ein Rind ein Brandzeichen trägt.

Alle vier 'Personen' waren gleichweit vom Spiegelmittelpunkt entfernt. Wenn ich mich mit meiner Hand diesem Spiegelmittelpunkt näherte (alle Punkte auf der senkrechten Spiegelachse sind Mittelpunkte), kamen mir die drei Spiegelhände entgegen. Der Raum vor meiner Hand besitzt die Eigentümlichkeit, daß ich nicht in ihn eindringen kann, weil alle vier Hände sich gleichzeitig nähern. Wenn man den Spiegel berührt, ist die Illusion natürlich vorbei.

Für den Spiegelmittelpunkt ist der Raum rechtwinklig in vier Quadranten aufgeteilt. Da um jeden Punkt ein unendlicher Raum existiert, hat dieser Raum eine uns fremde, rechtwinklige Geometrie von der Dimension zweier sich selbst durchdringender Flächen. In Platons Spiegel kann man diese sich kreuzenden Flächen sehen. Dieser Raumspiegel dient nur dazu, einen verborgenen Sachverhalt wie eine geistige Idee sichtbar zu machen.

*

Ich habe mich immer gefragt, von welcher Dimension der unendliche Raum um einen Punkt ist. Dreidimensional – bezogen auf Länge, Breite und Höhe – kann er nicht sein. Jetzt saß ich vor einem Raumspiegel und konnte die Lösung mit den Augen sehen: zwei sich durchdringende Flächen. Jede dieser Flächen ist quadratisch von der Größe **cm**^{2}.

Wenn ich diese beiden sich durchdringenden Flächen miteinander malnehme, erhalte ich den Ausdruck 'Fläche ins Quadrat' und die Dimensionszahl Zentimeter hoch 4

cm^4

Ein solcher Raum hat eine geometrische Eigentümlichkeit. Ein 3-dimensionaler Körper, etwa ein Würfel, besitzt rechtwinklig zueinander 3 Achsen. Man spricht deshalb von einer x-y-z-Achsengeometrie.

Der hier geschilderte 4-dimensionale unendliche Raum um einen Punkt (in diesem Fall jeder Schnittpunkt des Spiegels) besitzt nun keine z-Achse, sondern hat eine x^2-y^2-Flächengeometrie.

Diese neue Betrachtungsweise von der '4. Dimension' hat mit der herkömmlichen physikalischen Verknüpfung der 3 Dimensionen des Raumes und der einen Dimension der Zeit nichts zu tun.

*

Ich saß weiter vor meinem Raumspiegel und ballte plötzlich die Faust, und die Spiegelbilder ballten sie ebenso. Wenn die Physiker den Raum um den Atomkern atomphysikalisch mit einer unzutreffenden Geometrie berechnet hatten, dann war ich jetzt gerade dabei, theoretischer Physiker zu werden. Wenn der unendliche, leere Raum immer eine 4fach-Struktur besitzt, weil die Welt an jedem Punkt rechtwinklig-euklidisch ist, dann sind die 4 Quantenzahlen der Elektronen eine geometrische Notwendigkeit, während sie bisher nur Empirie sind, d.h. aus der Erfahrung gewonnen.

Wenn ich aber endlich einmal eine gute Erklärung fände, warum Elektronen überhaupt 4 Quantenzahlen besitzen, dann würde ich auch eine Lösung finden, warum die Atome mit 3 Bausteinen auskommen. Damit würde erkennbar, warum es nur 3 stabile Kernteilchen gibt und warum alle Teilchen, die man noch dazu gefunden zu haben glaubt, keine wirklichen Bausteine sind, sondern energetische und fotografisch auffangbare Ereignisse. Hinter der 3-Fachheit könnte ein noch nicht erkennbares, rein zahlentheoretisches Gesetz stecken, während die 4-Fachheit des dritten Kernteilchens, des Elektrons, eine rein räumliche Begründung fände.

*

Schlagartig erfaßte ich einen ungeheuren Zusammenhang. Jetzt zeigte sich der Nutzen der Ausbildung in Kernchemie und Biochemie.

So wie der Atomaufbau sich der Zahlen drei und vier bedient, so gilt das ja auch für unsere Erbanlagen. In unseren Zellen befinden sich Zellkerne. Diese wiederum bestehen aus Chromosomen. Die Untersuchung dieser Chromosomen ergab, daß sie aus Riesenketten von Molekülen bestehen, die wegen ihres komplizierten Namens (Desoxyribonukleinsäure) kurz DNS (im Englischen DNA) genannt werden.

Die ganze DNA besteht aus nur 3 chemischen Bausteinen, aus

Phosphorsäure [P]
Zucker [Z]
Base [B]

Diese rätselhafte Substanz besteht aus Ketten von Phosphorsäure- und Zuckermolekülen mit folgender Anordnung:

$$\begin{array}{ccccc} B & B & B & B & B \\ | & | & | & | & | \end{array}$$
$$-P-Z-P-Z-P-Z-P-Z-P-Z-P-$$

An den Zuckermolekülen hängt jeweils eine Base, eine von vier Basen, und niemand weiß, warum es gerade 4 verschiedene sein müssen:

Thymin
Adenin
Cytosin
Guanin

Wenn nun hinter den Bausteinen der Atome (3) und den Quantenzahlen der Elektronen (4) das gleiche Gesetz stecken würde wie hinter den Bausteinen der DNA (3) und den Basenpaarungen (4)? Dann würde von hier aus zum ersten Mal erkennbar, warum Reinisotope, die etwas mit Atomkernen zu tun haben, und Aminosäuren, die etwas mit der DNA zu tun haben, der gleichen Gesetzmäßigkeit gehorchen, nämlich 1 + 19.

Ich verließ meinen Raumspiegel sehr nachdenklich. In einigen Monaten würde ich 40 Jahre alt. In zwei Monaten würde die Apotheke fertig sein, die mir die finanzielle Unabhängigkeit zum Nachdenken erlaubte. Meine Gedanken vor dem Raumspiegel betrafen in erster Linie die Theoretische Physik. Da hatte Professor Hauser mit seiner 10-Jahres-Vorhersage genau recht gehabt.

*

Über das Wesen des Raumes ist in früheren Jahrzehnten viel diskutiert worden, da eine offensichtliche Paradoxie existiert: Wenn man einen Strich auf einem Papier zieht, gilt für den Strich, daß er 1-dimensional ist. Für das Medium, das ihn umgibt, gilt, daß es um eine Dimension größer sein muß. Das stimmt offensichtlich, denn ein Blatt Papier ist als Fläche 2-dimensional. Folglich muß das Medium, in dem sich das Blatt Papier befindet, 3-dimensional sein. Das trifft für das Zimmer, in dem das Blatt Papier liegt, zu. Nun verlangt die Logik, daß ein dreidimensionaler Gegenstand von einem 4-dimensionalen Raum umgeben sein muß. Da dieser

Raum nicht anschaulich ist, haben die Mathematiker etwa um die Jahrhundertwende der Diskussion ein Ende bereitet und beliebig viele Dimensionen eingeführt. Da 'beliebig viele' immer zu der Frage führt: 'Auch unendlich viele?', wurde diese Frage eindeutig bejaht. Mathematik gilt als menschliche Erfindung, und mathematischer Geist wollte sich freimachen von der 3. und der nicht in den Griff zu kriegenden 4. Dimension.

Nachdem ich eine vollkommen neue Geometrie entdeckt hatte, nämlich den 4-dimensionalen, unendlichen Raum um jeden Punkt endlicher Größe (und damit natürlich um jeden 3-dimensionalen Körper), konnte ich jetzt nicht erwarten, daß mir irgendein Mathematiker auch nur richtig zuhört. In dieser Welt kann (und darf) etwas, das seit hundert Jahren abgesegnet ist, nicht falsch sein.

Vieldimensionale Räume haben mit der Wirklichkeit nichts zu tun. Deshalb haben die Physiker sie auch nicht übernommen, denn sie können es sich nicht leisten, die Wirklichkeit zu ignorieren. Sie schufen sich ihre eigene 4. Dimension (Raum-Zeit). Die hat aber auch mit Wirklichkeit nichts zu tun. Um die Verwirrung perfekt zu machen, wird seit hundert Jahren darüber laut nachgedacht, ob der Raum (das Universum) gebogen ist. Man kann sich allerdings nicht entscheiden, ob er konvex oder konkav sein soll. Da gebogene Räume für mich eher eine geistige Entgleisung darstellen, bleibt auch jede fruchtbare Diskussion mit Physikern bis jetzt eine Illusion.

Einen Vorteil hatte die Sache allerdings. Ich war gezwungen, mich näher mit der Mathematik zu befassen, wenn ich weiterkommen wollte. Wer eine Wissenschaft wirklich gründlich erfassen will, kann dies nur über die Beschäftigung mit der Geschichte dieser Wissenschaft erreichen. Leider wird diese Wahrheit heute meistens mißachtet. Dies stellt eine der Ursachen dar, daß bei uns

Spezialisten ausgebildet werden, denen schon der Gesamtüberblick über ihr eigenes Fach fehlt. Über die Geschichte der Mathematik, über die Epochen, in die Leibniz, Euler und Gauß eingebunden waren und in denen sie radikal vorgingen, fand ich dann endlich meine Liebe zur Mathematik und zu der Wissenschaft, die Gauß als die 'Königin' bezeichnet hat: die Zahlentheorie.

10. Kapitel

Von Elektronen- und Primzahlzwillingen

Jeder Anfang der Beschäftigung mit Zahlentheorie beginnt mit der Notierung der fortlaufenden Zahlen und der Kenntlichmachung der Primzahlen, etwa durch Fettdruck:

1, **2**, **3**, 4, **5**, 6, **7**, 8, 9, 10, **11**, 12, **13**, 14, 15,
16, **17**, 18, **19**, 20, 21, 22, **23**, 24, 25, 26, 27,
28, **29**, 30, **31**, 32, 33, 34, 35, 36, **37**, 38, 39,
40, **41**, 42, **43**, 44, 45, 46, **47**, 48, 49, ...

Die ersten drei Zahlen sind nur durch 1 oder durch sich selbst teilbar und müßten deshalb alle drei primzahlig sein. Da man aus der Zahl 1 bequem die Wurzel ziehen kann ($-1 \cdot -1 = +1$), wird sie definitionsgemäß nicht als Primzahl bezeichnet, so daß die herkömmliche Folge der Primzahlen lautet:

2, 3, 5, 7, 11, 13, ...

Weil an dieser Definition offensichtlich kein Zweifel besteht, mußte die Mathematik in eine Falle laufen, deren Ausmaß ungeheuerlich ist.

Ein Mensch der Antike würde vermuten, die Götter des Olymps hätten einen grandiosen Streich ausgeheckt, so als ob sie uns zwar die Beschäftigung mit Mathematik zugestehen mußten, uns aber im Gegenzug für dieses Zugeständnis mit Verblendung in die Welt entließen. Homerisches Gelächter würde einem griechischen Mathematiker in seinen Ohren schmettern, wenn er erführe, wie die Götter von vorneherein unseren menschlichen

Hochmut eingeplant hatten, indem sie uns den Blick versperrten für die Einheit, die alles Zählen begründet: die Zahl 1.

Dadurch, daß die 1 aus der Folge der Primzahlen gestrichen wurde, war jetzt die erste Primzahl die Zahl 2. Sie ist unter der unendlich großen Menge der Primzahlen die einzige gerade Primzahl überhaupt. Dies einfach hinzunehmen, war die zweite Fehlerquelle und führte lückenlos mit der nächsten Primzahl, der 3, in genau die Falle, den Blick für die göttliche Ordnung, die Zahlen 1, 2 und 3, zu verlieren.

*

Ich war jetzt vierzig Jahre alt und hatte ein schallisoliertes Zimmer mit Bett, Schreibtisch und Stuhl eingerichtet, genau wie zu Studentenzeiten. Dazu kamen die drei notwendigen Hilfsmittel: Papier, Bleistift und ein Taschenrechner. Ich hatte das Band der Zahlen vor mir liegen und betrachtete die Zahlen 1, 2, 3. In allen Disziplinen hatte ich die Dreifachheit gefunden. Auch in den Mythen und Märchen aller Kulturen spielen die Zahlen 1, 2 und 3 eine ganz besondere Rolle (z.B. 3 Wünsche). Ausgerechnet in dem Fachgebiet, das sich mit Zahlen beschäftigt, in der Mathematik, sollte den Zahlen 1, 2, 3 keine besondere Bedeutung zukommen?

Ich wollte einmal herausfinden, welches Geheimnis die Siliziumwasserstoffe bergen. Obwohl ich die Laborexplosion vorhergesehen hatte, nahm ich sie in Kauf. Jetzt wollte ich wieder etwas herausfinden, und wieder sah ich eine ungeheure Gefahr auf mich zukommen. Immer kommt in den Mythen und Märchen jene Geschichte von dem Menschen vor, der zwischen 3 Eingangstüren wählen muß. So wie der Held im Märchen mußte ich jetzt die richtige Eingangstür finden, wenn ich nicht verschlungen werden wollte. 20 Jahre hatte ich studiert. 10 weitere Jahre hatte ich mir nun für den Versuch gegeben, das Welträtsel zu entschlüsseln. Wenn ich dieses Ziel bis zu meinem 50. Lebensjahr nicht erreichen würde, wollte ich rücksichtslos für immer die Beschäftigung mit den Wissenschaften abbrechen. Nur wäre das gleichbedeutend mit dem Eingeständnis einer totalen Niederlage. Alle Zeichen der Vorsehung hätten sich als Hirngespinste entlarvt.

Ich wußte, daß in den ersten 3 Zahlen ein besonderer Zündstoff enthalten sein mußte.

Was macht ein Sprengsatzentschärfer, wenn seine innere Stimme ihm sagt, daß im Zünder einer Bombe eine elektronische Schaltfalle versteckt ist? Die Antwort lautet: Er läßt die Finger von dem Zünder.

*

Konsequenterweise begann ich also erst einmal die Untersuchung der Primzahlen ab der Primzahl 5:

5, <u>6</u>, **7**, 8, 9, 10, **11**, <u>12</u>, **13**, 14, 15, 16, **17**, <u>18</u>, **19**, 20, 21, 22, **23**, <u>24</u>, 25, 26, 27, 28, **29**, <u>30</u>, **31**, 32, 33, 34, 35, <u>36</u>, **37**, 38, 39, 40, **41**, <u>42</u>, **43**, 44, 45, 46, **47**, <u>48</u>, 49, ...

Beim Betrachten dieser Anordnung erkannte ich ein Raster, das die Sechserzahlen betrifft. Um die Zahl 6 liegt der Primzahlzwilling 5 – 7, um die Zahl 12 der Primzahlzwilling 11 – 13, um die Zahl 18 der Primzahlzwilling 17 – 19. Wieder 6 Stellen weiter müßte der Primzahlenzwilling 23 – 25 existieren. Hier aber wird die natürliche Folge der drei ersten Primzahlzwillinge nicht fortgesetzt. Die Zahl 25 ist nämlich keine Primzahl mehr. Aber sie ist das Produkt der Anfangsprimzahl 5 mit sich selbst.

Folglich beginnt mit dem Zahlenzwilling 23 – 25 ein neuer Abschnitt, der bis ins Unendliche Gültigkeit hat. Immer müssen Primzahlen oder Primzahlzwillinge nur um eine durch 6 teilbare Zahl liegen, wobei allerdings immer mehr dieser Plätze – um eine Sechserzahl – aus kombinatorischen Gründen von Produkten der vorausgegangenen Primzahlen

5, 7, 11, 13, 17, 19, ...

besetzt werden: die Zahl 25 als das Produkt aus $5 \cdot 5$, die Zahl 35 als das Produkt von $5 \cdot 7$, die Zahl 49 als das Produkt von $7 \cdot 7$, die Zahl 55 als das Produkt von $5 \cdot 11$ usw.

Durch diesen Sechsertakt bedingt, muß sich 6 Stellen links von der Zahl 6 das Produkt $0 \cdot 6 = 0$ befinden. Auch um die Zahl 0 muß sich also ein Zahlenzwilling befinden und zwar

–1, 0, 1

Die Folge der ersten 4 Zahlenzwillinge lautet also

$$(-1;1) - \boxed{(5;7) - (11;13) - (17;19)}$$

Nach einer solchen Codierung vom Typus

1 und 3

hatte ich ein halbes Leben lang gesucht.

Da Elektronenpaarzwillinge auf den Atomhüllen zyklisch im Kreis angeordnet sind, verließ ich nun die lineare Schreibweise der natürlichen Zahlen und notierte sie im Uhrzeigersinn auf. Zwischen den Primzahlen standen jeweils abwechselnd eine bzw. drei Zahlen. Nach der 19 mußte ich also noch drei Nichtprimzahlen notieren.

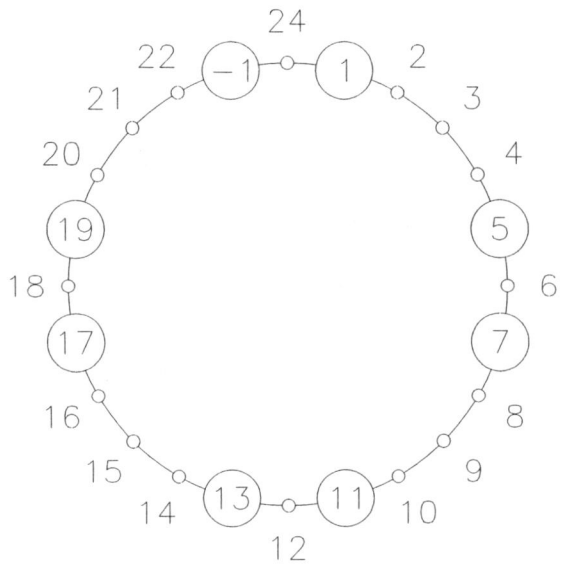

Abbildung 1

Was ich da entdeckte, ähnelte einer Uhr mit 24-Stunden-Einteilung. Die Zwei-mal-12-Stunden-Uhr ist in Ägypten erfunden worden, merkwürdigerweise dort, wo zum ersten Mal in der Geschichte der Menschheit im Dezimalsystem gerechnet wurde. Das altägyptische Hieroglyphenalphabet besteht aus 24 Buchstaben (es handelt sich um ein Konsonantenalphabet). Da die Anzahl der Zeichen später durch Silben- und Wortzeichen sehr erweitert wurde, fällt es schwer, einen Ägyptologen zu finden, der bewußt erfaßt, daß sich mit diesen 24 Buchstaben jedes Wort schreiben ließ. Leider gibt es keine Papyrostexte altägyptischer Priester, da diese ihr Wissen um den Zusammenhang zwischen der Zahl 24 und der Zahl 6, die sie für heilig erklärten, sorgfältig hüteten.

Auch die Schöpfungsgeschichte in 6 Tagen hat hier ihren Ursprung.

Beim Betrachten der kreisförmigen Anordnung der Zahlen, die sich von der 1 ableiten, erhielt ich einen Ring mit der Zahl 1 und sieben Primzahlen. Offensichtlich liegt an der Stelle, an der jetzt noch die Zahl −1 stand, auch die Zahl 23. Dieser Ring ist einzigartig. Denn er besteht aus dem Zahlenzwilling (−1, +1) und drei weiteren Primzahlzwillingen. Der Vergleich mit der Edelgasschale, die aus einem s-Elektronenzwilling und drei p-Elektronenzwillingen besteht, ist verblüffend. Am Punkt 0 liegt gleichermaßen die Zahl 24. Die Zahl 25 muß dann auf einer darüberliegenden Schale oberhalb der 1 liegen, die 26 über der 2 usw. Die Primzahl 29 befindet sich oberhalb der Primzahl 5.

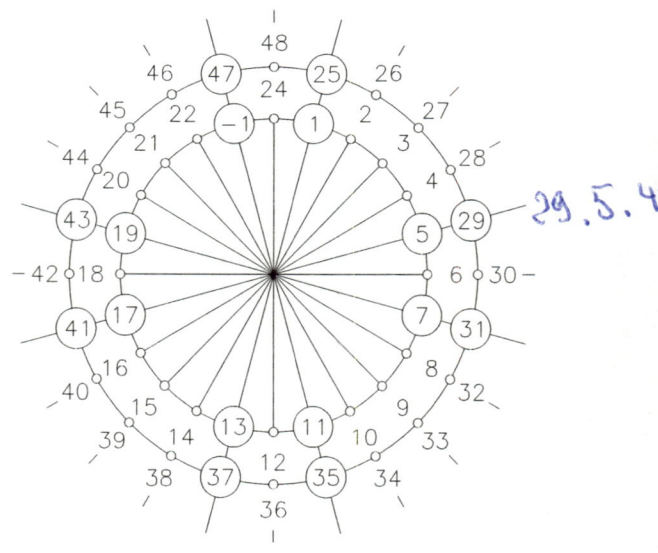

Abbildung 2

Ich fertigte eine Zeichnung an, in der ich alle Zahlen des ersten Kreises mit dem Mittelpunkt verband. Heraus

— 166 —

kam – schon rein optisch – eine verblüffende Ähnlichkeit mit dem Atommodell: ein punktförmiger Kern von auffälliger Kleinheit in bezug auf die riesigen, darum befindlichen Elektronenschalen.

Alle Primzahlen bis zur Zahl 48 lagen auf 8 Strahlen. Was war mit den Zahlen auf den übrigen 16 Strahlen? 16 Zahlen, also genau die Hälfte der noch verbleibenden 32 Zahlen, waren durch 3 teilbar, die übrigen 16 entpuppten sich als Zweierzahlen. War es möglich, daß sich diese Zweier- und Dreierzahlen von den Grundzahlen 2 und 3 ableiten, so wie sich die Primzahlen von der Zahl ±1 ableiten? Dann müßten die Zahlen 1, 2, 3 als Anfangsglieder dreier gleichgroßer Zahlenklassen aus logischen Gründen primzahlig sein.

$1 \rightarrow$ 5, 7, 11, 13, 17, 19, 23, 25, 29, 31, ...
$2 \rightarrow$ 4, 8, 10, 14, 16, 20, 22, 26, 28, 32, ...
$3 \rightarrow$ 6, 9, 12, 15, 18, 21, 24, 27, 30, 33, ...

Genau das sind sie, im wahrsten Sinne des Wortes. Das Wort Primzahlen kommt aus dem Französischen (nombre primeur) und bedeutet: 'die ersten Zahlen'.

Besser als in einer linearen Anordnung lassen sich diese 3 Grundreihen in 3 separaten zyklischen Skizzen veranschaulichen. Es war eine richtige Entscheidung, die Zahlen 1, 2 und 3 zunächst beiseite zu lassen. Nur so konnte ich auf den ungewohnten Gedanken kommen, daß die Zahlen 3-facher Art sind, auch wenn damit jahrhundertealte Glaubenssätze über Primzahlen über den Haufen geworfen würden.

Jetzt stand mir endlich ein Hinweis dafür zur Verfügung, warum alles abzählbar Stoffliche von jener Dreifachheit ist, die mir mein ganzes Leben lang wie ein schicksalhafter Wegweiser erschien.

Später fand ich einen Hinweis, daß vor mir längst

einem anderen Menschen der Sechsertakt der Primzahlen aufgefallen war. Wie zu erwarten: Leibniz.

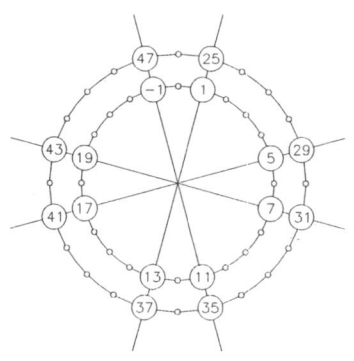

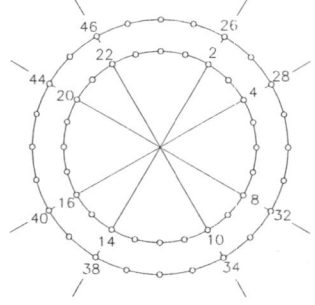

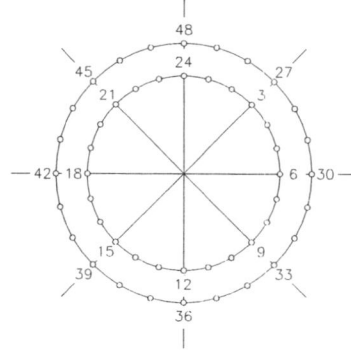

Abbildung 3

— 168 —

Er hatte festgestellt, daß Primzahlen größer als 3 immer um das Vielfache der Zahl 6 liegen, vermehrt um die Zahl 1 oder 5 (6n+1 bzw. 6n+5 für n = 1, 2, 3, ...). Er konnte aber auf die richtige Formel

$$6n \pm 1$$
für n = 0, 1, 2, 3, 4, ...

nicht kommen. Zwar begann man damals die Wichtigkeit der Zahl 0 zu erfassen, da im Zeitalter des Barocks eine intensive Beschäftigung mit mathematischen Reihen erfolgte, aber etwas, was kleiner als 0 war (die Zahl −1), verbot die herkömmliche Logik. (Die Zahl 0 des Stellenwertsystems und auch die Zahl −1 im kaufmännischen Sinne waren natürlich bekannt). Somit war es Leibniz verschlossen, zur Dreifachheit der Zahlen vorzustoßen.

*

Die Summe der Zahlen 1, 2 und 3 (1 + 2 + 3), sowie das Produkt der Zahlen 1, 2 und 3 (1 · 2 · 3) beträgt gleichermaßen 6. Daß sowohl die Summe als auch das Produkt dreier Zahlen denselben Wert haben, kommt nirgendwo sonst bei der unendlichen Menge der Zahlen vor. Dadurch wird die Zahl 6 zum Gerüst der Primzahlen innerhalb der natürlichen Zahlen. Die Gründe für die Existenz der Primzahlen, deren Verteilung bei der herkömmlichen Art der Betrachtung wie zufällig wirkt, ist einzig und allein auf die Struktur der Zahl ±1 und die Zahl 0 zurückzuführen. Die Bedeutung der Primzahlverteilung läßt sich mit linearer Zahlbetrachtung eben nicht erkennen.

Bei meinen ersten zyklischen Zahlenüberlegungen (Abb.1 und 2) mußte ich noch darauf Rücksicht nehmen, daß an der Stelle, wo sich die Zahl 0 befand, auch die

Zahl 24 stand. Auch der Platz, wo die Zahl −1 lag, war mit der Zahl 23 doppelt besetzt.

Ich kam auf die Idee, dieses Problem dadurch zu lösen, daß ich unterhalb des ersten Zahlenkreises eine nullte Schale einfügte.

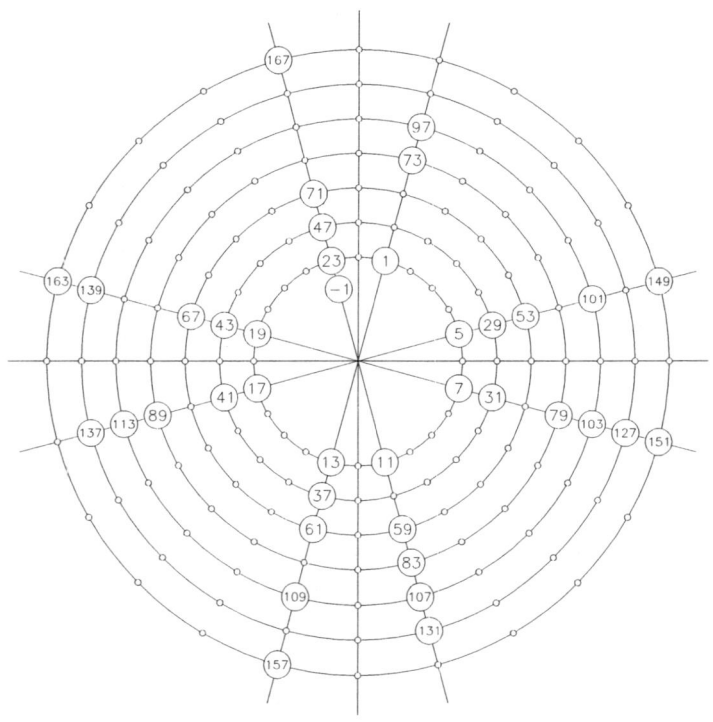

Abbildung 4

Dieser entscheidende Schritt war um so einfacher für mich, als ich den Bezug meines Zahlenkreises zum Atommodell erkannt hatte und mir von diesem der Begriff 'Unterschale' geläufig war. Jedes Atom aller Elemente kann auf seiner untersten Schale nur höchstens 2 Elektronen aufnehmen. Auf der nächsten Schale befinden sich höchstens 8 Elektronen. Für Edelgase gilt, daß auf der jeweils letzten Schale nur jeweils 8 Elektronen sitzen können.

Die Zahl −1 besaß auf der rechten Seite erst einmal keinen Partner, da der konsequente Partner, die Zahl +1, auf der Schale darüber die Reihe der ganzen Zahlen einleitete (Abb.4).

Die Zeichnung zeigte jetzt 4 Doppelstrahlen, auf denen Primzahlen sitzen können. Es war eine geometrische Form entstanden, die ich bei meinem Zwillingsbruder in der Jugend auf der Uniform des Johanniter-Ordens so oft gesehen hatte. Dieses Kreuz der christlichen Ritterorden befindet sich auch heute noch auf fast allen Orden, die man Menschen wegen besonderer Verdienste verleiht!

*

Ich entschloß mich also, diese Primzahlanordnung wegen der Kreuzstruktur Primzahlkreuz zu nennen. Acht Elektronen besitzt eine Edelgasschale und acht Strahlen besitzt dieses Primzahlkreuz. Die Kreuzstruktur der beiden rechtwinklig aufeinanderstehenden Achsen erlaubt, das 2-dimensionale Primzahlkreuz gedanklich rotieren zu lassen, und zwar um eine waagerechte und eine senkrechte Achse (die Quadratur jeder einzelnen Achse liefert eine Fläche, die Flächen müssen sich also schneiden).

Die Schalen (Zahlenkreise) dehnen sich um den (Mittel-) Punkt bis in die Unendlichkeit hin aus. Es ist der unendliche Zahlenraum um einen Punkt endlicher Größe.

Wenn das Primzahlkreuz die Dimension einer Fläche besitzt, müssen zwei sich durchdringende Zahlkreuze die Dimension einer 'Quadratfläche' haben (Quadrat eines Quadrates). Diese muß vierdimensional sein. Eine 'Quadratfläche' in diesem Sinn kommt in unserer Raumerfahrung und unseren Vorstellungen nicht vor. Sie läßt sich jedoch einfach durch rechtwinklig ineinander gesteckte, gespreizte Finger demonstrieren, das, was wir tun, wenn wir beten wollen: Diese Flächen durchdringen einander. Die Vierdimensionalität des Schalenraumes gilt nur für unendlich viele Schalen. Der unendliche Raum um einen Punkt würde zu einem dreidimensionalen Körper, einer Kugel, wenn die Unendlichkeit zur Begrenztheit würde.

Das Erlebnis mit dem Raumspiegel in meiner Apotheke hatte mich das ganze Jahr über beschäftigt, aber erst jetzt, als ich den unendlichen Raum um einen Punkt als einen Zahlenraum erfaßte, wurde mir das Ausmaß meiner Entdeckung bewußt. Die Ausdehnung einer Lichtwelle von einem Punkt verläuft als Kugelwelle ins Unendliche. Dabei ist, da die Lichtgeschwindigkeit endlich ist, die Ausbreitung der Welle mit der Zeit verknüpft. Die Realexistenz von Raum und Zeit streitet heute kein Physiker ab. Welches geheimnisvolle Medium aber steuert die Struktur der Welle? Man weiß ganz genau, daß die Kugelwelle aus 2 senkrecht zueinander stehenden Anteilen bestehen muß. Man kann aber die Notwendigkeit nicht begründen, da die x^2-y^2-Geometrie bisher unbekannt ist.

Wenn die Unendlichkeit und ihre 3-fach-Natur eins sind, kann es das Kontinuum von Raum und Zeit im herkömmlichen physikalischen Sinne nicht geben. Die Zahlen sind die dritte Komponente der Unendlichkeit. Erst die bisher verborgene Trinität aus

Raum
Zeit
Zahlen

führt aus der Sackgasse unserer im endlichen Denken befangenen Vorstellungen von der Welt hinaus. Als absolut logische Konsequenz muß nun den Zahlen eine Realexistenz zugebilligt werden.

Natürlich kann man die Zahlen nicht sehen, aber Raum und Zeit kann man auch nicht sehen. Unendlicher Raum und ewige Zeit entziehen sich unserem endlichen Vorstellungsvermögen. Die unendlichen Zahlen aber besitzen durch ihre Primzahlstruktur nicht nur eine Zahlenästhetik, sondern sie sind der Schlüssel für die stoffliche Welt und Informationsträger in der Unendlichkeit. Nur sie können den Hintergrund für die Naturkonstanten liefern, denn jenseits aller Beweise existiert die Unendlichkeit notwendigerweise aus sich selbst heraus, weil es das 'Nichts' nicht geben kann.

Da war sie wieder, die Frage meiner Jugend: 'Warum hat die Lichtgeschwindigkeit genau den Wert, den wir inzwischen auf x Stellen nach dem Komma messen können?' Hatte dies etwas mit der Zahlenstruktur des Raumes zu tun?

*

Ich saß immer stärker isoliert in meinem Zimmer und suchte nach einem Gedanken, der mir weiterhelfen konnte. Warum bestehen die Atome aller Elemente aus 3 Kernteilchen: Proton, Neutron und Elektron? Warum besitzen die Elektronen 4 Quantenzahlen? Warum existieren genau 81 stabile Elemente?

Die Zahl 81 ist das Produkt von $3 \cdot 3 \cdot 3 \cdot 3$.

$$3^4 = 81$$

Da hatte ich jahrelang über die Zahlen 3 und 4 und 81 nachgedacht und plötzlich ergaben sie als **'3 hoch 4 Gesetz'** einen Zusammenhang.

Hätte Gott die 81 Elemente einfach nach den Ordnungszahlen 1, 2, 3, ... bis 81 angelegt, es wäre den Forschern längst aufgefallen. Sie hätten sich damit beschäftigt. Statt dessen verlaufen die stabilen Elemente bis zum Wismut, Ordnungszahl 83. Daß zwei Elemente sich nur künstlich herstellen lassen, hielt man für unwichtig.

Ich hatte mich immer für die Kehrwerte der Zahlen bis hundert interessiert oder besser, für die Eigentümlichkeiten dieser periodischen Brüche. Ich erinnerte mich – der Kehrwert von 81 war mir besonders aufgefallen:

$$1 : 81 = 0, 01234567901234567901... = 0,\overline{012345679}$$

Es wiederholen sich periodisch die Zahlen 012345679, wobei die Zahl 8 fehlt.

Man kann den Bruch 1 : 81 auch in folgender ungewohnter Weise darstellen[1]:

$$1 : 81 = 0,0123456789(10)(11)(12)(13)...$$

Es ist nicht unbedingt einfach, diese Schreibweise

---

[1] Der Beweis für diese Darstellung von 1 : 81 ist einfach:
$\frac{1}{81} = \frac{1}{9} \cdot \frac{1}{9} = 0,1111... \cdot 0,1111...$
$= 0,0 (1) \cdot (1 + 1) \cdot (1 + 1 + 1) \cdot (1 + 1 + 1 + 1) ...$
[Cauchy-Produkt, nach dem französischen Mathematiker A.L. Cauchy].

$$\begin{array}{l} \underline{0,1111... \cdot 0,1111...} \\ \quad 0 \\ \quad\; 01111... \\ \quad\;\; 01111... \\ \quad\;\;\; 01111... \\ \qquad\qquad\ddots \\ \hline 0,0123... \\ = 0,0123456789(10)(11)(12)... \end{array}$$

---

nachzuvollziehen, aber die aufgewendete Mühe wird mit einem 'Aha'-Effekt belohnt.

Da es im Dezimalsystem keine Ziffern gibt, die größer als 9 sind, sind die Zahlen 10, 11, 12, usw. in Klammern gesetzt. Die Ziffer (10) in bekannter dezimaler Schreibweise vergrößert die vorstehende 9 zu einer 10, dadurch wird die davorstehende 8 um 1 auf 9 vergrößert. Beim periodischen Bruch 0,012345679 muß die Zahl 8 fehlen. Auf diese Weise wird verhindert, daß der Kehrwert von 81 sichtbar mit allen fortlaufenden Zahlen verknüpft ist. Der Gedanke kam mir ganz wunderbar vor, denn nunmehr tritt die Zahl 81 als Kehrwert für die Ordnungszahlen der Elemente hervor. Die fehlende Acht ist eine Illusion, die mir bisher den Weg versperrte zu der neuartigen Vorstellung, daß der reziproke Wert der Ordnung aller Zahlen

$$00123456789\ldots$$

die Zahl

$$81$$

ist. Das Komma hinter der ersten Null ließ ich bewußt aus, denn es dient nur der Kenntlichmachung des Dezimalbruches, der von links nach rechts zu lesen ist.

Es ist also offensichtlich so, daß die

$$81$$

Elemente und ihre Ordnungszahlen

$$0, 1, 2, 3, 4, 5 \ldots$$

reziprok miteinander verknüpft sind (die Ordnungszahl 0 wird dem Neutron zugeordnet). Wenn dies so ist, dann muß die Natur selbst im Dezimalsystem angelegt sein. Die Sache schien mir einleuchtend, denn ein Zahlenraum um einen Punkt braucht bei seiner Ausdehnung eine bestimmte Gesetzmäßigkeit. Die Stoffe, die sich im Raum befinden und bestimmt nicht hinein gezaubert worden sind, passen aber nur dorthin, wenn sie nach der Gesetzmäßigkeit gebaut sind, in der der Raum angelegt ist, so wie ein Schlüssel nur in das zugehörige Schloß paßt.

Da wir Menschen nun mal 10 Finger haben, rechnen wir im 10er-System. Dies würde von den Mathematikern nicht mehr leichtfertig als Zufall abgetan, wenn sie auch gleichzeitig Chemiker wären. Dann nämlich wäre ihnen geläufig, daß die stabilen chemischen Elemente grundsätzlich in 10 Sorten Isotope aufgefächert sind.

$$*$$

Bei der Division von 1 durch 81 muß bekanntlich die Ziffer 1 erst auf 100 erweitert werden (auch wenn in einem anderen System als dem Zehnersystem gerechnet würde, ginge die Division nicht ohne die Kombination mit der Ziffer 0).

$$100 : 81 = 1 + \text{Rest } 19$$

Mit diesen beiden Zahlen 1 und 19 hatte ich mich wegen der 20 Aminosäuren und der 20 Reinisotope 20 Jahre lang ohne nennenswerte Fortschritte beschäftigt. Vielleicht war ich hier endlich auf eine Spur gestoßen.

Der Restwert 19 muß wieder durch 81 dividiert werden:

$$19 : 81 = 0,234567...$$

Für die so entstehende chronologische Zahlenfolge des

Zehnersystems (ohne die 1) ist die Primzahl 19 verantwortlich.

Bei der Rechenoperation 100 geteilt durch 81 lautete das Ergebnis

1 + Rest 19

Dem Geheimnis der Zahlen 19 und 81 war ich auf die Spur gekommen. Ich würde jetzt nicht mehr locker lassen. Plötzlich durchzuckte mich ein Blitz. Mein Blick streifte wie zufällig einen Kalender. Er trug die Jahreszahl

1981

11. Kapitel

Die Verendlichung des Unendlichen

Ich war erschöpft von den monatelangen, intensiven Denkvorgängen. Es war ein Vorgeschmack von dem, was mich in den nächsten Jahren erwarten sollte. Aber trotz quälender Einsamkeit und körperlichen Zusammenbrüchen fühlte ich mich euphorisch, denn ich wußte, es ging vorwärts. Oftmals war es auch ein Lichtstrahl für mich, daß meine Tochter ins Zimmer gestürzt kam und kategorisch rief: „Papa, hör auf zu denken!" In solchen Momenten konnte ich sofort alles liegenlassen.

*

Das rein abstrakte, mathematische Denken wurde immer wieder abgelöst durch intensives Studium der Weltgeschichte und der Geschichte der Mathematik, der Naturwissenschaften und der Philosophie. Hier in Europa ist die Geschichte der modernen Naturwissenschaft geschrieben worden, die letztlich zum Bau der Atombombe führte. Hier in Europa müßte die geistige Idee geboren werden, die diesen nuklearen Alptraum wieder überwindet. Abrüsten kann man diese Bomben nicht. Das behaupten nur verlegene (oder verlogene) Politiker. Das Wissen um die Baupläne der Bombe kann nämlich nicht abgerüstet werden. Es wird sogar konsequent weiterentwickelt. Die millionenfache Vergrößerung der Sprengkraft und der mögliche Einsatz in Minuten an jeder Stelle der Erde wird der Bevölkerung nicht einmal verschwiegen. Man weiß, daß die Menschen das Ausmaß der Gefahr, letztlich aus Angst, gar nicht sehen wollen.

Bei der Kernspaltung einer Uran- oder Plutonium-
bombe, die wiederum nur die Zünder der Wasserstoffbomben sind, wird ein winziger Bruchteil an Masse in
elektromagnetische Energie umgewandelt (Licht und
Hitze). Dies erfolgt nach der Einsteinformel, in der die
Lichtgeschwindigkeit enthalten ist. Über das Wesen dieser Naturkonstanten wissen wir nichts. Einstein hat die
Lichtgeschwindigkeit immer mit dem aufgerundeten
Wert angegeben:

$$3 \cdot 10^{10} \cdot \frac{cm}{s}$$

Wahrscheinlich haben weder er noch andere Physiker
auch nur mit dem Gedanken gespielt, der absolute Wert
der Lichtgeschwindigkeit könne wirklich statt 2,9979...
die Zahl 3 sein oder richtiger, das Dreifache der Zahl
10^{10}, wobei das absolute Längen- und Zeitmaß sekundär
ist, da es als Länge-Zeit-Verhältnis in der Rechnung erscheint.

Mich hatte die schöne runde Zahl 3, die Einstein
immer benutzte, fasziniert. Aber so kühn war ich nun
doch nicht gewesen zu vermuten, daß die Zahl **3,** gekoppelt mit einem Potenzwert von **10,** selbst schon der absolute und nicht etwa nur der aufgerundete Wert der Lichtgeschwindigkeit sein könnte. Jetzt war ich mutig genug,
mit diesem 'Dogma' zu brechen. Der immer wiederholte
Einwand, daß sowohl das Dezimalsystem wie das Län-
genmaß Zentimeter und das Zeitmaß Sekunde, Willkür
oder Zufall (weil austauschbar) sind, ist nämlich ein
Dogma.

Dogmen sind scheinbar nicht widerlegbare Urteile
und deshalb sehr langlebig. In Wirklichkeit sind Dogmen
kollektive Vorurteile. Rupert Lay drückt es noch drasti-
scher aus: 'Dogmen und Berufung auf Dogmen sind
signifikante Zeichen für Dummheit.'

Wenn Zahlen existieren, und auch das Dezimalsystem nicht zufällig existiert, dann könnten auch – so vermutete ich nun weiter – die von uns gewählten Längen-, Gewicht- und Zeitmaße (cgs-System) identisch sein mit den absoluten Größen, in denen die Natur wirklich angelegt ist. Im Hinblick auf das Zeitmaß schien mir das sofort plausibel, denn die Babylonier hatten die Sekunde als den 3600sten Teil einer Stunde festgelegt. Der Wert erscheint uns 'krumm', ist aber das Produkt aus den Quadraten der pythagoräischen Zahlen 3, 4 und 5.

$$3600 = 3^2 \cdot 4^2 \cdot 5^2$$

Eine Stunde definierten sie damals als den 24sten Teil eines Tages (einer Erdumdrehung). Diese Zahl wählten sie bewußt. 24 ist das Produkt aus $1 \cdot 2 \cdot 3 \cdot 4$ und ist Grundlage des natürlichen Primzahltaktes, der den Babyloniern mit Sicherheit geläufig war.

*

Die Erstarrung der Physik in Dogmen wurde mir immer bewußter. Der Zahlenfaktor 3 innerhalb der Lichtgeschwindigkeitsformel wird nicht unmittelbar erfaßt, weil in einer zufällig im Urknall entstandenen Welt die Zufälligkeit der gemessenen Werte auf keinen Fall gefährdet werden darf.

Der 'glatte' Zahlenwert $3 \cdot 10^{10} = 30\,000\,000\,000$ könnte nämlich nicht mehr als Zufall abgetan werden! Da aber jeder Fehler weitere Fehler nach sich zieht, entgeht einem mit solchen selbst angelegten Scheuklappen dann allerdings, daß die Zahl 3 auch in allen anderen physikalischen Naturkonstanten eine entscheidende Rolle spielt: Alle Naturkonstanten bestehen nämlich aus den **3** Einheiten

Zahlenwert (z.B.: 2,9979...)
Faktor (z.B.: 10^{10})
Dimensionseinheit (z.B.: cm pro s)

Keiner sucht schließlich etwas, was er gar nicht finden will. Einen Fortschritt in der Physik kann es aber nicht geben, wenn nicht endlich neue und ungewöhnliche Fragen gestellt werden.

*

Die Lichtgeschwindigkeit, in der so auffällig der Zahlenwert 3 und die 3-Fachheit vorkommt, ist innerhalb der Einsteingleichung wiederum mit zwei anderen Größen in Beziehung gesetzt, so daß erneut eine 3-Fachheit zum Vorschein kommt. Ich werde dies in Einzelschritten erklären, damit das Ausmaß der Eleganz dieser Gleichung nachvollzogen werden kann.

Meist wird die Einsteinformel in der 'gekürzten' Form

$$E = m \cdot c^2$$

angegeben. Eigentlich lautet sie aber (abgeleitet aus dem relativistischen Energiesatz ohne den Impulsanteil):

$$E^2 = m^2 \cdot c^4$$

Die Lichtgeschwindigkeit (c) erscheint mit dem Exponenten **4**. Wenn man nun den Wert $c = 3 \cdot 10^{10} \cdot \frac{cm}{s}$ in die nicht gekürzte Gleichung einsetzt, tritt der schon geläufige Ausdruck

$$3^4 = 81$$

auf. Es entsteht folgende Gleichung für das Energie-Masse-Verhältnis:

$$\frac{E^2}{m^2} = 81 \cdot 10^{40} \cdot \frac{cm^4}{s^4}$$

Da die Zahl 81 den außerordentlich interessanten reziproken Wert **0,0123456789(10)(11)(12)...** besitzt, notierte ich die Gleichung reziprok:

$$\frac{m^2}{E^2} = 0{,}01234... \cdot 10^{-40} \cdot \frac{s^4}{cm^4}$$

Beim Betrachten der Gleichung und ihrer Umkehrgleichung empfand ich plötzlich eine tiefe Ehrfurcht. In den Gleichungen tritt nämlich jeweils der Ausdruck *cm*⁴ auf. Der Raum wird bei dieser Betrachtungsweise zum vierdimensionalen Gebilde. Davon, wie ein Raum von der Größe 'Länge hoch 4' aussehen mußte, hatte ich ja schon lange eine Vorstellung. Es mußte sich um zwei senkrecht ineinandergesetzte Flächen handeln, die den Raum in vier nach außen unbegrenzte, unendliche Segmente aufteilt.

*

Die Idee dafür, daß es nur 81 stabile Elemente gibt, hatte ich aus der Dreifachheit der Bausteine aller Atome gewonnen. Jetzt postulierte ich, daß Materie nur in einen solchen Raum hineinpaßt, der nach den gleichen Gesetzen angelegt ist wie die Materie. Indem ich nun für die Lichtgeschwindigkeit den absoluten Zahlenfaktor 3 einsetzte, muß die Zahl 81 in der Einsteingleichung als eine Anzahl auftreten und reziprok als eine unendliche Dezimalzahl von der Ordnung der ganzen Zahlen. Diese Bedingung ist deswegen erfüllt, weil mit der Zahl 4 exponenziert wird. Nun enthüllt die Einsteingleichung ihre eigentliche mathematische Bedeutung: Entweder ist etwas stofflich und abzählbar, oder es verschwindet, löst sich auf. Dann breitet es sich als Wellenereignis in die Unendlichkeit aus, so, wie eine Zahl eine Anzahl darstellt und ihr reziproker Wert eine Verkleinerung ins Unendliche bedeutet.

Ich könnte mit meiner Deutung der Einsteingleichung in der wissenschaftlichen Welt nichts bewirken, da ich keine Beweise dafür hatte, daß die Lichtgeschwindigkeit an die Zahl 3 gekoppelt ist.

1984 fand ich jedoch streng mathematisch den Beweis, daß ein Zahlenraum (Primzahlraum) eine Zahlenausdehnungskonstante besitzt, die den Faktor **3** enthält. Dies führte 1986 zum Durchbruch bei der Frage: 'Ist die Materie (Protonen und Elektronen) erschaffen worden, oder existiert sie aus dem Wesen der Unendlichkeit heraus?'

*

Bei der Überlegung, daß Substanz und Raum, den die Substanz einnimmt, unlösbar verknüpft sind, und gleichwohl die Wirkung der Energie immer mit der Zeit verknüpft ist, sah ich plötzlich die Einsteinformel in der von mir aufgestellten Form vor mir: (der Faktor 10^{40} wird der Übersichtlichkeit wegen weggelassen)

$$\frac{E^2}{m^2} \sim 81 \cdot \frac{cm^4}{s^4}$$

Ich fixierte plötzlich zwei Einzelglieder in dieser Gleichung, die in einem bekannten physikalischen Zusammenhang stehen: die Energie ins Quadrat $[E^2]$ und

— 183 —

die Sekunde hoch 4 [s^4]. Unter der Bezeichnung s^4 kann man sich zunächst nichts vorstellen. Das deutsche Wort Zeit-raum ist aber jedem geläufig. Ein endlicher Raum ist 3-dimensional (hoch 3) und ein unendlicher Raum 4-dimensional (hoch 4). Es gibt also wohl auch in bezug auf die Zeit, mit der sich eine elektromagnetische Welle im Raum verdünnt, eine 4-Dimensionalität, die sich als Quadratzeit hoch 2 ausdrücken läßt.

Die Energie einer elektromagnetischen Welle steht in Bezug zu der Anzahl der Schwingungen pro Sekunde. Eine Schwingung pro Sekunde nennt man physikalisch '1 Hertz'. Die sich ergebende Beziehung stellt einen Zusammenhang dar, der Energie und reziproke Zeit als reine 4-dimensionale Umkehrung erkennen läßt.

In gleicher Weise lassen sich Materie und reziproker Raum vierdimensional darstellen (m^2 = Masse ins Quadrat und cm^4 = Fläche ins Quadrat).

Wir können also jetzt aus der Einsteingleichung 2 Teilformeln ausgliedern (~ = proportional):

$$E^2 \sim \frac{1}{Quadratzeit^2} \quad \text{und} \quad m^2 \sim \frac{1}{Fläche^2}$$

Die Umkehrung eines unendlichen, 4-dimensionalen Raumes liefert nach dieser Formel einen Ausdruck für Materie, die physikalisch mit Masse verknüpft ist. Dann existiert die Unendlichkeit des Raumes reziprok als Substanzpunkte. Endlich gäbe es eine Erklärung für die Existenz der ewigen Elektronen und Protonen. Sie müßten existieren, weil ein 4-dimensionaler Raum im Gegensatz zu einem 3-dimensionalen Raum aus sich heraus Mittelpunkte endlicher Größe benötigt. Dann müßten diese Punkte aber auch mit einem potentiellen unendlichen Zauber ausgestattet sein, aus dem sich unsere ganze materielle Erscheinungswelt entfaltet. Wenn ich an Elektronen und Protonen denke, wie sie durch ihre elektrischen Ladungen 'zaubern' können, dann liegt der Gedanke nicht fern, daß diese Teilchen gar nicht irgendwann aus etwas anderem entstanden sind, sondern allein aus der Unendlichkeit heraus existieren.

Jetzt fehlt nur noch der dritte, uns bereits bekannte Teil der Formel: die Anzahl 81, die reziprok unsere Zahlenordnung darstellt.

$$81 = \frac{1}{0,01234\ldots}$$

Das bedeutet, daß die Einstein-Gleichung nicht nur die 3 wichtigsten physikalischen Größen, die wir mit unseren Sinnesorganen wahrnehmen können (Materie, Energie und Anzahl), sondern auch die Umkehrungen dieser Größen (Raum, Zeit und Zahlenordnung) miteinander verbindet. Diese Umkehrungen sind an die Unendlichkeit gebunden und für uns nur mit unserer Vorstellung erfaßbar. Schnittstelle zwischen Endlichkeit der Beobachtung und Unendlichkeit in der Vorstellung ist der menschliche Geist.

I. Materie und Raum
II. Energie und Zeit
III. Anzahl und Zahlenordnung

sind über eine einzige Gleichung miteinander verknüpft.

*

'Wenn es keine Materie gäbe, nicht ein einziges Atom, gäbe es auch keinen Raum', so formulierte ich den Gedanken. Kann es aber nur beides gleichzeitig geben, dann muß das eine das andere sein, nur einfach umgekehrt. Wenn es keine Bewegung gibt, gibt es auch keine Zeit. Also muß Energie nichts anderes als umgekehrte Zeit sein. Die einzige Form, Raum und Zeit miteinander zu verknüpfen, besteht darin, sie mit ihren reziproken Größen, Materie und Energie, gleichzusetzen. Damit dabei kein Unsinn herauskommt, muß ein Bauplan her, und zwar der einzige, den es gibt, die durch das

Primzahlkreuz

geordneten Zahlen **0, 1, 2, 3, 4, ...** Dahinter wieder stehen die ersten **8** Primzahlen: 1, 5, 7, 11, 13, 17, 19, 23 als Anfangsglieder der 8 Primzahlstrahlen.

Diese völlig neuartige Vorstellung der strukturellen Unendlichkeit um einen Punkt läßt sich erst durch die Geometrie der Zwillingsprimzahlen begründen und verdeutlichen. Dadurch wird erstmals ein Erfassen dieser Welt ermöglicht: die materielle Substanz als Verendlichung des Unendlichen.

In unserer heutigen physikalischen Vorstellung wird einfach angenommen, Materie sei (gebündelte) Energie. Da der Ausdruck Energie elektromagnetische Energie meint und diese nicht die Fähigkeit hat, stillzustehen, sondern sich nur mit Lichtgeschwindigkeit ausdehnen kann, ist diese Vorstellung absurd.

*

1982 kam ich zunächst kaum vorwärts. Alles schien blockiert. Ich war völlig verzweifelt. Bei meinen ununterbrochen tiefen Denkprozessen, bei denen ich immer wieder systematisch alle Wissenschaftsgebiete danach untersuchte, ob ich etwas Wichtiges übersehen haben könnte, kam ich immer wieder auf die Grundbausteine des Lebens zurück.

— 186 —

Die Natur benutzt die Dreizahligkeit der Bausteine

Phosphorsäure
Zucker
Base

Ein Teil dieser Dreifachheit wiederum, die Base, besteht aus **4** verschiedenen chemischen Verbindungen. Die **4** Basen determinieren zwanzig Aminosäuren. Als in den 60er Jahren der 'genetische Code' entschlüsselt wurde, fand man heraus, daß eine Aminosäure immer durch **3** hintereinanderfolgende Basen bestimmt ist. Damals wurde das Kunstwort 'Basentriplett' eingeführt, die Wichtigkeit der Zahl 3 fiel wieder mal unter den Tisch. Man argumentierte mit einem Satz, der mit dem Wörtchen 'wenn' beginnt: 'Wenn ein Codewort aus 2 Zeichen bestehen würde, gäbe es 4 hoch 2 gleich 16 Möglichkeiten'. Dies wäre für 20 Aminosäuren zu wenig. Deswegen mußte die Natur, so folgerte man, mit 3 Zeichen arbeiten, um auf eine größere Anzahl zu kommen. Da 4 hoch 3 gleich 64 sind, lieferte diese kombinatorische Rechnung zufällig 'ein paar' Möglichkeiten mehr, als genutzt werden.

*

Immer wieder überlegte ich, aus welcher Notwendigkeit heraus die Natur exakt 20 Aminosäuren für die Eiweißproduktion verwendet. Es mußte ein Zusammenhang mit den chemischen Elementen und der Isotopie bestehen.

Von allen Elementen des Periodensystems fällt das Element 1, der Wasserstoff mit der Ordnungszahl 1, vollkommen aus dem Rahmen und war deswegen auch jahrzehntelang Gegenstand des Gezänks unter Chemikern. Im Periodensystem steht es meist über den Alkalimetallen, weil es wie diese nur ein Elektron besitzt und einwertig positiv reagiert. Wasserstoff ist aber das Gegenteil eines Metalls, nämlich ein Nichtmetall, und deswegen haben klügere Chemiker versucht, dieses Element in die siebte Gruppe des Periodensystems zu den Halogenen zu stecken. Denn tatsächlich tritt Wasserstoff in der Chemie auch mit der Wertigkeit minus 1 auf und verbindet sich mit Metallen zu Metallhydriden. So ist das Periodensystem für alle Elemente geschaffen, nur nicht für das erste Element.

Wasserstoff ist der Urbaustein der Materie. So wie sich alle Zahlen letztlich von der Zahl 1 ableiten, sind alle Elemente auf der Erde ursprünglich in einem explodierenden Stern blitzartig aus dem Element 1, dem Wasserstoff, entstanden.

Ohne den Wasserstoff besitzt das Periodensystem nur noch

80

stabile Elemente. Hiervon sind exakt **20** Elemente Reinisotope in jener Anordnung, die mich so lange beschäftigt hat:

1 + 19

Nicht die Zahl 4, sondern die **3** mußte zur Grundlage jeder Überlegung gemacht werden, die Licht in jenes Rätsel bringen soll, warum es für das Leben gerade 20 Aminosäuren gibt.

Dies läßt sich aber nur sinnvoll klären über ein 3-hoch-4-Gesetz. Nach einer ähnlichen Überlegung wie bei den Elementen wäre auch hier von 80 sterischen Möglichkeiten genau

ein Viertel

ausgewählt und wahrscheinlich aus dem gleichen Grund in der Sequenz **1 und 19**.

Diese Überlegung brachte mich endlich weiter, sie veranlaßte mich dazu, ein altes Chemiebuch, das längst in einer Bücherkiste im Keller ruhte, ans Tageslicht zu holen.

*

Ich untersuchte in dem Lehrbuch eine Tabelle der Elemente nach ihrer Isotopenhäufigkeit. Ich starrte lange auf diese Tabelle und sah, wie auffällig die Elemente mit nur einer Massenzahl, also die Reinisotope, sich aus den anderen Elementen hervorheben. Wie der Betrachter einer dreidimensionalen Zeichnung, wenn er eine 3-D-Brille aufsetzt, einen Moment braucht, bis die Räumlichkeit in seinem Gehirn entsteht, sah ich jetzt, daß noch eine zweite Gruppe von Elementen auffiel. Ich sah, daß sie wie die Reinisotope alle ungerade Ordnungszahlen besitzen, aber 2 Massenzahlen haben. Ich begann zu begreifen: 'Wenn ich die zähle, werden es wie bei den Reinisotopen auch 19 Elemente sein.' In der Tat, es waren genau 19 Elemente, alle mit ungeraden Ordnungszahlen, alles Doppelisotope.

Fassungslos fragte ich mich: 'Warum ist das noch niemandem aufgefallen?' Ich bemerkte es deswegen, weil ich aus den 83 Elementen die beiden nicht existierenden Elemente mit den Ordnungszahlen **43** und **61** und den Wasserstoff, das Element **1**, herausgenommen hatte. So bin ich auf 80 Elemente gekommen, eine Zahl, die sich durch 4 teilen läßt.

Jetzt sind es genau 19 Doppelisotope, weil ein Element, das Kalium mit der Ordnungszahl **19**, als einziges

Element folgender Regel nicht gehorcht: **Alle stabilen Elemente mit ungeraden Ordnungszahlen sind entweder Rein- oder Doppelisotope**.

Die ungeradzahligen Elemente

	Reinisotope	Doppelisotope
1	$_4$Be	$_2$He
2	$_9$F	$_3$Li
3	$_{11}$Na	$_5$B
4	$_{13}$Al	$_7$N
5	$_{15}$P	$_{17}$Cl
6	$_{21}$Sc	$_{23}$V
7	$_{25}$Mn	$_{29}$Cu
8	$_{27}$Co	$_{31}$Ga
9	$_{33}$As	$_{35}$Br
10	$_{39}$Y	$_{37}$Rb
11	$_{41}$Nb	$_{47}$Ag
12	$_{45}$Rh	$_{49}$In
13	$_{53}$J	$_{51}$Sb
14	$_{55}$Cs	$_{57}$La
15	$_{59}$Pr	$_{63}$Eu
16	$_{65}$Tb	$_{71}$Lu
17	$_{67}$Ho	$_{73}$Ta
18	$_{69}$Tm	$_{75}$Re
19	$_{79}$Au	$_{77}$Ir
20	$_{83}$Bi	$_{81}$Tl

Tabelle 1

Das Kalium mit der Ordnungszahl **19**, das chemisch als Alkalimetall völlig unauffällig ist, besitzt kernchemisch eine einzigartige Eigenschaft: Es ist trotz seiner ungeraden Ordnungszahl kein Rein- oder Doppelisotop, sondern ein Mehrfachisotop mit der Isotopenzahl

$$3$$

Das geradzahlige Element 4 (Beryllium) führt als Reinisotop die Reihe der insgesamt 20 Reinisotope an. Auch bei den Doppelisotopen ist das Element mit der niedrigsten Ordnungszahl geradzahlig. Es handelt sich um das Element 2 (Helium). Trotz seiner geraden Ordnungszahl ist es ein Doppelisotop. Dieses Element setzte ich spontan über die anderen 19 Doppelisotope. Mein Herz klopfte, und ich hätte vor Freude schreien können.

*

Wie oft habe ich über die **1 und 19 Reinisotope** nachgedacht! Warum bin ich nicht schon früher auf den Gedanken gekommen, die verbleibenden ungeraden Zahlen auf ihre Isotopenzahlen zu untersuchen? Jetzt hatte ich eine zweite Gruppe von Elementen gefunden, nämlich

1 und 19 Doppelisotope

Das Finden der geheimnisvollen Sequenzen **1 + 19** der ungeraden Reinisotope und der ungeraden **1 + 19** Doppelisotope eröffnete mir plötzlich die Chance, auch die 40 geradzahligen Elemente des Periodensystems in zwei **1 + 19** Tabellen einzuteilen. Ich war jetzt überzeugt davon, daß die 81 stabilen Elemente einer 4-fachen Auffächerung gehorchen.

$$4 \cdot (1 + 19)$$

Weiterführende Gedanken zu diesem Thema finden sich in meinen bisher veröffentlichten Büchern.

Wie die Tabelle der '81 stabilen chemischen Elemente' (S. 39 u. 40) zeigt, sind die Elemente von 1 bis 20 Hauptgruppenelemente. Ab dem Element 21 beginnt der Einbau von Elektronen in tieferliegenden Schalen. Das Unwissen darüber, warum das so ist, wird durch spektakuläre Meßergebnisse überlagert.

Diese Vorgänge in den Elektronenschalen werden aber von einer Parallelität in den Atomkernen begleitet, was nur wenigen Chemikern und Physikern geläufig ist. Die ersten 20 Atomkerne gehorchen einer Regel, die den zusätzlichen Einbau von Neutronen betrifft und hier nicht näher erläutert werden muß.

Ab dem Element 21 besitzt jeder Atomkern mehr Neutronen als Protonen. Für die ungeradzahligen Elemente 21 bis 83 werden neben den Neutronen, die der Protonenanzahl entspricht, zusätzlich unterschiedlich viele Neutronen eingebaut. Dies erfolgt nach genauesten Regeln: Das Element 21 besitzt 3 zusätzliche Neutronen und hat damit das Atomgewicht 45 (21 + 21 + 3). Das Element 83 besitzt **43** zusätzliche Neutronen. Für die geradzahligen Elemente gelten ähnliche Regeln.

Insgesamt werden somit vom Element 21 bis zum Element 83 (ohne die Elemente **43** und **61**) 61 Elemente systematisch mit immer höheren Neutronenzahlen erweitert.

*

Niemand hatte bisher eine Erklärung dafür, warum höhere Elemente unverhältnismäßig mehr Neutronen besitzen. Dazu kommt, daß sich Neutronen weitgehend der experimentellen Untersuchung entziehen, da sie keine Ladung besitzen. Aus diesem Grund ließen sie sich überhaupt erst 1932 nachweisen. Damals herrschte Euphorie, da das Neutron als Verschmelzung des negativ geladenen Elektrons und des positiv geladenen Protons empfunden wurde. Mit diesem Wissen ließen sich zwar Atombomben und Kernkraftwerke herstellen, aber um welchen Preis!

Die wahre Bedeutung des dritten Kernteilchens ist niemals mit dem Zahlbegriff in Verbindung gebracht worden, höchstens mit der Ladungszahl 0. Das Wesen des neutralen Kernbausteins durfte nicht mit Anzahlen in Verbindung gebracht werden, da Zahlen nach herrschender Meinung ja nur Zufall sein dürfen.

Zahlen werden nach herkömmlicher Weise in gerade und ungerade Zahlen zerlegt. Eine Zahl, die sowohl gerade als auch ungerade ist, wird von der herkömmlichen Logik ausgeschlossen. Jede zahlentheoretische Untersuchung der Kerngesetze mußte scheitern. Die zusätzlichen Neutronen, ohne die Kerne nicht stabil sein können, führten zu ähnlichen Schwierigkeiten, wie bei den Atomhüllen die Frage, wie sich gleichgeladene Elektronen binden können. Im Kern binden sich gleichgeladene Protonen, was eigentlich nicht sein dürfte.

Es mußte also eine Theorie her, die an Peinlichkeit nicht mehr zu überbieten ist: Die 'Leimtheorie'. Es wird allen Ernstes von Professoren und Nobelpreisträgern weltweit die Erklärung abgegeben, die zusätzlichen Neutronen verhinderten, daß der Kern auseinanderfalle. Man müsse sie sich wie Leim vorstellen.

Wie beschämend eine solche Theorie ist, läßt sich am Beispiel des letzten stabilen Elementes leicht erkennen. Es ist mit 43 zusätzlichen Neutronen stabil, mit 42 und 44 Neutronen aber instabil. Ähnlich ist es mit vielen anderen Elementen.

*

Die weitere zahlentheoretische Untersuchung der 81 stabilen Elemente des Periodensystems – ohne das Element 19 – ergab: 57 Elemente, also

3 mal 19

besitzen teilbare Ordnungszahlen und weitere

19

primzahlige Ordnungszahlen. Nachdem ich 1980 das

3 + 1

Gesetz als Grundlage des Primzahlkreuzes entdeckt und damit eine Voraussetzung gewonnen hatte, Licht in das Rätsel der Elektronenschalen zu bringen, fand ich jetzt den gleichen **(3 + 1)** Bauplan in den Atomkernen wieder.

4 mal (1 + 19)

Dieses Gesetz wäre nicht erfüllt, wenn nicht zwei primzahlige Elemente beim Aufbau der Materie verboten wären.

Damit hatte ich die Frage, warum zwei primzahlige Elemente im Periodensystem fehlen müssen, endgültig gelöst. 1986 gelang dann der Beweis, warum es sich bei diesen fehlenden Elementen ausgerechnet um die Elemente mit den Ordnungszahlen **43** und **61** handeln muß. Der Beweis ist streng mathematisch und Kritiker müssen sich der Tatsache beugen, daß das Problem mit herkömmlicher Chemie und Physik niemals lösbar ist.

12. Kapitel

Das Kartenhaus der Physik

Ich hatte lange Zeit über die Kreiszahl π (gesprochen pi), die den Wert 3,14159... besitzt, nachgedacht. Sie ist neben der Eulerschen Zahl e die wichtigste mathematische Konstante und tritt in physikalischen Gleichungen und in physikalischen Naturkonstanten mit einer ungeheuren, präzisen 'Zufälligkeit' immer wieder auf.

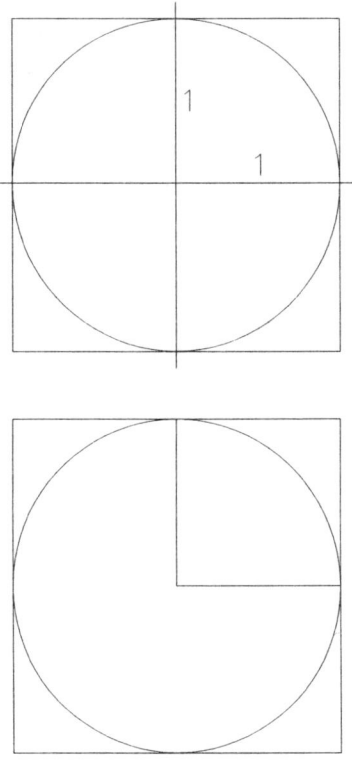

Abbildung 5

Die Fläche eines Kreises mit dem Radius 1 Zentimeter beträgt 3,141... Quadratzentimeter. Es ist üblich in der Mathematik, sich auf den Radius 1 zu einigen und sich nicht auf die Dimension Zentimeter festzulegen.

Die Oberfläche einer Kugel mit dem Durchmesser dieses Kreises beträgt genau das Vierfache, also 4π. Den meisten Menschen ist diese elegante Berechnungsformel nicht geläufig. Wer aber die Formel für die Oberfläche der Kugel kennt, müßte sich eigentlich fragen, warum hier die schöne, glatte Zahl 4 auftaucht und nicht ein Dezimalbruch. Auch der Beweis durch Archimedes im 3. Jahrhundert vor Christus verrät nichts über das Mysterium.

Geometrisch ist das Verhältnis eines Vierecks (von der Fläche 4×1^2) zur Fläche seines eingeschlossenen Kreises mit dem Radius 1 der Quotient aus 4 und π.

$$4 : \pi = 1,2732...$$

Das Verhältnis eines vierten Teiles dieses Quadrates von der Fläche 1^2 zum vierten Teil eines Kreises $\pi : 4$ besitzt folglich denselben Wert: 1,2732... .

Jetzt untersuchte ich das Verhältnis der Fläche einer eineckigen Kappe zum darunterliegenden Viertelkreis. Zu meiner Verblüffung ergab sich jetzt eine dezimale Ziffernfolge, die um genau 1 kleiner war, und die mir seit meiner Jugend als Ziffernfolge des siderischen Monats (27,32 Tage) vertraut war:

$$0,2732...$$

Die exakte Rechnung lautet:

$$(1-\frac{\pi}{4}) : \frac{\pi}{4} = \frac{4}{\pi} - 1 = \frac{4-\pi}{\pi} = 0,2732...$$

Das Verhältnis dieser beiden Flächen ist eine mathematische Konstante, die bisher in der Mathematik unbekannt ist. Es handelt sich bei der Ecke um den nach rechts oben umgeklappten Mittelpunkt des Kreises. Beide Punkte liefern bei der Rotation des Kreises die Zentrierachse.

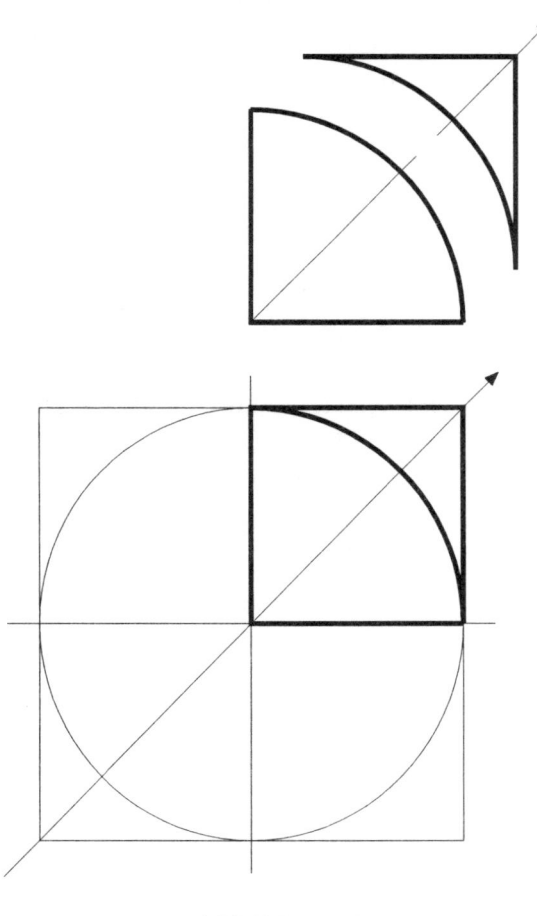

Abbildung 6

Damit war der Verdacht geweckt, daß diese mathematische Konstante eine physikalische Naturkonstante ist, die noch namenlos ist. Auf einmal hatte das Erde-Mond-System in meinen Überlegungen wieder eine zentrale Bedeutung.

*

Die Erde ist der dritte Planet dieses Sonnensystems. Der Abstand zur Sonne beträgt ungefähr 150 Millionen Kilometer. Würde die Erde nur 1% näher oder entfernter die Sonne umlaufen, wäre kein Leben auf unserem Planeten möglich. Wie 'günstig' für uns!

Die Dauer eines Erdjahres beträgt etwa 365,25 Tage. Indem wir für 3 Jahre mit 365 Tagen zählen, müssen wir dann 1 Jahr mit 366 Tagen zählen. Diese natürliche 3 + 1 -Zählung wird auch nicht dadurch gestört, daß alle 400 Jahre mit einem weiteren Tag ausgeglichen werden muß.

Waren vielleicht die Umdrehungszahlen – 27,32 Tage für den Mond und 366 Tage pro Schaltjahr für die Erde – nur Ausdruck der reziproken Verknüpfung dieser Zwillingsplaneten? Die Nachrechnung bestätigte die Vermutung bis auf die vierte Stelle genau:

$$\frac{1}{27,32} = 0,03660...$$

und

$$\frac{1}{366} = 0,002732...$$

Wenn schon der Abstand der Erde zur Sonne kaum zufällig war, empfand ich die reziproke Verknüpfung der Umdrehungszahlen von Erde und Mond faszinierend. Diese Tatsache der Öffentlichkeit zu unterschlagen – weil nicht sein kann, was nicht sein darf –, war eine unglaubliche astronomische Tat. Das war doch bestimmt nicht mir als erstem aufgefallen! Hatte denn keiner den Mut gehabt, eine Tatsache zu veröffentlichen, die am Zufall Zweifel aufkommen lassen würde?

Ich suchte zwei weitere astronomische Werte, und zwar die Beschleunigung, die der Mond auf seiner Bahn um die Erde erhält, und den Radius des Mondes. Die Beschleunigung hat den Wert

$$0{,}273 \cdot \frac{cm}{s^2}$$

und der Mondradius beträgt

0,272 Erdradien

Eine Überprüfung würde nach meiner Vermutung sicher den Wert 0,273 ergeben.

In der Tat verhält sich die Beschleunigung von Erde und Mond umgekehrt wie die Quadrate der Radien von Erde- und Mondbahn. Dies wurde von den Physikern nur als glänzende Bestätigung des Newtonschen Gravitationsgesetzes gedeutet.

Den Mond hatte ich immer als den kleineren Zwillingsplaneten der Erde angesehen. Wie verhalten sich die Massen von Mond und Erde zueinander? Ich schlug nach. Sie verhalten sich wie

1 zu 81

Die Relation 1 zu 81 bedeutet mathematisch

1 : 81 = 0,0123

Da war es wieder, das 3-hoch-4-Gesetz. In Verbindung mit den oben genannten astronomischen Daten ist also völlig ausgeschlossen, daß der Mond ein zufällig eingefangener Satellit ist. Ich wußte, daß dies die gesamte Menschheit erfahren müßte.

Ich mußte zurückdenken an jenen Tag im Institut für Kernchemie, als ich als einer der ersten Chemiker in Deutschland den gläsernen schwarzen Sand vom Mond berühren durfte. Instinktiv führte ich einen Zeigefinger zum Mund, nahm dann etwas von dem Sand mit dem Finger auf und führte unter den ungläubigem Blicken von Professor Herr den Finger wieder in den Mund, um den Mondstaub herunterzuschlucken. Jetzt erfaßte ich, warum ich damals so unbewußt gehandelt hatte.

*

Abstand, Größe und Bewegungsbahn der drei Himmelskörper

Sonne
Erde
Mond

sind astronomisch genial angelegt. Daß bei den Bewegungsabläufen Finsternisereignisse eintreten können, ist ein Wunder. Der Durchmesser von Erde, Mond und Sonne und ihre Entfernungen untereinander sind so geschickt eingestellt, daß die um soviel größere Sonne optisch für uns exakt die gleiche Größe hat wie der Mond. Nur deshalb können sich diese drei Himmelskugeln bei einer Totalfinsternis jeweils für kurze Zeit gegenseitig verdecken. Der beste Schweizer Uhrmacher hätte nicht exakter arbeiten können. Früher ist über diesen ungeheuren 'Zufall' unter Astronomen viel gerätselt worden.

Daß diese Finsternisereignisse sich nur periodisch ereignen, liegt an einer – den meisten Menschen unbekannten – Auf- und Abschwingung des Mondes während seiner Umlaufbewegung um die Erde. Nach jeweils 18 Jahren und 11,33 Tagen (6585,78 Tage) wiederholen sich Finsterniskonstellationen mit größter Genauigkeit.

Wie man nachrechnen kann,[1] entspricht ein solcher Zyklus (Sarosperiode) einer ganzen Zahl von Finsternisjahren. Das Verhältnis von 6585,78 Tagen zur Länge eines Finsternisjahres von 346,62 Tagen beträgt genau

$$6585,78 : 346,62 = 19$$

Finsternisjahre.

Der Saros-Zyklus von insgesamt 8 Finsternisereignissen in exakt 19 Finsternisjahren ist allen Hochkulturen bekannt gewesen, einschließlich der Vorfahren der Germanen und Kelten. Unsere Abiturienten werden darüber aber nicht mehr unterrichtet. Der Primzahl 19 und ihrer Beziehung zum Mond wird von den wenigen Wissenschaftlern, denen diese Tatsache bekannt ist, keine Bedeutung beigemessen. Sie müßten sonst ja auch zugeben, daß dies kein Zufall sein kann.

*

Zu Beginn des Jahres 1984 packte mich der Gedanke, mit einem klugen Wissenschaftler über meine Forschungsergebnisse zu reden, da ich eine Beurteilung im Sinne einer Kontrolle für wichtig hielt.

Während ich noch überlegte, wer da in Frage käme, fiel mir plötzlich ein, daß mir ja ein Anorganiker mit Nobelpreis schon zweimal indirekt begegnet war, nämlich Professor E. O. Fischer, der als erster eine chemische Verbindung hergestellt hatte, die ein nullwertiges Metallatom enthielt.

---

[1] Unsöld, A.: „Der neue Kosmos", Berlin 1974, S. 22.

Ich rief spontan in der Technischen Hochschule München an, verlangte Professor Fischer und erzählte ihm kurz die beiden Kölner Begebenheiten und meine heutigen Vorstellungen vom Porphyrinring des Häms als Quadrupolmagnet. Professor Fischer antwortete mit der aufgeregten Stimme eines leidenschaftlichen Chemikers, dem etwas wirklich Neues vorgetragen wird. Meine Idee sei das Verblüffendste, was er je in seinem Leben gehört hätte. Daraufhin erzählte ich ihm, wie viele Jahre ich versucht hatte, hinter das Rätsel der zwei fehlenden Elemente des Periodensystems zu kommen, die immer wie stumme Mahner auf mich gewirkt hätten, aber kunstvoll von unseren dicken Lehrbüchern übergangen werden.

„Wollen Sie damit sagen, Herr Plichta, daß Sie auf diesem Gebiet etwas entdeckt haben? Sie wissen ja, die Elemente sind die Grundlage aller Naturwissenschaften."

„Ja", sagte ich, „nur die Lösung ist von ganz anderer Art, als jeder Chemiker erwarten würde. Sie hat etwas mit der Grundlage der Mathematik, den Primzahlen und der Geometrie des Raumes zu tun. Was ich herausgefunden habe, ist einfach. Allerdings ist niemand darauf vorbereitet. Ich habe Sie angerufen, weil Sie den Nobelpreis schon haben. Bei Ihnen habe ich die Chance, daß Sie mich rein sachlich begutachten."

„Herr Plichta, es ist still geworden in der Chemie um die Suche nach den großen Fragen. Kaum noch einer hat überhaupt die ganze Chemie im Kopf. Vielleicht kann wirklich nur ein Mensch wie Sie, der alle drei Naturwissenschaften studiert hat, neue Lösungen finden." Nach einer kleinen Pause fuhr er unvermittelt fort: „Haben Sie mal von Herrn Professor Böhme in Marburg gehört? Man nennt ihn den 'Pharmaziepapst'."

„Ja", erwiderte ich, berührt über den Verlauf dieses Gespräches, „den kenne ich gut. Er hat mir einmal, als Vorsitzender der Landesprüfungskomission Hessen, im

Staatsexamen für Pharmazie eine Eins mit vier Sternen gegeben."

*

In der Nacht zum 17. Januar fuhr ich mit dem Schlafwagen nach München. Um Punkt 14 Uhr betrat ich den Dienstraum von Professor Fischer. Wir schüttelten uns die Hände, dann nahmen wir nebeneinander auf einer kleinen Couch Platz.

„Bitte fangen Sie an, Herr Plichta."

„Darf ich voraussetzen, daß es auch Ihnen vollkommen rätselhaft ist, warum nach dem Element 83 schlagartig die Radioaktivität beginnt?"

„Das können Sie. Ich weiß, daß meine Kollegen weltweit nicht mehr von Rätseln sprechen."

Ich erzählte ihm erleichtert von meiner jahrelangen Beschäftigung mit der Dreifachheit in der Natur und dem von mir gefundenen 3^4-Gesetz. Dann zeigte ich auf, wie naheliegend es ist, von den 1 und 19 Reinisotopen zu

4 mal (1 + 19)

Elementen zu kommen.

Professor Fischer begriff. Er regte sich mehr und mehr auf. Ich erzählte jetzt von den vier Gruppen teilbarer Elemente, gelangte dann bei meiner Schilderung zum 3 + 1 -Problem und damit zu den Primzahlen. Ich schilderte meine Vermutung, daß sich in Zukunft die pythagoräische Vorstellung, alles sei Zahl, und die Keplersche Vorstellung, alles sei Geometrie, durchsetzen wird.

„Die Naturwissenschaft hat einhundert Jahre Dalton bekämpft. Der hatte nichts anderes aufgegriffen als die Vorstellung von Leukipp und Demokrit. Zum Schluß dieses beschämenden Kampfes stand fest, daß nicht nur die Materie, sondern ebenfalls die Energie nach den ganzen Zahlen 1, 2, 3 ... gekörnt ist."

Damit waren wir bei der Einstein-Gleichung und dem Faktor 81. Professor Fischer reagierte erschrocken darüber, daß der Kehrwert dieser Zahl die Folge unserer fortlaufenden Zahlen ist, und daß meiner Überzeugung nach der Raum nicht nur ein Zahlenraum sei, sondern die Geometrie dieses Raumes mit dem Dezimalsystem in Beziehung stehen müsse.

„Ohne die 'Erfindung' des Dezimalsystems wären heutige Mathematik, Naturwissenschaften und Technik nicht vorstellbar. Gleichwohl wird die Erfindung der Dezimalrechnung, ich meine der Dezimalbruchtechnik, weder in der Schule noch an der Universität historisch besprochen. Ihre Einführung durch Simon Stevin gab der Menschheit mit einem Schlag die Möglichkeit, einen Bruch auszurechnen, die Kreiszahl auszudrücken, Meßapparaturen zu bauen usw. Die Dezimalrechnung, der wir alles verdanken, wird von Mathematikern nur als ein mögliches Modell gesehen. Die 'wirkliche' Bedeutung als Grundgerüst für den Bauplan, als Statik des Universums wird nicht einmal erahnt. Schon kurz nach der Einführung des Dezimalsystems wurde der Logarithmus erfunden, der es Kepler ermöglichte, den kopernikanischen Gedanken messerscharf zu beweisen. Außerdem stand plötzlich die Tür offen für die Erfindung der Differential- und Integralrechnung, der vierten Rechenart."

Professor Fischer unterbrach mich: „Herr Plichta, Sie haben vollkommen recht. Die Dreifachheit, auf die Sie so vehement hingewiesen haben, ist schon vor mindestens 5000 Jahren von ägyptischen Priestern entdeckt worden und hat sich in unserer Vorstellung von der Dreifaltigkeit Gottes niedergeschlagen."

Ich wechselte nun hinüber zu den Bauplänen des Lebens, zu der Dreifachheit der DNA, der Vierfachheit der Basen, und erklärte ihm, daß sich aus meinen experimentellen Untersuchungen an Disilanen und Digermanen ableitete, daß die 19 linksgebauten Aminosäuren nicht einfach durch Zufall die Bausteine des Lebens geworden waren. Ich zeichnete die Strukturformeln der zwei Aminosäuren mit doppelten asymmetrischen Zentren, die stereochemisch verlangen, daß nur ein Viertel von 80 sterischen Kombinationen im Bauplan des Lebens verankert sind.

*

Ich hatte jetzt zwei Stunden geredet. Wir machten eine Pause. Professor Fischer lief im Zimmer auf und ab. Er wirkte glücklich elektrisiert und seine Bewegungen hatten etwas von einem Freudentänzchen. Dann ging's weiter.

Ich leitete ihm mit Bleistift und Papier die reziproken Umdrehungszahlen von Erde und Mond ab, hinter denen nichts anderes steckt als das 3^4-Gesetz und das Verhältnis eines Viertelkreises (eines 'Unendlich-Ecks') zu einem Eineck.

„Das Leben auf diesem Planeten wird durch 3 chemische Ringsysteme aufrechterhalten, in deren Mitte sich 3 verschiedene Metallatome befinden. Ihre Entdeckung vom nullwertigen Chromatom hat Ihnen schon einen Nobelpreis eingebracht. Es kann sein, daß Sie mit Ihrer präparativen Leistung die Tür dafür geöffnet haben, das Geheimnis des Lebens zu entschlüsseln. Was ist, wenn zum Beispiel das Eisen nicht zufällig im Hämoglobin steckt? Was ist, wenn das Magnesiumatom im 'lebenden' Chlorophyll nicht zweiwertig ist, wie angenommen wird, sondern nullwertig, und so periodisch Wassermoleküle spalten kann? Dann wäre die Produktion von negativ geladenem Wasserstoff erklärbar. Das Sonnenlicht würde die Energie für den Ladungswechsel des Magnesiumatoms liefern. Dann wäre die Natur wirklich genial angelegt und nicht zufällig durch Evolution entstanden. Unser ganzes Wissenschaftsgebäude wäre über Nacht erledigt.

„Machen Sie halt, Herr Plichta. Sie brauchen mich nicht weiter zu überzeugen. Mir genügt einzig und allein Ihr Hinweis, daß durch Weglassen der zwei nicht existierenden Elemente das Periodensystem aus 81 Elementen besteht und damit aus vier Gruppen nach der Sequenz 1 + 19. Vorausgesetzt, es stimmt, reicht das allein, um die gegenwärtige Naturwissenschaft schachmatt zu setzen. Aber wir müssen vorsichtig sein. Alle neuen Gedanken sind bekämpft worden. Das hier ist nicht bloß eine revolutionäre Idee, das hier stellt unser Weltbild auf den Kopf!"

Ich unterbrach ihn: „Wenn die Welt noch zu retten ist, dann nur über eine neue geistige Idee. Wenn ich beweisen könnte, daß hinter der Lichtgeschwindigkeit das Dezimalsystem und die Zahl 3 steht, dann überwinden wir die Bombe. Krieg ist Ausdruck unserer Angst. Angst basiert auf Unwissenheit. Die zu erwartenden Auseinandersetzungen auf politischer Ebene müssen durchgestanden werden. Dagegen werden die Kämpfe mit den Hochschullehrern fast harmlos sein."

*

Professor Fischer war sehr nachdenklich geworden. Plötzlich sagte er mir unvermittelt: „Ich weiß schon seit vielen Jahren, daß Sie eines Tages kommen würden!" Dann begann er zu erzählen:

„Ich war als junger Mann Frontoffizier in Rußland. Als ich nach Hause kam, war alles falsch, woran ich geglaubt hatte. Damals, als ich zurückkam und das einzige studieren wollte, wonach ich mich immer gesehnt hatte,

Chemie, waren die Verhältnisse für ein Chemiestudium katastrophal. Nun gab es in unserem Bekanntenkreis einen Physiker, den Nobelpreisträger Stark, der in der NS-Zeit bekanntlich nicht gerade sanft mit seinen jüdischen Kollegen umgegangen war. Er, der die jüdischen Physiker aus Deutschland vertrieben hatte, war jetzt selbst entlassen worden, nachdem das Pendel umgeschlagen war.

Als Sohn eines wohlhabenden Bauern hatte er sich in einer Scheune ein Laboratorium eingerichtet und wirkte dort als Privatgelehrter.

Da besuchte ich ihn eines Tages. Er redete mir zu, unbedingt zu studieren. Was bedeute es schon, daß die Verhältnisse schlimm seien, was bedeute es denn schon, daß er jetzt kein Professor mehr sei. In Wirklichkeit gehe es nur um die großen Dinge. Er habe Fehler begangen. Sein Kampf gegen die 'jüdische Physik' dürfe aber nicht verwechselt werden mit dem, was die NS-Mörder gewollt und durchgeführt hätten. Sein Kampf für die Physik habe mit seiner Leidenschaft für die Wahrheit zu tun gehabt.

Jetzt würden in den nächsten Jahrzehnten diejenigen Triumphe feiern, die er mitgeholfen habe zu verjagen. Die Quantenmechanik würde ausgebaut werden wie eine Festung. Es wäre vollkommen sinnlos, sie zu bekämpfen.

'Aber eines Tages, junger Mann – vielleicht werden dreißig oder vierzig Jahre vergehen – kommt einer, ein einziger, und dann bricht die moderne Physik mit einem Schlag zusammen. Denn was ich so leidenschaftlich bekämpft habe, habe ich bekämpft, weil es falsch ist. Ich bin Physiker. Man hat mir den Nobelpreis verliehen. Ich weiß, daß die moderne Physik falsch ist.'

Dann vergingen die Jahre. Eines Tages stand ich selbst in Stockholm und bekam den Preis überreicht, den Herr Stark auch bekommen hatte. Da mußte ich wieder an das Gespräch denken. Alles war so gekommen, wie Stark es prophezeit hatte. Die großen Fragen waren in Vergessenheit geraten, die Chemie zu einer Hilfswissenschaft der Physik geworden.

Ich stehe jetzt kurz vor der Emeritierung. Nun, am Ende meiner wissenschaftlichen Tätigkeit, ist plötzlich die Türe aufgegangen, und der eine steht vor mir!"

*

Wir schwiegen einen Moment. Jetzt war ich derjenige, der betroffen war.

„Herr Professor Stark wird gewußt haben, daß die Verhältnisse in den Elektronenschalen oder in den Atomkernen nichts mit Zufall zu tun haben können. Das erscheint uns nur so. Auch das Schicksal eines Menschen, wie zum Beispiel meins, kann kein Zufall sein, auch wenn es so aussehen mag. Ich kam als Zwilling auf die Welt, arbeitete später mit Zwillingsatomen, dann an Zwillingselektronenpaaren, und bin jetzt bei Primzahlzwillingen gelandet. Darüber können wir ein anderes Mal reden."

Abends fuhr er mich zum Hotel. Er wirkte vollständig erschöpft. Wir verabschiedeten uns ernst.

„Herr Plichta, ich werde mich mit einem Physiker in Verbindung setzen. Wir haben ja hier in München einen, der auch Nobelpreisträger ist, Professor Rudolf Mößbauer."

Dann stand ich allein vor dem Hotel. Was immer jetzt passieren würde, ich hatte erreicht, was ich wollte: Ein Chemiker hatte die Tragweite meiner Ideen auf Anhieb erfaßt und mir die Gewißheit gegeben, daß ich auf dem richtigen Weg war. Was wäre gewesen, wenn dieser eine, den ich mir schicksalshaft ausgesucht hatte, mit Unverständnis reagiert hätte? Wie wäre es dann weitergegangen? So aber hatte ich nicht nur die erhoffte Unterstützung von Professor Fischer bekommen, sondern war auch noch durch die lang zurückliegenden Worte von Professor Stark motiviert worden.

Am nächsten Tag fuhr ich zurück nach Düsseldorf. Ich wollte mit aller Kraft weiterforschen, aber ich wollte es plötzlich nicht mehr alleine tun. Ich wünschte mir eine Frau, eine Wissenschaftlerin, mit der ich den Alltag teilen und wissenschaftlich arbeiten konnte. Ich war jetzt 44 Jahre alt und hatte zu lange eingesperrt gelebt.

„Wenn ich sie nicht finde", sprach ich laut aus, damit es der 'liebe Gott' auch hörte, „dann muß er sich bald einen anderen aussuchen."

*

Ende Januar rief Professor Fischer mittags um ein Uhr an. Seine Stimme wirkte gehetzt:

„Herr Plichta, ich habe mich an Herrn Mößbauer gewandt und ihm erzählt, daß wir beide ihn einweihen wollten in etwas Neues, und daß Vorsicht angebracht sei. Er wollte wissen, ob das, was Sie entdeckt haben, etwa Zweifel an der Quantenmechanik aufkommen ließe. Ich habe geantwortet, die Quantenmechanik gäbe es gar nicht, wenn das stimmt, was Sie herausgefunden haben. Dann sei die Quantenmechanik nichts als menschliche Einbildung. Darauf begann der Kollege Mößbauer furchtbar zu schimpfen und beschuldigte mich, das Erreichte aufs Spiel zu setzen. Das Erreichte, die moderne Physik, sei unter solch großen Mühen erkämpft worden, daß alles zusammenbräche, wenn erst Zweifel aufkämen. Man dürfe solche Menschen wie Sie unter gar keinen

— 209 —

Umständen unterstützen. Er weigerte sich, Sie kennenzulernen. Er will das Neue noch nicht einmal hören. Er hat mich ernsthaft gewarnt."

Fast hätte ich gelacht. Statt dessen sagte ich ruhig: „Wir brauchen den Herrn Mößbauer doch gar nicht. Es wäre doch viel besser, einen dritten Chemiker einzuschalten." Ich dachte dabei an Professor Böhme.

„Nein, Herr Plichta. Unter diesen Umständen kann ich Ihnen nicht helfen. Sie müssen das allein weitermachen. Bitte seien Sie mir nicht böse. Ich wünsche Ihnen alles Gute."

„Herr Professor, ich bin Ihnen nicht böse. Sie haben mir wirklich geholfen. Ich brauchte Sie als Gutachter. Ihre Aufgabe ist erledigt. Auch ich wünsche Ihnen alles Gute."

Nachdem der Hörer wieder auf der Gabel lag, überfiel mich aber doch ein fürchterlicher Zorn. Ich brüllte: „Alles zusammenbrechen, Herr Professor Mößbauer? Wie recht Sie haben!"

*

Ende Februar 1984 lernte ich Christina Burckhart kennen. Sie war 37 Jahre alt und hatte gerade die Approbation als Ärztin erhalten. Früher hatte sie Philosophie, Germanistik und Geschichte studiert und unterrichtet. Gleich bei unserem ersten Gespräch merkte ich voller Freude, daß ich mit ihr über linksgebaute Aminosäuren und andere mir wichtige Themen ausgiebig reden konnte. Sie beschloß, ihren angestrebten Beruf nicht auszuüben und mich statt dessen bei meiner Arbeit zu unterstützen.

Jetzt brauchte sich der 'liebe Gott' doch keinen anderen auszusuchen.

13. Kapitel

Das Gesetz des leeren Raumes

Am Morgen des 6. Dezember 1984 beschäftigte ich mich, wie so oft vorher, mit dem Primzahlkreuz (Abb. 4, S. 170) und zahlentheoretischen Überlegungen.

Ich führte ein paar Berechnungen aus. Plötzlich, wie aus einer tiefen Erinnerung, fiel mir etwas auf. Jetzt verließ ich den Schreibtisch, schritt durch den Raum und stand in der Mitte des Zimmers. Während ich eine Hand ausstreckte, begriff ich plötzlich den vollen Umfang der Bedeutung meiner Berechnungen.

„Ich habe etwas vom Wesen der Lichtgeschwindigkeit entschlüsselt", sagte ich fasziniert zu mir selbst.

Bei der Beschäftigung mit Mathematik, speziell der höheren Mathematik, steht meist die abstrakte Bedeutung der Zahlen im Vordergrund. Auch im täglichen Leben, z.B. bei Preisschildern oder der Uhrzeit, denken wir selten darüber nach, daß die Ziffern nur die abstrakten Symbole für eine bestimmte Menge sind. Die Zahl 8 z.B. ist der Name für eine Menge mit 8 Teilen, z.B. Reiskörnern. Unter diesem quantitativen Aspekt betrachtete ich nun den ersten Zahlenkreis des Primzahlkreuzes mit den Zahlen von 0 bis 24. Die Summe der Zahlen 1 bis 24 ergibt genau den Wert

300

Beim Addieren der Zahlen des zweiten Kreises erhielt ich die Summe 876. Sofort fiel mir auf, daß genau 24 bis zur glatten Zahl 900 fehlten. Mußte ich also vielleicht beim Zählen des zweiten Kreises nicht mit 25, sondern bereits mit 24 beginnen? Ich spielte den Gedanken durch, daß auf jedem Kreis 25 Zahlen gezählt werden. Die Nahtstelle zwischen den beiden Kreisen wird dabei als Anfangs- und Endzahl zweimal gezählt. Ich erhielt folgende Werte:

$$1. \text{Kreis:} \quad 0 + 1 + 2 \ldots + 24 = \quad 300 = \mathbf{1} \cdot 300$$
$$2. \text{Kreis:} \quad 24 + 25 + 26 \ldots + 48 = \quad 900 = \mathbf{3} \cdot 300$$
$$3. \text{Kreis:} \quad 48 + 49 + 50 \ldots + 72 = 1\,500 = \mathbf{5} \cdot 300$$
$$4. \text{Kreis:} \quad 72 + 73 + 74 \ldots + 96 = 2\,100 = \mathbf{7} \cdot 300$$

usw.

Offensichtlich vergrößert sich der Grundwert **300** über die Folge der ungeraden Zahlen

1, 3, 5, 7, 9, 11, ...

Dies hat wohl etwas mit dem Gesetz der ungeraden Zahlen zu tun, das schon Pythagoras bekannt war.

*

Auch mir war schon als Schüler beim Betrachten gekachelter Wände aufgefallen, daß quadratische Kacheln einem bestimmten Vergrößerungsgesetz gehorchen.

Wenn man von **einer** quadratischen Kachel (der Fläche 1^2) ausgeht, erhält man das nächstgrößere Quadrat, indem man **3** Kacheln über Eck hinzuzählt. Dieses Quadrat besteht aus 4 Kacheln. Zählt man weitere **5** über Eck hinzu, erhält man ein noch größeres Quadrat, das aus 9 Kacheln besteht. Die nächsten Kachelquadrate haben 16, 25, 36 etc. Kacheln. Die Aufsummierung der ungeraden Vergrößerungszahlen 1, 3, 5, 7, 9, 11,... führt also stets zu Quadratzahlen, die mit 1^2 beginnen. Dann folgen $1 + 3 = 4 = 2^2$, dann $1 + 3 + 5 = 9 = 3^2$, dann $1 + 3 + 5 + 7 = 16 = 4^2$ usw.

Die 1. ungerade Zahl liefert die 1^2. Zähle ich die ersten 2 ungeraden Zahlen zusammen, erhalte ich 2^2. Die ersten 3 ungeraden Zahlen addiert ergeben 3^2, und die ersten 4 ungeraden Zahlen liefert die 4^2 usw.

Die Schlichtheit und Eleganz dieses Gesetzes ist nicht Gegenstand des Schulunterrichts. Dabei wäre es möglich, das entscheidende Gesetz der Physik, das Newtonsche reziproke Quadratgesetz, schon 10-jährigen Kindern verständlich zu machen. Das hieße nicht, Universitätswissen, sondern Einsicht und Staunen für den Zahlenhintergrund des Universums in die Schule zu bringen.

*

Wenn man mit Zahlen operiert, die auf den Kreisen des Primzahlkreuzes angeordnet sind, bleibt dieses quadratische Gesetz erhalten. (siehe Abb. 7)

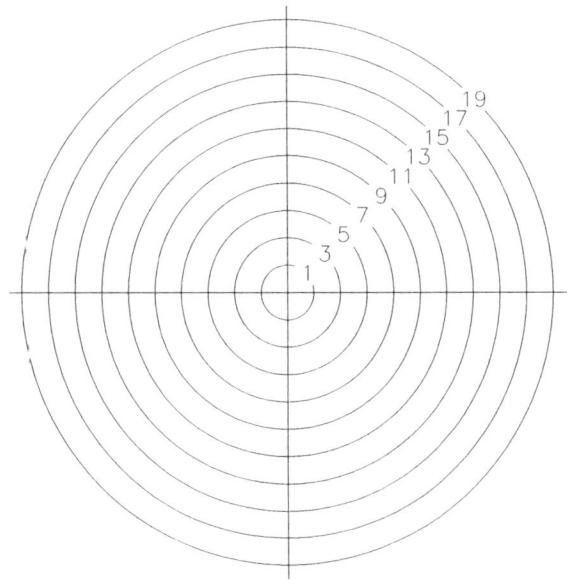

Abbildung 7

— 213 —

Zählt man die Zahlen 0, 1, 2, 3, 4, 5, ..., 24 des ersten Kreises zusammen, erhält man den Grundwert 300. Dieser Grundwert entspricht in unserem Kachelbeispiel einer Kachel. Mathematisch exakt spricht man von $300 \cdot 1^2$. Da die Summe der Zahlen des zweiten Kreises 900 beträgt, sind es auf dem ersten und zweiten Kreis zusammen $300 + 900 = 1200$. Das sind $300 \cdot 2^2$. Die Summe der Zahlen der ersten drei Kreise beträgt $300 + 900 + 1500 = 2700$. Das entspricht $300 \cdot 3^2$.

Damit verläuft die Vergrößerung der Zahlenmengen (Summen) auf den Kreisen des Primzahlkreuzes über das Produkt des Grundwerts **300** mit den Quadratzahlen

$$1^2, 2^2, 3^2, 4^2, \ldots$$

Mit diesen Quadratzahlen erweitert sich auch die Anzahl der Elektronenpaarzwillinge auf den Atomhüllen.

*

Was man bisher über das Atom weiß, hat man durch Beobachtung und geniale Experimente herausgefunden. Das Primzahlkreuz deckt sich mit diesem durch Erfahrungen gewonnenen Modell und liefert den theoretischen Hintergrund. Was für ein Beweis für die Realexistenz der Zahlen!

So langsam beschlich mich der ungeheure Verdacht, daß der Grundwert 300 und seine Ausbreitung über die Quadrate der natürlichen Zahlen zur Lösung des Rätsels der Lichtgeschwindigkeit führen könnte.

Das Primzahlkreuz besteht aus der unendlichen Folge der geordneten Zahlen (0, 1, 2, 3, ...), die auf Kreisen angeordnet sind. Von Kreis zu Kreis dehnt sich die (Zahlen-) Menge über die Quadrate dieser fortlaufenden, geordneten Zahlenreihe aus ($1^2, 2^2, 3^2, 4^2, \ldots$).

So wie die Mengen sich auf den erweiternden Kreisen über die ungeraden Erweiterungszahlen vergrößern, nimmt umgekehrt die Energie einer elektromagnetischen Welle, die sich im Raum ausdehnt, mit zunehmendem Radius ab, genau nach den reziproken Quadraten der natürlichen Zahlen.

*

Die Summe der ersten **10** ungeraden Erweiterungszahlen beträgt

$$1 + 3 + 5 + 7 + 9 + 11 + 13 + 15 + 17 + 19 = 100 = 10^2$$

Wenn man jetzt das Bündel der nächsten zehn ungeraden Erweiterungszahlen addiert

$$21 + 23 + 25 + 27 + 29 + 31 + 33 + 35 + 37 + 39 = 300$$

stellt man fest, daß die Summe dieser zehn Zahlen das **Dreifache** der Summe der Zahlen 1, 3, 5, ..., 19 ergibt.

Die Summe des nächsten Zehnerbündels, der ungeraden Zahlen 41, 43, 45, ..., 69, beträgt das **Fünffache** der ersten 10 ungeraden Zahlen.

Das Einfache, das Dreifache, das Fünffache, das Siebenfache usw. der ersten 10 Zahlenkreise bildet also eine höhere Ordnung von Erweiterungszahlen.

Es ist an dieser Stelle anschaulicher, wieder das Beispiel mit den Reiskörnern zu bemühen. Die Grundmenge der **300** Reiskörner des ersten Zahlenkreises vergrößert sich nach Durchlaufen der ersten zehn Schalen auf

$$300 \cdot 100 = 300 \cdot 10^2 = 30\,000$$

Reiskörner. Nach Durchlaufen der nächsten 10 Kreise

werden unsere 300 Reiskörner nicht nur mit 100, sondern schon mit 300 multipliziert. Wir erhalten 90 000 Reiskörner. Bei den nächsten 10 Kreisen wird mit 500 multipliziert und wir erhalten 150 000 Reiskörner. Wenn wir zur nächsten Bündelungsstufe übergehen, müssen die Reiskörner aller 10er-Kreise aufaddiert werden. Wir erhalten für $10 \cdot 10 = 100$ Kreise eine Reiskörneranzahl von $300 \cdot 100 \cdot 100$. Das sind 3 000 000.

Die Grundmenge 300 des ersten Kreises im Primzahlkreuz läßt sich selbst als Produkt der Zahl 100 darstellen:

$$3 \cdot 100$$

Der Grundfaktor **3**, die Konstante des Primzahlkreuzes, vergrößert sich einfach über die 100, über die Potenzen der Zahl 10.

$$3 \cdot 10^2 \cdot 10^2 \cdot 10^2 \dots$$

Wir befinden uns in einem 100er-System, oder – weil 100 eine Potenz von 10 ist – im **Dezimalsystem.**

*

Da die Unendlichkeit dreifach ist – Raum, Zeit und Zahlen –, die Zahlen selbst allein auf den ersten drei Zahlen – 1, 2 und 3 – aufbauen, und die Grundkonstante des Primzahlraumes die Zahl 3 ist, muß auch die Ausdehnungskonstante der Lichtgeschwindigkeit 3 sein.

Ich war jetzt plötzlich in der Lage, unsere Vorstellung von der Lichtgeschwindigkeit zu revolutionieren. Ich hatte den gedanklichen Fehler entdeckt, den wir begehen, wenn wir von der Geschwindigkeit der elektromagnetischen Wellen reden.

Ein leuchtender Stern oder eine brennende Kerze erscheinen uns aus der Ferne wie Lichtpunkte, die direkt als Lichtstrahl auf uns zukommen. In Wirklichkeit senden glühende Objekte permanent kugelförmige Wellen aus, die sich mit einer festgelegten Konstanz über das Gesetz des reziproken Quadrates in der Unendlichkeit verdünnen. Diesen Vorgang mit dem Begriff einer Geschwindigkeit zu verbinden, war eine Sackgasse. Geschwindigkeit im physikalischen Sinne ist an Materie gebunden. Wenn ein Atom, ein Fußball oder eine Weltraumrakete von A nach B fliegt, erfolgt dies mit einer bestimmten Geschwindigkeit, die physikalisch mit den Dimensionen Länge pro Zeit festgelegt ist.

Mit einer solchen Vorstellung des physikalischen Begriffs der Geschwindigkeit sind wir an die Messung der Lichtausbreitung herangegangen, ohne dabei zu überlegen, daß elektromagnetische Wellen nichts Stoffliches besitzen. Einen Gegenstand kann man beschleunigen oder abbremsen. Licht kann man nicht langsamer oder schneller machen, es kann nur durch Ausbreitung in seiner Intensität abnehmen.

Unsere Untersuchungen der Lichtgeschwindigkeit haben wir nach solchen Maßstäben vorgenommen, mit denen wir gewohnt sind, Geschwindigkeiten von Gegenständen zu messen, z.B. ein fahrendes Auto mit einer Radarfalle oder einen 100 m-Läufer mit einer Stoppuhr. Wir haben die Lichtgeschwindigkeit inzwischen auf sehr viele Stellen hinter dem Komma genau ermittelt. Die Exaktheit dieser Meßergebnisse verhindert die Einsicht, daß wir den Hintergrund für die Konstanz der Lichtgeschwindigkeit nicht kennen. Das Meßergebnis ist für die Wissenschaftler die Wirklichkeit. Der gesunde Zweifel muß auch immer einkalkulieren, daß das, was man sieht oder mißt, eine Illusion sein kann.

Ein intensives Scheinwerferlicht empfinden wir als

Strahl wie ein 'Lichtband'. Wir registrieren keine Geschwindigkeit. Messen wir dagegen die 'Geschwindigkeit', die ein Lichtblitz zum Mond hin und zurück 'braucht', messen wir eine Zeitdauer. Daß bei diesem Vorgang ein ungeheurer Intensitätsverlust eingetreten ist, der einer Verdünnung entspricht, wird durch Meßverstärker 'ausgeglichen'. Dabei entsteht durch die Verdünnung für uns der Eindruck der Geschwindigkeit.

*

Ein schwingendes Elektron sendet elektromagnetische Wellen aus, weil es Träger einer Ladung ist. Die Wellen einer unvorstellbar großen Anzahl von Elektronen in einem glühenden Draht addieren sich physikalisch im vierdimensionalen Zahlenraum. Wir sehen den Draht glühen. Die Vorstellung, daß der Draht Photonen oder 'Wellenpakete' aussendet, ist naiv.

Man kann sich in seiner Fantasie einen Raum vorstellen, in dem man gleichzeitig 100 Langwellensender, 100 Mittelwellensender, 100 Kurzwellensender, 100 Ultrakurzsender und 100 Radarsender betreibt. Gleichzeitig soll es noch Kanäle für 100 Sprechfunkgeräte, die gleiche Menge Mikrowellengeräte und Infrarotanlagen geben. Der Raum soll mit 100 farbigen Blitzlichtanlagen, der gleichen Menge UV- und Röntgengeräten ausgestattet sein. Dazu wollen wir noch 100 verschiedene Gammastrahler packen. Alle senden elektromagnetische Wellen aus, die sich nur durch ihre Schwingungszahl (Energie) unterscheiden. Dem Raum macht ein solch scheinbarer Wellensalat nichts aus. Er transportiert alle Informationen auf das genaueste: nämlich durch seine Primzahlstruktur. Diese war uns bisher unbekannt.

*

Die von uns gemessene Lichtgeschwindigkeit besitzt den endlichen Wert von fast genau $3 \cdot 10^{10}$ cm/sec. Die nun entdeckte Zahlenausbreitungskonstante für den unendlichen Zahlenraum um jeden möglichen Punkt in der Unendlichkeit kann nicht endlich sein, sondern besitzt den unendlichen Wert von

$$3 \cdot 10^n$$

aufaddierten Zahlenmengen, mit dem sich eine elektromagnetische Wirkung nach dem Gesetz des reziproken Quadrates im Unendlichen verdünnt. Da die Lichtgeschwindigkeit die Dimensionen Zentimeter und Sekunde zu ihrer physikalischen Definition benötigt und die Zahlenausdehnungskonstante ($3 \cdot 10^n$) dimensionslos ist, ergibt sich die schwerwiegende Frage, warum in beiden Fällen die Faktoren **3** identisch sind.

Die Bedeutung der absoluten Zahl 3 wird auch nicht durch den Einwand erschüttert, daß der Zentimeter und die Sekunde willkürliche Dimensionsgrößen seien. Sie sind es eben nicht, denn die Festlegung des Meters erfolgte aus der dezimalen Einteilung eines Erdmeridianquadranten. Die Sekunde wurde aus der Erdrotation bezogen.

Wer das vorherige Kapitel und damit die Verhältnisse der astronomischen Daten von Erde und Mond aufmerksam gelesen hat, weiß, daß beide Himmelskörper auf das Exakteste miteinander mathematisch verknüpft sind. Da niemand da war, der diese Kugeln mit seinen Händen formte, auf die richtige Distanz brachte und auf reziproke Umdrehungszahlen, bleibt nur eine Erklärung, die ausschließlich ist: Die Natur ist aus sich heraus intelligent, und wir Menschen sind als selbstreflektierende Geschöpfe die Selbstverwirklichung dieser Intelligenz.

Das metrische System für Länge und Gewicht und

unser Zeitsystem sind beide im Dezimalsystem angelegt. Wir mußten in der Vergangenheit ein einheitliches System einführen, um den weltweiten Wirrwarr der verschiedenen Längen- und Gewichtsmaße zu beenden. Daß wir dabei 'zufällig' auf das System gestoßen sind, in dem die Natur, also auch wir, angelegt sind, ist eben doch kein Zufall, sondern Folgerichtigkeit gewesen. Die Natur hat sich durchgesetzt!

*

Jetzt konnte ich endlich die Frage angehen, warum das Bohrsche Atommodell verlangt, daß die erste Schale nur von 2 Elektronen besetzt sein darf, während die darauffolgenden Edelgasschalen, gemeint sind jeweils die letzten, immer 8 Elektronen aufweisen müssen.

Auf dem Primzahlkreuz befindet sich auf jeder Schale die gleiche Menge Zahlen. Die Anzahl der 'Reiskörner' ist aber auf jeder Schale verschieden. Es findet eine quantitative Vergrößerung nach den Quadraten der ganzen Zahlen statt.

Ab dem Element 20 erfolgt der Einbau von zusätzlichen Elektronen auf unteren Schalen. Die Gründe dafür konnte die Quantenmechanik, die diese Tatsache durch Messungen von Elektronensprüngen beobachtet hatte, niemals beantworten.

*

Abbildung 8 zeigt das Primzahlkreuz mit den Quadraten der Zahlen, aus denen es selbst codiert ist.

$$1^2, 5^2, 7^2, 11^2, 13^2, 17^2, 19^2, 23^2...$$

Die Frage, warum die Quadrate der Primzahlen in

— 220 —

der Ebene alle geordnet auf dem ersten Strahl liegen müssen, ist einfach zu beantworten

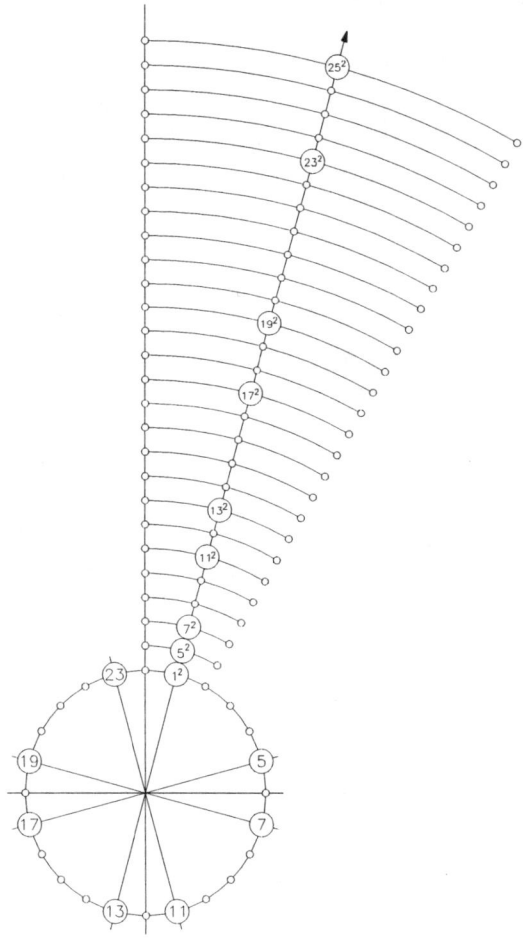

Abbildung 8

Das Primzahlkreuz ist mathematisch gesehen ein 4-Fakultäten-Kreuz.

$$1 \cdot 2 \cdot 3 \cdot 4 = 24 = 4!$$

Geordnete Zahlen miteinander multipliziert, werden als Fakultäten bezeichnet; dies wird durch ein Ausrufezeichen (!) gekennzeichnet, was leider sehr verwirrend ist.

Folglich befinden sich alle Vielfachen der Zahl 24 (und damit alle Fakultäten) auf dem Strahl über der 24. Zählt man zu einer solchen Vielfachen, z.B. 48, die Zahl 1 hinzu, erhält man den Wert $49 = 7^2$. Diese Quadratzahl einer Primzahl von der Form $6n \pm 1$ liegt auf dem Strahl, der durch die 1 geht.

Alle anderen Primzahlquadrate liegen ebenfalls auf diesem Strahl. Wenn aber auf diesem Strahl alle Quadrate der Primzahlen liegen, muß die erste Ziffer selbst auch quadratisch sein, also 1^2 statt 1 (Abb. 8).

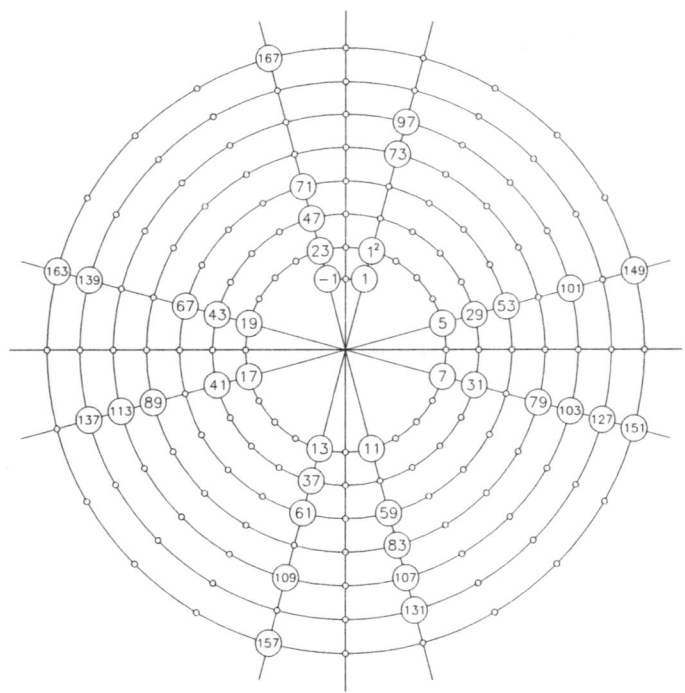

Abbildung 9

— 222 —

Seit 1980 waren 6 Jahre vergangen, in denen ich auf dem Primzahlkreuz eine Lücke unterhalb der ersten Schale rechts neben der Zahl –1 nicht schließen konnte (Abb. 4, S. 170). Jetzt löste sich das Problem. Ich legte die Zahl 1 unter die Zahl 1^2.

Das Besondere an der Zahl 1 ist, daß sie selbst eine Quadratzahl ist. Denn es gilt mathematisch:

$$(-1)^2 = +1$$

Dieser Zahl +1 steht, wie in einem Raumspiegel, die Zahl

$$-1$$

gegenüber, wie Abb. 9 zeigt.

Damit hatte sich die Prophezeiung erfüllt, daß ich die Planck-Einstein-Beziehung entschlüsseln werde. Ich habe ein Modell entwickelt, das die grundlegenden Ideen Bohrs in der Atomphysik bestätigt. Der Atomkern wird zum Mittelpunkt des Primzahlkreuzes. Um diesen Punkt herum ist der Raum schalenförmig angeordnet. Die vier Primzahlzwillinge der ersten Schale bestimmen die Struktur aller weiteren Schalen und verlangen eine nullte Schale, auf der sich nur die Zahlen + 1 und –1 befinden. Warum die Atomhüllen eine untere Schale besitzen müssen, auf der sich nur zwei Elektronen befinden können, war bisher vollkommen ungeklärt.

*

Ich postulierte, daß ein schalenförmiger Zahlenraum um den Atomkern Elektronen auf ihren Schalen festhält, wobei ich den exakten Grund dieses Festhaltens noch nicht kannte. Bei Energieaufnahme – z.B. durch Erwärmung – wechselt ein Elektron seinen Platz und springt auf eine höhere Schale. Wenn es wieder herunterfällt, gibt es seine Energie in Form zweier Wellenanteile ab, die rechtwinklig aufeinanderstehen (Sinus– und Cosinus-anteile einer Kugelwelle). Damit wird auch das schwingende Elektron zum Mittelpunkt eines vierdimensionalen, unendlichen Raumes. Folglich muß die sich ausbreitende Welle mit dem Grundfaktor 3 in die Unendlichkeit davoneilen.

Über die Gründe für den schalenförmigen Aufbau der Elektronen um den Atomkern und für die absoluten Werte der Naturkonstanten h^1 und c und ihre Verknüpfung konnten Bohr, Planck und Einstein nichts sagen, erst recht nicht ihre Nachfolger. Ich erkannte jetzt mit Sicherheit, daß die Physik vor unlösbaren Fragen steht, solange sie die wahre Struktur des Raumes nicht kennt. Die galt es jetzt weiter zu untersuchen.

---

[1] Meine Lösung für die absoluten Werte des Wirkungs-quantums h und des Kerndrehimpulses $h / 4\,\pi$ kann im 'Primzahlkreuz' nachgelesen werden. Bemerkenswerter-weise haben Proton, Neutron und Elektron denselben Kerndrehimpuls. Die Theorie eines sich drehenden Teilchens muß aufgegeben werden.

14. Kapitel

Die Offenbarung

Ich hatte mir bei meiner Beschäftigung mit dem Primzahlkreuz die mengenmäßige Ausdehnung der Zahlen immer mal wieder mit der Vorstellung von Reiskörnern verdeutlicht. Jetzt standen kombinatorische Zahlenuntersuchungen im Vordergrund.

Auf dem ersten vollen Kreis des Primzahlkreuzes befinden sich die Zahlen 0, 1, 2, 3, ..., 24 wie auf einer 24-Stunden-Uhr. Bei einer solchen Uhr sagt man, wenn man auf eine Ziffer zeigt, es sei etwa 10 Uhr. Mit 10 Uhr sind aber die 10 bereits vergangenen Stunden des Tages gemeint. Genau müßte man sagen: 10 mal ist *eine* Stunde vergangen. Auf dem Primzahlkreuz ist es genauso. Die 10 bedeutet: 10 mal 1. Da ich aber nachgewiesen hatte, daß an der Stelle der 1 eigentlich eine 1^2 steht, gilt: 10 mal 1^2.

Die Zahl 5^2 steht über der Zahl 1^2. Wo steht die Zahl $5 \cdot 5^2$? Diese Zahl 125 befindet sich auf dem Strahl, der mit der 5 beginnt. Zwei weitere Beispiele: Wo befindet sich die Zahl $29 \cdot 13^2$? Auf dem Strahl, der mit 5, 29, 53 usw. beginnt. Und das Produkt aus $13 \cdot 17^2 \cdot 29^2$ muß sich auf dem Strahl befinden, der mit der 13 beginnt. Folglich muß an der Stelle, wo die Zahl 1^2 steht, in Wirklichkeit der Ausdruck

$$1 \cdot 1^2$$

stehen. Aufgrund dieser Tatsache sind alle Zahlen auf dem Primzahlkreuz Produkte mit der Zahl 1^2.

Das Primzahlkreuz ist in Wirklichkeit ein sich drehendes Zahlenkreuz. Um noch einmal auf unser Beispiel mit '10 Uhr' zurückzukommen: Bei der Zahl 10 hat sich die 1^2 um 10 Positionen fortbewegt. Es dreht sich eigentlich immer nur eine einzige Zahl, nämlich die

$$1^2 = (+1)^2$$

Wenn sie bei der Zahl 24 angekommen ist, springt sie auf die nächste Schale über zur 25. Da +1 selbst das Produkt aus

$$(-1) \cdot (-1)$$

ist, dürfen wir die Zahl 1^2 auch folgendermaßen schreiben:

$$1^2 = (-1)^4$$

Die Zahlen auf den einzelnen Schalen bedeuten also das 2-fache, 3-fache, 4-fache, bis hin zum Unendlichfachen des mathematischen Ausdrucks $(-1)^4$.

Der Raum um einen Atomkern besitzt die Dimension 'hoch 4'. Ich hatte erwartet, daß das Primzahlkreuz etwas mit der Materie zu tun hat. Es hat aber nicht nur etwas miteinander zu tun, sondern jedes einzelne Atom besitzt die Information und Struktur des Primzahlraumes. Ich war wieder einmal zutiefst ergriffen.

*

Mit der herkömmlichen Mathematik ist es möglich, eine mechanistische Physik zu betreiben, die die Dinge beschreibt. In diesem Jahrhundert begann man aber, etwas zu untersuchen, das ohne Kenntnis der wahren Vierdimensionalität nicht widerspruchsfrei beschrieben werden kann.

Die Mathematik hatte den Physikern kein mathematisches Modell zur Verfügung gestellt, mit dem sie einen vierdimensionalen Raum überhaupt hätten untersuchen können. Mit der zur Verfügung stehenden Vektor-Analysis vieldimensionaler Räume lassen sich nicht die Realitäten beschreiben, sondern nur geistige, hochbewunderte Spielereien betreiben.

Die Physiker haben daraufhin versucht, ein eigenes Modell der 'Vierdimensionalität' zu entwickeln, vermutlich weil sie instinktiv spürten, daß der Raum vierdimensional ist. Ihr Modell war aber von Anfang an zum Scheitern verurteilt, weil die Verknüpfung von den drei Dimensionen des Raumes mit der einen Dimension der Zeit mathematischer Unfug ist.

*

Jetzt wußte ich endlich, warum die Quantenmechanik scheitern mußte. Niels Bohr hatte zwar 1913 bewiesen, daß Elektronen auf vorgegebenen Bahnen in bestimmten Abständen (auf Schalen) um den Atomkern kreisen, ähnlich wie die Planeten um die Sonne. Sein Modell wurde von den Physikern erst einmal abgelehnt. Seine Postulate waren nicht vereinbar mit dem herkömmlichen Wissen, daß Elektronen – im Gegensatz zu Planeten – elektrische Ladungen besitzen. Danach müßten sie beim Umlauf Energie verlieren und deshalb (wegen der entgegengesetzten Ladung von Kern und Hülle) sehr schnell in den Kern sausen.

Bohr hatte in genialer Weise die Abstände der Elektronen vom Kern mit Hilfe des reziproken Quadratgesetzes untersucht. Sein Postulat von den stabilen Bahnen fand erst allgemeine Akzeptanz, als man die herkömmliche Vorstellung von Hüllenelektronen aufgab. Die Bahnbewegung eines Elektrons bezeichnete man jetzt mathematisch als eine Zustandsfunktion und führte Begriffe wie Aufenthaltswahrscheinlichkeit ein.

Der Widerspruch, der von Anfang an in der Atomphysik steckte, wurde nie gelöst, sondern unterdrückt. Es wurden die absonderlichsten Argumente geliefert, um diese Ungereimtheiten wegzuwischen. Eins davon ist zum Beispiel, daß die Elektronen deshalb auf ihren stabilen Bahnen blieben, weil die (von Menschen erfundenen) 'Gesetze der Quantenmechanik es ihnen vorschreibe' (C. F. von Weizsäcker).

Die wirklichen Gründe kennt man nicht. Dennoch scheut man sich nicht, die moderne Physik als rundherum bewiesen hinzustellen. Mehrere Generationen junger Menschen sind so bewußt getäuscht wurden. Wer heutige Sachbücher liest, merkt schnell, daß fast alles in Zweifel gesetzt wird, nur nicht die moderne Physik.

Ich erklärte Christina meine Idee für die stationäre Bahn des Elektrons:

„Der schalenförmig angeordnete Primzahlraum, der jeden Atomkern umgibt, versetzt das kreisende Elektron an jeder Stelle in den Zustand

$$(-1)^4$$

Der Exponent 'hoch vier' kennzeichnet den mathematischen Zustand des vierdimensionalen Raumes. Das Elektron hat die Ladung -1. Da sein Zustand auf den Zahlenschalen des Raumes um den Atomkern doppelt quadriert wird, wird das Minus in ein Plus umgewandelt. Dadurch nehmen die Elektronen 'Eigenschaften' an, die ihnen der Primzahlraum als vierdimensionaler Zahlenraum vorschreibt. So müssen sie auf bestimmten, vorgeschriebenen Bahnen und in bestimmter Anzahl den Gesetzen des reziproken Quadrates folgen."

Die Zahlen −1, 0, +1 in Abb. 9 verlegte ich jetzt in den Mittelpunkt des Primzahlkreuzes (Abb. 10). Ich gab dieser Schale den Namen 'nullte Schale'. Ich tat dies deshalb, weil sie zum einen unter der ersten Schale liegt und zum anderen, weil die Zahlen −1 und +1 als Summe den Wert 0 liefern.

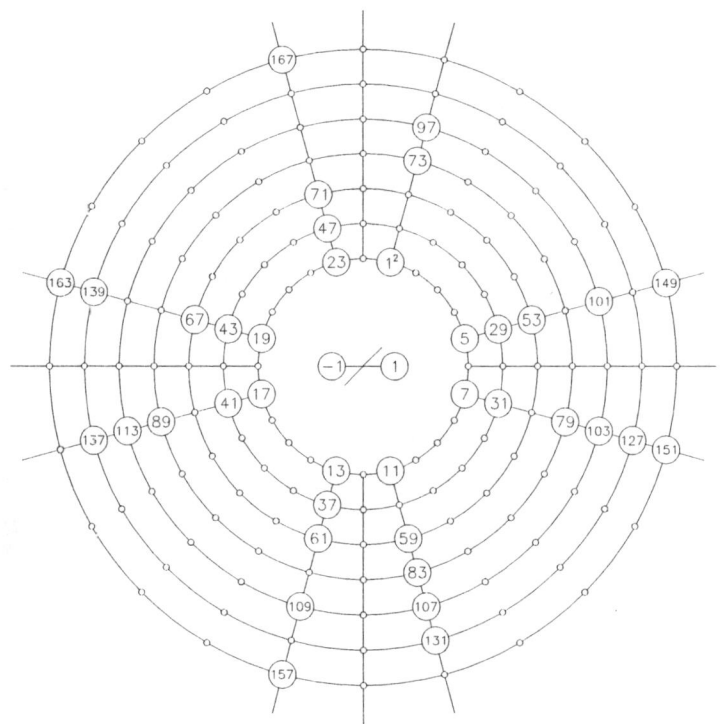

Abbildung 10

Die Ziffer 0, die in Indien 'entdeckt' worden ist, verkörpert die eine Form der Unendlichkeit, das unendlich Kleine. Um diese mit dem Verstand nicht zu erfassende Zahl liegen kreuzförmig nach Euler auf einem Kreis 4 Wurzelausdrücke der Zahl 1; Einheitskreis genannt.

Dieser Einheitskreis ist in Abb. 10 nur schematisch angedeutet durch ein perspektivisch schräg liegendes Kreuz und die Zahlen -1 und $+1$ (die Achse für die Wurzelausdrücke der Zahl i fehlen, ebenso die Kreisform). In der Mathematik hat nie ein Bedürfnis vorgelegen, den Raum um den Einheitskreis zu beschreiben. Genau das aber wäre notwendig gewesen.[1]

Auf dem ersten Kreis liegen dann die Zahlen:

$$0 \cdot 1^2, 1 \cdot 1^2, 2 \cdot 1^2, \dots, 24 \cdot 1^2$$

Die Vergrößerung der weiteren Zahlenkreise findet nun im Dezimalsystem statt und führt zu der anderen Form der Unendlichkeit, dem unendlich Großen, das sich unserem Verstehen – wie das unendlich Kleine – entzieht.

*

Eine verblüffende Parallelität zum Primzahlkreuz, das den Bauplan für alles Stoffliche liefert, kann man an einer Stelle in der Offenbarung des Johannes finden, die ich hier in Kurzform wiedergeben möchte (nach der Neuübersetzung von Prof. Walter Jens).

Sie handelt von Gott und der Anzahl der Wesen, die ihn umgeben:

---

[1] Für Mathematiker: Um von i nach -1 zu gelangen, muß um 90° gedreht werden. Von -1 zu $+1$ ist eine Drehung von 180° notwendig. Beim Verlassen des Einheitskreises muß dann folgerichtig um 360° gedreht und ein neuer Kreis eingeführt werden. Die Polarkoordinatendarstellung lautet: $e^{4\pi i} = 1^2$.

„In der Mitte, der eine, der Unnennbare und ringsum vier mächtige Wesen. Und um den Thron die 24 Stühle mit den 24 Ältesten. Sie beten den Unnennbaren an: 'Durch dich allein gibt es Dinge und Wesen. Dein Wille ließ sie sein und gab ihnen Gestalt.' Rings um den Thron, um die 4 gewaltigen Wesen und um die Ältesten: 10 000 mal 10 000 und abermals 1000 mal und noch einmal 1000 Engel. "

Ich selber hatte früher für die Apokalypse des Johannes – als eine historisch vollkommen ungesicherte Quelle – nur Hohn und Spott empfunden. Heute empfinde ich tiefe Demut. Vielleicht kann ich den von Johannes beschriebenen Welthintergrund mit meinen mathematischen Enthüllungen konkretisieren und damit der in die Sackgasse geratenen Menschheit einen neuen Weg zeigen.

*

Die Zahlenausbreitungskonstante mußte 1986 noch um den Faktor 1^2 erweitert werden und erhielt jetzt den Wert

$$3 \cdot 1^2 \cdot 10^2 \cdot 100^2 \cdot 1000^2 \ldots$$

Die Formel zeigt, wie elegant der Zahlenraum mit dem Dezimalsystem verknüpft ist. Da jede Ausbreitung im Raum für unser menschliches Empfinden mit der Zeit verknüpft ist, verknüpfen wir automatisch die Lichtausbreitung mit dem Begriff der Geschwindigkeit.

Von Einstein ist bekannt, daß er sich schon als Junge darüber Gedanken gemacht hatte, ob es möglich sei, einer Lichtwelle hinterherzufliegen. Später gelang es ihm dann, bestehende physikalische Formeln aus einem anderen Blickwinkel zu betrachten und so zu seiner Relativitätstheorie zu gelangen. Diese schließt aus, daß ein Körper auf die 'Geschwindigkeit' des Lichtes beschleunigt werden kann. Man beweist die Unmöglichkeit damit, daß nach der Formel, die in Tausenden von Sachbüchern abgedruckt ist, der Körper an Gewicht (Masse) unendlich zunehmen müßte, was ja offensichtlich nicht möglich ist. So besitzt unser Jahrhundert nun die Relativitätstheorie, die wie keine andere Theorie von so vielen Menschen bewundert oder aber – wegen der bestehenden Ungereimtheiten – fanatisch bekämpft wird. Aus verschiedensten Gründen sind aber beide Seiten nicht an der Aufdeckung des wirklichen Hintergrundes interessiert. Deswegen beschloß ich zum damaligen Zeitpunkt, die Lösung des Problems für mich zu behalten. Ich spürte zudem, daß ich noch viel gewaltigere Ungereimtheiten würde aufdecken müssen.

*

Da das Primzahlkreuz auf 3 Grundzahlen aufgebaut ist und den vierdimensionalen Raum um jeden Punkt (jeden Atomkern) beschreibt, wird folglich in den chemischen Elementen selbst das 3-hoch-4-Gesetz verkörpert. Der Kehrwert der Zahl 81 liefert die dezimale Zahlenfolge, ohne Komma geschrieben:

0 0 1 2 3 4 5 ...

In dieser Folge sind die Elemente des Periodensystems geordnet. Wissenschaftler werden hier einwenden, daß die Folge der geordneten Zahlen bei der Dezimalzahl ja erst hinter dem Komma beginnt, und somit jede fortlaufende Ziffer erst durch 10; 100, 1000, ... geteilt werden muß (0 geteilt durch 10, 1 geteilt durch 100, 2 geteilt durch 1000, usw.).

Um dieses Argument zu entkräften, suchte ich nach einer weiteren Möglichkeit, diese Ziffernfolge (evtl. ohne Komma) zu finden. Ich befaßte ich mich noch einmal intensiv mit den Primzahlen von der Form $6n \pm 1$ und ihren Vielfachen:

$(-1;1), (5;7), (11;13), (17;19), (23;25), (29;31), \ldots$

Sie besitzen untereinander immer die Differenz 2. Voneinander sind die Zwillingspaare durch die Differenz 4 getrennt.

Plötzlich schaute ich wie gebannt auf den Strahl des Primzahlkreuzes, auf dem die Quadratzahlen aller Primzahlen von der Form $6n \pm 1$ liegen (Abb.8, S. 221, in der die 1 [gleich $(-1)^2$] unter der 1^2 auf der nullten Schale noch nicht eingezeichnet ist). Ich hatte gefunden, wonach ich gesucht hatte!

$(-1)^2, 1^2, 5^2, 7^2, 73, 97, 11^2, \underline{145}, 13^2, 193,$
$217, 241, 265, 17^2, \underline{313, 337}, 19^2, 385, 409,$
$433, 457, 481, 505, 23^2, \underline{553, 577, 601}, 25^2,$
$649, 673, 697, 721, 745, 769, 793, 817, 29^2,$
$\underline{865, 889, 913, 937}, 31^2, 985, 1009, 1033,$
$1057, 1081, 1105, 1129, 1153, 1177, 1201,$
$35^2, \underline{1249, 1273, 1297, 1321, 1345}, 37^2, \ldots$

Zwischen den Quadraten des ersten Zwillings $(-1)^2$ und 1^2 befindet sich keine Zahl. Ich notierte eine Null. Für die Quadrate des zweiten Zwillings, 5^2 und 7^2, gilt das gleiche, ich notierte wieder eine Null. Zwischen 11^2 und 13^2 taucht die erste 'Füllzahl' auf, die 145. Ich notierte eine Eins. Zwischen den nächsten Quadraten, 17^2 und 19^2, stehen zwei Füllzahlen, die 313 und 337. Dann werden es drei Füllzahlen, anschließend vier, dann fünf, und so geht es weiter. Ich notierte die Ziffernfolge:

$$0\ 0\ 1\ 2\ 3\ 4\ 5\ ...$$

Dieses kleine, uns so vertraute Komma, fehlt hier (Gott sei Dank!). Es wurde schließlich auch nur deshalb als Hilfsmittel in der Mathematik eingeführt, um das Lesen von Dezimalbrüchen zu erleichtern.

So erfüllt sich denn die Suche nach dem 3-hoch-4-Gesetz auf dem Primzahlkreuz als Auflösung des reziproken quadratischen Gesetzes im Dezimalsystem. Die Differenz 2 zwischen den ersten vier Primzahlzwillingen liefert in der Folge der linearen Ordnung

$$0\ 1\ 2\ 3\ 4\ 5\ ...$$

in der Quadratur die dezimale Ordnung

$$0\ 0\ 1\ 2\ 3\ 4\ 5\ ...$$

Das bedeutet, daß die Quadratur der linearen Ordnung der Zahlen wieder eine Ordnung liefert. Das ist aber nicht die Ordnung der Quadratzahlen, sondern eine dezimale Ordnung.

Hier deutet sich eine Revolution für unsere Grundschulen an. Nichts Geringeres als das Atommodell und die chemischen Elemente werden in Zukunft Pate stehen, wenn Kinder eine Beziehung zu Zahlen entwickeln. Unsere Kinder haben die Chance, als erste Generation einen biblischen Spruch in seiner tiefen Bedeutung zu erfassen:

Aber DU hast alles nach Maß, Zahl und Gewicht geordnet!
Buch der Weisheit 11,21

— 234 —

Meine Ahnung ist nun zur Gewißheit geworden. Wenn der Raum in seiner Ausdehnung dezimal angelegt ist, dann müssen die Stoffe, die diesen Raum ausfüllen, ebenfalls dezimal strukturiert sein. Und genau das sind sie! Die chemischen Elemente bauen auf der Ordnung der natürlichen Zahlen auf, gleichzeitig muß jedes einzelne Element noch eine spezifische Isotopenanzahl besitzen, die zwischen 0 und 10 liegt.

Damit war meine Arbeit auf dem Gebiet der theoretischen Physik und Chemie erst einmal abgeschlossen. Ich mußte mich jetzt einige Jahre ganz der Mathematik zuwenden.

*

Die Geschichte der Naturwissenschaften ist gekennzeichnet durch Irrtümer, während die Mathematik den Irrtum höchstens von 'Rechenfehlern' her kennt. Gegenüber dem Irrtum glaubten die Mathematiker, unfehlbar zu sein, da ja alles streng bewiesen ist.

Außerdem haben Mathematiker nie nach dem 'Warum' gefragt. Da, wie schon besprochen, Zahlen – nach Meinung der Wissenschaftler – menschliche Erfindungen sind, gelten die genialen Beweise für geistvolle Vermutungen als Ausdruck von mathematischer Intelligenz des Problemlösers.

Wenn aber diese Welt Selbstverwirklichung der Unendlichkeit von Raum, Zeit und Zahlen ist und nur in mathematischen Strukturen angelegt sein kann, muß es für die bewiesenen mathematischen Sätze einen – möglicherweise gemeinsamen – bestimmten Hintergrund geben. Er müßte eine Antwort auf die Frage geben, warum diese Sätze eigentlich existieren.

Ich nahm mir also verschiedene mathematische Beweissätze vor und geriet immer mehr ins Staunen darüber, wie blind nicht nur die Elite der Mathematik gewesen ist, sondern wie sehr auch ich die wirklichen Zusammenhänge nur oberflächlich gestreift hatte.

Ich möchte diese faszinierenden Gedanken mit zwei der berühmtesten Beweise in der Mathematik näher erläutern und zwar mit dem Satz von der Transzendenz der Zahlen e und π (C. Hermite und F. von Lindemann) und dem Primzahlsatz (J. Hadamard und C. de la Vallée Poussin). Beide Sätze stehen in der Mathematik isoliert nebeneinander. Ich begann zu ahnen, daß zwischen diesen (und weiteren anderen) ein Zusammenhang bestehen muß.

Die Beweise gelten als so schwer nachvollziehbar, daß sie selbst im Mathematikstudium ausgeklammert werden. Aber das bloße Eintrichtern würde ja auch keinen Erkenntniszuwachs einbringen.

Eben dadurch aber wird verhindert, daß sich ein Mathematikstudent überhaupt mit der Frage beschäftigt, warum diese beiden oben genannten Sätze in dieser Welt existieren müssen.

Ich will versuchen, dem mathematisch nicht vorgebildeten Leser die Tiefe und Tragweite der Fragestellung und ihrer Antwort zu verdeutlichen.

*

In der Mathematik unterscheidet man bei den dezimalen Brüchen mit unendlich vielen Stellen nach dem Komma zwischen drei verschiedenen Sorten.

Periodische Dezimalbrüche sind rational. Wurzelausdrücke (nicht quadratischer Zahlen) sind irrational, weil sie keine Perioden besitzen. Unendliche Dezimalbrüche, die sich weder in die erste noch in die zweite Gruppe einordnen lassen, entziehen sich unserem Begreifen und werden deshalb transzendent genannt.

Diese Dreiteilung in

rationale
irrationale
transzendente

Dezimalzahlen führte zu der Frage, zu welcher Klasse e und π gehören.

Schon Archimedes hatte sich mit der Kreiszahl π beschäftigt. Er wollte wissen, durch welchen Bruch sie sich annähernd darstellen läßt. Den damals gefundenen Näherungswert $3 + 1/7$ benutzen wir noch heute mit dem Bruch $22/7$ in der Schule. Im Zeitalter der modernen Mathematik lief alles darauf hinaus, ob es zwei Zahlen gibt, die als Bruch bis ins Unendliche genau π liefern. 1770 konnte die Frage verneint werden. Jetzt konzentrierte man sich auf die Frage, ob sich π durch Wurzelausdrücke berechnen läßt. Wenn dies auch nicht der Fall wäre, müßte π eine transzendente Zahl sein. Damit sind wir aber schon mitten in den tiefsten Fragen der Mathematik.

Die wunderlichen, unendlichen Dezimalzahlen e und π sind nämlich durch eine in höchstem Maße merkwürdige Formel miteinander verknüpft. Die Formel wurde von Euler entdeckt und lautet[1]:

$$e^{i \cdot \pi} = -1$$

Euler war über seine Entdeckung sehr ergriffen, obwohl seine Zeitgenossen sie für eine mathematische Spielerei hielten.

Gauß, der die mathematischen Werke von Euler

---

[1] gesprochen: e hoch i mal pi gleich minus 1

schon als Schüler studiert hatte, erhob diese Formel zur zentralen Formel der Mathematik überhaupt. Da die Ableitung dieser Formel aus heutiger Sicht einfach ist, empfinden die meisten Mathematiker sie nicht mehr als geheimnisvoll. Jeder Taschenrechner für die Oberstufe des Gymnasiums kann zwar ausrechnen, was $e = 2,718...$ potenziert mit $3,141...$ liefert (auf soviel Stellen, wie er rechnen kann), aber kein Computer der Welt kann den Wert ausrechnen, wenn im Exponenten noch die Zahl i (Wurzel aus -1) steht.

Der Beweis für die Transzendenz von π erfolgte über die oben genannte Euler-Formel, indem vorher der Nachweis erbracht wurde, daß e transzendent (und nicht algebraisch) ist. Wenn der Ausdruck $i \cdot \pi$ transzendent (und nicht algebraisch) war, dann mußte π auch transzendent sein.

Der Beweis für die Transzendenz von e erfolgte über eine Annahme, die im Verlauf des Beweises einen Widerspruch ergab. Folglich mußte die Annahme falsch sein (nach diesem Verfahren werden in der Mathematik Beweise entwickelt, die nicht direkt beweisbar sind).

Die Beweisführung war zwar genial, aber verriet natürlich nicht das Allergeringste darüber, **warum** die Grundkonstanten des Universums transzendent sind.

*

Nun zum Primzahlsatz. Er hat seinen Ursprung in der Vermutung, daß die Anzahl der Primzahlen unterhalb einer gegebenen Zahl einer Gesetzmäßigkeit gehorcht. Wer gerne wissen möchte, ob 101 eine Primzahl ist, kann die Zahl gewiß noch im Kopf zerlegen. Er wird dabei feststellen, daß sie unteilbar, also eine Primzahl ist. Bei der Zahl 1 000 001 ist der Rechenaufwand ungeheuer. Wenn es schon keine Formel gibt, um zu untersuchen, ob eine Zahl eine Primzahl ist, schien es wenigstens wichtig zu wissen, ob es für die Anzahl der Primzahlen eine Formel gibt. So gibt es innerhalb der Zahlen 1 bis 1 000 000 insgesamt 78 496 Primzahlen, was nur mühselig durch Abzählen aus Tabellen gefunden werden kann.

Wer einen entsprechenden Taschenrechner hat, kann leicht die Zahl 1 000 000 eingeben und dann auf die Taste ln drücken. (Mit ln – gesprochen el, n – bezeichnet der Mathematiker den natürlichen Logarithmus zur Basis e. Hier Details zu besprechen, ist nicht notwendig.) Der Rechner liefert den Wert 13,8... . Der 15-jährige Gauß, im Besitz einer Primzahl- und einer Logarithmentabelle, kam nun auf die Idee, die Zahl 1 000 000 durch den Wert 13,8 zu teilen, was aufgerundet 72 463 ergibt. Vergleicht man diese Zahl mit der oben angegebenen Zahl 78 496, fällt auf, daß sie sich lediglich um etwa 6 000 unterscheiden.

Gauß vermutete nun, daß die Anzahl der Primzahlen unterhalb einer gegebenen Zahl bei immer größeren Zahlenwerten (z. B.: 1 Milliarde, 1 Billion, 1 Trillion, 1 Quadrillion usw.) immer genauer der Formel 'x geteilt durch den natürlichen Logarithmus von x' gehorcht. Er fand zwar schon als Junge eine noch genauere Formel, die Integrallogarithmus genannt wird, konnte aber den allgemeinen Beweis Zeit seines Lebens nicht finden. Einer seiner Nachfolger, Bernd Riemann, fand abermals eine genauere Formel, aber ebenfalls nicht den allgemeinen Beweis.

Erst 1896 bewiesen Hadamard und sein Kollege unabhängig voneinander: **Im unendlich Großen ist die Anzahl der Primzahlen (asymptotisch) gleich**

$$\frac{x}{\ln x}$$

Hadamard wurde 1865 geboren und lebte fast 100 Jahre. Er war einer der ganz großen Mathematiker und hatte den Grundstein für die Lösung des 'Welträtsels' gefunden, aber er war blind dafür, eben weil er Mathematiker war, und 'nur' nach einer Formel gesucht hatte.

Es hätte deutlich ausgesprochen werden müssen, daß die Primzahlen streng mit dem natürlichen Logarithmus verknüpft sind und dadurch mit der Grundkonstanten des Universums, der Zahl e. Daß Hadamard dies nicht getan hat, erstaunt um so mehr, als er auch bedeutende mathematisch-physikalische Arbeiten veröffentlicht hat.

Da zum Zeitpunkt der Publikation längst bekannt war, daß das physikalische Geschehen ohne den natürlichen Logarithmus überhaupt nicht beschreibbar ist, hatte Hadamard die Chance, einen Zusammenhang zwischen den physikalischen Abläufen und der Verteilung der Primzahlen zu vermuten.

Da, wie wir oben gesehen haben, die Formeln zur Berechnung der Anzahl der Primzahlen nicht exakt die wahre Menge der Primzahlen liefern, hat dies wahrscheinlich viel zu der geistigen Sperre beigetragen.[1]

*

Um gründlich und schnell die in der Mathematik begangenen Fehler aufzustöbern, brauchte ich unbedingt

---

[1] Hadamard schreibt (aus dem Franz. übersetzt): „Meine Absicht besteht darin, zu zeigen, daß Zeta von s keine Nullstellen haben kann, von denen der reelle Teil gleich 1 ist." Der mathematisch vorgebildete Leser erfaßt, daß hier nur über den unendlichen Verlauf einer Kurve in der komplexen Zahlenebene (auf der alle Primzahlen liegen) eine Aussage gemacht wird.

die Unterstützung eines exzellenten, jüngeren (weil noch begeisterungsfähigen) Fachmathematikers. Mein Wunsch wurde mir erfüllt.

Im Dezember des Jahres 1987 lernte ich auf der Geburtstagsfeier eines Freundes einen jungen Mathematiker kennen. Er zog schon bald für einige Monate in mein Haus, um Unterricht zu erhalten. Michael Felten war 23 Jahre alt und bereitete sich damals auf seine Diplomarbeit vor.

Er war das vierte Kind aus einer Gärtnereifamilie. Die mathematische Begabung des Jungen war den Eltern nicht aufgefallen, und so war er nicht auf das Gymnasium geschickt worden, sondern hatte hauptsächlich Blumenkohlkästen stemmen gelernt. Ähnlich wie im Falle Gauß hatte aber dann doch ein Lehrer auf der Hauptschule dafür gesorgt, daß der Junge nach Schulabschluß sofort in die Oberstufe eines Gymnasiums versetzt wurde.

Sein Vordiplom hatte er mit der Note 1,0 gemacht und in seinem Hauptdiplom sollte es ihm als erstem Examenskanditaten der Mathematischen Institute der Universität Dortmund gelingen, alle drei mathematischen Fächer mit der Höchstnote 0,7 abzuschließen. Von seiner Doktorarbeit wird noch die Rede sein.

Ihn verband mit der Mathematik eine tiefe Leidenschaft. Er erfaßte sofort, daß zusätzlich zu der ihm vom Studium her bekannten Sekundärliteratur, dringend das Studium der Originalwerke großer Mathematiker nötig war. Auch die fehlenden mathematischen Geschichtskenntnisse holte er leicht nach. Nebenher erhielt er von mir Privatunterricht in den Fächern Chemie, Physik und Biologie.

Jetzt konnten wir loslegen.

*

Damals war der Atari ST 1024 mit Festplatte auf dem Computermarkt für uns eine Sensation, denn mit ihm ließen sich erstmalig mathematische Publikationen schreiben. Michael und ich begannen neben unserer Forschungsarbeit, mit Christina die bisher nur mit Maschine geschriebene Fassung meines Buches „Das Primzahlkreuz" in den Computer einzugeben. Das war zum Teil wegen der vielen mathematischen Formeln, Tabellen und Abbildungen recht mühsam.

Christina und ich quälten uns parallel zur Arbeit mit dem Buch durch das schwierige philosophische Werk von Immanuel Kant: „Die Kritik der reinen Vernunft". Beide hatten wir mehrere vergebliche Versuche hinter uns, seiner Wortgewalt standzuhalten.

Während der Beschäftigung mit dem Menschen Kant, der wohl am tiefsten über Raum und Zeit philosophiert hat, begann ich ahnungsvoll zu begreifen, daß es zwei Räume geben muß: einmal den dreidimensionalen Raum unserer täglichen Welt, in dem wir Atome, Moleküle und überhaupt alle Gegenstände vorfinden (Objektraum), und zum anderen den unendlichen Raum um jedes Objekt (Subjektraum).

Das Beschäftigen mit solchen Gedanken, die einer ständigen Kontrolle bedürfen, ob sie denn richtig sind und messerscharf von unlogischen Gedanken abgesondert werden können, wurde oft unterbrochen durch notwendige Telefonate mit Michael, der zeitweise in Dortmund wohnte und arbeitete. Wir hatten uns zur schnelleren Verständigung außerhalb des normalen mathematischen Fachjargons vielerlei Wortneuschöpfungen angewöhnt, so daß man sich kaum einen größeren Gegensatz zur Sprache Kants vorstellen konnte. Hätte uns jemand zugehört, er wäre bestenfalls völlig ratlos gewesen.

15. Kapitel

Die Ordnung in der Unordnung

Die Zahl e = 2,718... hatte Newton 1665 aus einer Fakultätenreihe entwickelt. Er erfaßte die Wichtigkeit dieser Zahl und konnte die Herleitung mathematisch streng beweisen. Der Buchstabe e wurde allerdings erst 1739 von Euler eingeführt. Dieser fand eine zweite – von der ersten völlig verschiedene – Möglichkeit, die Zahl e abzuleiten und dies auch zu beweisen, nämlich durch Binome.

Die Möglichkeit, daß man diese geheimnisvolle Zahl auf zwei völlig verschiedenen Wegen herleiten konnte, erschien mir in höchstem Maße rätselhaft. Michael und ich stimmten darin überein, daß die doppelte Ableitung über Fakultäten und Binome ein Kennzeichen dafür sein mußte, daß die Zahl e, die Grundkonstante des Universums, etwas mit der Ordnung und Kombination der fortlaufenden Zahlen zu tun haben mußte.[1]

„Michael, wenn unser Primzahlkreuz der Hintergrund für die Ordnung in dieser Welt ist, muß die Ursache für die Ableitung von e aus der Reihe der Fakultäten in der zyklischen Struktur der Primzahlen liegen."

Michael ballte die Faust und rief: „Peter, wir werden es rauskriegen! Mir ist's, als ob ich's schon wüßte."

„Michael, ich glaube, wenn wir dieses tiefe Rätsel

---

[1] Da man heute im Studium bei der Differenzierung der Logarithmusfunktion mühelos zu dem Binom $(1 + \frac{1}{n})^n$ gelangt und dieses durch eine Grenzwertbetrachtung in die Fakultätenreihe $1 + \frac{1}{1!} + \frac{1}{2!} + \frac{1}{3!} + \frac{1}{4!} + ...$ überführt, ist jegliches Staunen für die beiden verschiedenartigen Möglichkeiten, e zu berechnen, eingeschlafen.

lösen wollen, müssen wir die nullte Schale im Auge behalten."

Wir hielten sie im Auge.

*

Der Wert 1,718... berechnet sich nach Newton folgendermaßen:

$$\frac{1}{1} + \frac{1}{1\cdot 2} + \frac{1}{1\cdot 2\cdot 3} + \frac{1}{1\cdot 2\cdot 3\cdot 4} + \ldots = \frac{1}{1!} + \frac{1}{2!} + \frac{1}{3!} + \frac{1}{4!} + \ldots$$

$$= 1,71\ldots$$

Die fehlende 1 besorgte sich Newton, indem er seiner Fakultätenreihe noch ein Glied voransetzte, nämlich

$$\frac{1}{0!}$$

(gesprochen: '1 geteilt durch 0 Fakultät'). Er setzte diesen Ausdruck gleich 1. Die Fragwürdigkeit dieses Vorgehens glich er mit dem 'Beweis' aus, daß e den Wert 2,718... besitzen muß.

Im Frühjahr 1989 nahmen wir den fragwürdigen Begriff 1/0! zunächst wieder aus der Formel heraus. Übrig blieb der Zahlenwert 1,718...

$$2,718\ldots = 1 + 1,718\ldots$$

Wir versuchten, auf verständlicherem Wege zu dem Wert 1,718... zu gelangen. Wir entwickelten ein kombinatorisches Spiel mit verschieden vielen Bällen. Liegt nur 1 Ball mit der Aufschrift 1 in einer Kiste, haben wir nur eine Möglichkeit, diesen Ball herauszunehmen und vor uns hinzulegen. Liegen 2 Bälle mit der Aufschrift 1 und 2 in der Kiste, haben wir schon 2 verschiedene Möglichkeiten, sie der Reihe nach herauszuholen und aufzureihen: (1; 2) (2; 1). Bei 3 Bällen gibt es 6 Möglichkeiten: (1; 2; 3) (1; 3; 2) (2; 1; 3) (2; 3; 1) (3; 1; 2) (3; 2; 1), bei 4 Bällen sind es 24, bei 5 Bällen 120 usw.

Um jeweils Zahlenreihen mit der Ordnung der fortlaufenden Zahlen zu erhalten, haben wir bei der Zahl 1 eine von einer Möglichkeit. Bei 2 Zahlen ist die Chance der richtigen Ordnung eine von 2 Möglichkeiten. Bei 3 Zahlen liegt die Chance bei einer von 6 Möglichkeiten und bei 4 Zahlen bei einer von 24 Möglichkeiten usw. Es ergibt sich jetzt folgendes Bild für die Chancen der geordneten Zahlenreihen erst für einen Ball, dann für 2, 3, 4, ... Bälle:

$$\frac{1}{1} + \frac{1}{2} + \frac{1}{6} + \frac{1}{24} + ...$$

Die Summe der Kombinationen beträgt, wenn wir dieses Spiel unendlich weiterführen

1,718...

Die Newtonsche Fakultätenreihe entlarvt sich somit als reine Kombinatorik für Zahlenordnungen. Newton hat dies sicherlich gewußt, nur hat der als 'Geheimniskrämer' bekannte Mathematiker für sich behalten, daß der Wert e − 1 = 1,718... aus nichts Geringerem stammt als aus der Ordnung der natürlichen Zahlen selbst. Die fehlende 1 paßte allerdings nicht in diesen wunderbaren Gedanken.

Wo nun sollten wir uns die 1 'herholen'? Wir erinnerten uns beide fast gleichzeitig an meine Worte, die nullte Schale im Auge zu behalten. Dort gibt es nur eine

Ordnung, nämlich die 1 (und ihre Wurzelausdrücke). Noch heute steht mir das Bild vor Augen, wie uns durch einen Gedankenblitz dieser Zusammenhang klar wurde. Jetzt hatten wir sie, die Zahl e, aus dem Primzahlkreuz abgeleitet. Solange dieses Modell der Wirklichkeit für Zahlen, die geordnet auf Kreisen sitzen, nicht zur Verfügung stand, mußte die Logik der Mathematik immer mit der Realität dieser Welt im Widerspruch liegen. Für Mathematiker ist e eine menschliche 'Glanztat', eine abstrakte, erfundene Größe. Daß sie 'zufällig' auch die Grundkonstante des Universums ist, wird mit gequälter Eitelkeit registriert.

*

Damit stand fest, daß die mathematische Konstante e mit der Struktur und Verteilung der Primzahlen von der Form $6n \pm 1$ verknüpft ist. Gleichzeitig hatten wir die Lösung in der Hand, aus welchem Grund die drei mathematischen Konstanten e, i, π mit der Zahl -1 über die Formel

$$e^{i \cdot \pi} = -1$$

verknüpft sind. Da $-1 + 1 = 0$ ist, gilt (wenn man beiden Seiten $+1$ hinzufügt):

$$e^{i \cdot \pi} + 1 = 0$$

In dieser Formel stecken die 6 Grundgrößen der Mathematik:

$$e, \; i, \; \pi, \; 1, \; 0, \; -1$$

Wir konnten das tiefste mathematische Geheimnis entschlüsseln, weil nur das Primzahlkreuz die Möglichkeit bietet, diese 6 Grundgrößen des Universums zu verdeutlichen. π ist die Kreiszahl und wiederholt sich in allen Zahlenkreisen. Die imaginäre Zahl i bestimmt die Kreuzstruktur der nullten Schale. Die Zahl e liefert die Ordnung der fortlaufenden Zahlen, wobei es dabei nur auf die Struktur und Verteilung der Primzahlen ankommt.

Das Primzahlkreuz ist somit nicht eine menschliche Erfindung, sondern ein Modell des Bauplans, mit der die Unendlichkeit sich im Aufbau der Atome verwirklicht (verendlicht). Das hat logischerweise zur Folge, daß wir in dieser Sache keine Erfinder sind, sondern als Suchende etwas gefunden haben. Das bedeutet aber auch, daß es sich jeder menschlichen, abfälligen Beurteilung von vorneherein entzieht.

Wer diese Zusammenhänge wirklich verstehen möchte, wird sie verstehen und Ehrfurcht verspüren. Gott hat die Welt einfach angelegt. Er hatte gewiß nicht die Absicht, daß man sie nur in elitären Räumen von Universitäten begreifen kann. Die Menschen waren es, die aus der unendlichen Vielfalt im Kosmos eine nicht mehr zu überbietende Kompliziertheit der Formeln gemacht haben. Wer – aus welchem Grunde auch immer – aus der Befangenheit seines bisherigen Wissens nicht herauswill, wird die Konsequenzen tragen müssen.

Die Wahrheit braucht nicht den Menschen, der sie begreift, aber die Menschen brauchen die Wahrheit, um wirklich leben zu können.

*

Mit der Entdeckung der Infinitesimalrechnung (infinitum, lat.: das Unendliche) durch Leibniz und Newton vor 300 Jahren begann der Ausbau der Mathematik, die man heute als Höhere Mathematik bezeichnet. Michael und ich ahnten, daß die gesamte Höhere Mathematik in ihrer ungeheuren Vielfalt und Kompliziertheit in Wirklichkeit die Kostümierung der Primzahlen sein mußte.

Michael hatte im Sommer 1989 sein Diplom gemacht und würde in den nächsten Jahren an seiner Doktorarbeit schreiben. Zunächst aber ließ er das von ihm gewählte, sehr schwierige Thema allerdings erst einmal zwei Jahre liegen. Das Problem, das er bearbeiten wollte, war ohnehin seit rund hundert Jahren ungelöst. Dafür löste er es dann 1991 in einem halben Jahr.

Bis dahin sollte es uns gelingen, das verborgene Geheimnis der Höheren Mathematik so kunstvoll aufzudecken, als hätten wir es geschafft, in die Tresore der Bank von England einzudringen und mit der Beute davonzukommen. So begeistert strahlten wir auch.

Die Auflösungsgeschichte begann im September 1989 auf der Prachtstraße von Düsseldorf, der Königsallee. Wir saßen bei Sonnenschein in einem Staßencafé und aßen Pflaumenkuchen mit doppelten Sahneportionen. In unserem Gespräch ging es wie immer um Primzahlen. Plötzlich erfaßte ich einen elementaren Zusammenhang.

„Michael, die Zahlen $+1$ und -1 sind die Grundzahlen, von denen sich die Primzahlen von der Form $6n \pm 1$ ableiten. Leibniz hat doch als erster erfaßt, daß die ganze Infinitesimalrechnung im Prinzip auf diesen beiden Zahlen basiert. Beim Integrieren wird dem Exponenten die Zahl $+1$ zuaddiert, und so unendlich genau ein Flächenabschnitt unter einer Kurve berechnet. Beim Differenzieren wird dem Exponenten die Zahl -1 zuaddiert und so die Krümmung einer Kurve unendlich genau bestimmt. Da ± 1 der Takt der Primzahlen ist, muß die Infinitesimalrechnung auf jeden Fall etwas mit den Primzahlen (in Exponentenfolgen) zu tun haben."

Michael saß mit offenem Mund da: „Mein Gott, sind wir dumm gewesen! Du hast ja recht, Peter. Dreihundert Jahre hat diesen Gedanken kein Mathematiker ausgesprochen. Die Primzahlen haben etwas mit dem natürlichen Logarithmus, und dieser wiederum hat etwas mit der Integralrechnung[1] zu tun. Dann muß aber die Integralrechnung etwas mit Primzahlen zu tun haben! Das ist so einfach, daß man darüber verrückt werden könnte."

*

Ich stellte eine Frage, die mir erst jetzt kam: „Michael, wir haben uns bisher nur mit ganzen Zahlen auf Kreisen beschäftigt. Wenn die Zahlen real existieren, müssen natürlich auch ihre Kehrwerte real existieren. Wo auf dem Primzahlkreuz liegen die eigentlich?"

Michael schaute mich verblüfft an. Er überlegte und sagte: „Das weiß ich auch nicht. Zwischen den Zahlen 0 und 1 auf dem Primzahlkreuz liegen sie jedenfalls nicht."

---

[1] Das Integral von $1/x$ liefert nach dem Leibnizschen Integrationsverfahren einen Widerspruch, nämlich den undefinierten Ausdruck '1 geteilt durch 0'.

$$\int \frac{1}{x} \cdot dx = \frac{x^{-1+1}}{-1+1} = \frac{x^0}{0} = \frac{1}{0}$$

Vor 300 Jahren waren die Kritiker Leibniz' begeistert, allerdings nur so lange bis sich herausstellte, daß dieses Integral doch eine 'vernünftige' Lösung besaß – nämlich **ln x**. Da der Rechenschritt, $1/x$ zu integrieren, der meistbenutzte mathematische Kunstgriff in der Physik ist, kann man nur ratlos beobachten, wie gedankenlos der natürliche Logarithmus in der Physik behandelt wird.

Auf dem Primzahlkreuz liegen die ganzen Zahlen immer auf 4 verschiedenen Kreissegmenten (Quadranten). Wenn man sich nun gedanklich die Umkehrung der ganzen Zahlen vorstellt, müßte man sich auch die Umkehrung der Kreissegmente vorstellen.

So war es in der Tat. Ende 1989 konnte ich die gedankliche Sperre lösen. Geometrisch liegen reziproke Zahlen auf einer Kurve, die der Mathematiker Hyperbel nennt. Wir definierten nun diese Kurve als die Umkehrung unendlich vieler, kleiner Abschnitte von immer größer werdenden Kreisen. Dieser Verwandtschaft mit den Kreisen ist man sich in der Mathematik nicht bewußt.

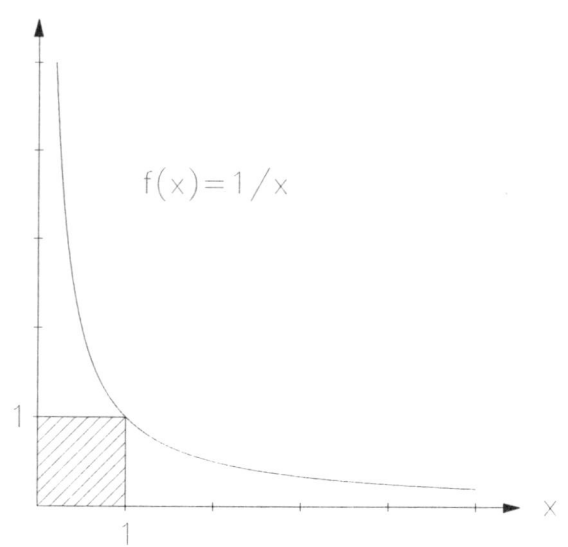

Abbildung 11

Der Kehrwert von 1 ist 1/1, der Kehrwert von 2 ist 1/2, der Kehrwert von 3 ist 1/3 usw. Abb. 11 zeigt einen Hyperbelast, der sich rechts an die x-Achse anschmiegt, diese aber nie erreichen kann. Die Unendlichkeit der ganzen Zahlen liegt bei ihrer Umkehrung auf der y-Achse

— 250 —

zwischen 1 und 0. Die Zahl 0 kann jedoch nicht erreicht werden.

Die Beschäftigung mit der Hyperbel führte wieder zu dem natürlichen Logarithmus und zu den Primzahlen. Wir wollen von der Frage ausgehen, wie groß z.B. die Summe der ersten Million reziproker Zahlen ist:

$$1 + \frac{1}{2} + \frac{1}{3} + \frac{1}{4} + \frac{1}{5} + \frac{1}{6} + \frac{1}{7} + ... + \frac{1}{1000000}$$

Die meisten Menschen werden jetzt denken, es sei notwendig, alle diese Brüche erst mühsam in Dezimalbrüche zu verwandeln, um sie dann aufzuaddieren:

$$1 + 0,5 + 0,3333... + 0,25 + 0,1666 ... + 0,142857...$$
usw.

Aber wie schon bei der Frage nach der Anzahl der Primzahlen unter einer Million, verhilft uns auch hier wieder der Taschenrechner zu einer Blitzoperation. Wir geben einfach wieder den Wert 1 000 000 ein und drücken die 'ln'-Taste. Es erscheint der vertraute Wert 13,81..., der sich vom wahren Wert 14,39... der aufsummierten reziproken Zahlen um einen Dezimalbruch unterscheidet, der (mit einem großen) C benannt ist, und die Größe

0,5772156649...

besitzt. Sie wird als Euler-Mascheroni-Konstante bezeichnet. Der Wert dieser Konstanten erfüllt sich immer genauer, wenn wir mit den Aufsummierungen endlos fortfahren. Groß C ist eine mathematische Konstante, wie die Eulersche Zahl e. Über C weiß man sonst nichts. Man kann noch nicht einmal sagen, ob sie transzendent ist wie e.

Es ist natürlich verblüffend, daß der natürliche Logarithmus (der an die Zahl e gekoppelt ist) gleichzeitig die ungefähre Menge der Primzahlen liefert und auch das Ergebnis für die Aufsummierung von reziproken Zahlen. Anscheinend hat die Anzahl der Primzahlen (z.B.: unterhalb einer Million) etwas zu tun mit der Summe der reziproken Zahlen (z.B.: unterhalb einer Million).

Wir haben bisher nicht erklärt, was genau die Zahl e und den natürlichen Logarithmus verbindet. Bei Interesse kann dies in jedem Mathematikbuch nachgelesen werden. Es reicht hier aber vollkommen, zu wissen, daß e und der natürliche Logarithmus durch einen Umkehrgedanken miteinander verknüpft sind, nur nicht so einfach wie eine Zahl und ihr Kehrwert.

*

Wenn die reziproken Zahlen etwas mit e bzw. dem natürlichen Logarithmus zu tun haben, e seinerseits etwas mit der Ordnung der Primzahlen zu tun hat, so muß die Ordnung der Primzahlen auch folgerichtig etwas mit der Ordnung der reziproken Zahlen zu tun haben.

Da das Primzahlkreuz mit der Ordnung der ganzen Zahlen eine bestimmte Geometrie besitzt, die durch die Grundzahlen 1, 2, 3 und die 8-strahlige Struktur gekennzeichnet ist, mußte, so schlußfolgerten wir fast fiebernd, auch die Ordnung der umgekehrten Zahlen eine (umgekehrte?) Geometrie besitzen, die auf den Zahlen 1, 2, 3 und einer 8-er Struktur aufgebaut sein müßte.

Damit war ich wieder bei der Frage gelandet, ob es gleichzeitig zwei Räume geben muß, den Raum um ein Objekt (unendlich und vierdimensional) und den Raum, in dem das Objekt (endlich und dreidimensional) betrachtet wird. Dieser dreidimensionale Raum, in dem wir 'leben', ist in der Regel mit Gas gefüllt. In diesen Gasgemischen gibt es Transportvorgänge, die uns so geläufig sind, daß wir kaum darüber nachdenken. Gemeint ist die Übertragung von Tönen und Sprache (Akustik) und die Übertragung von Wärme (Thermodynamik). Da unsere Raumvorstellung bisher auf den 3-dimensionalen Raum fixiert war, war es den Wissenschaftlern nicht möglich, den 4-dimensionalen (Zahlen-)Raum überhaupt zu erahnen. Das besondere ist eben, daß der 3-dimensionale Raum erst dann als Zahlenraum der reziproken Zahlen erfaßt werden kann, wenn der Raum der ganzen Zahlen, der 4-dimensionale Raum, erfaßt ist.

*

Wenn wir einen Ton auf einer Violinensaite anstreichen, beginnt die Saite zu schwingen, und der Ton wird von der Luft zu unserem Ohr übertragen. Dabei passiert etwas Eigenartiges. Die Gasmoleküle stoßen sich gegenseitig an, ähnlich wie Billardkugeln. Die Anzahl der Moleküle in einem Liter Gas ist unvorstellbar groß (ungefähr 10^{22}). Wenn ein ganzes Orchester in einem Saal spielt, ist das 'Gewuse', das dann in den Luftmolekülen herrscht, so ungeheuerlich, daß bisher jegliches Erklärungsmodell für Tonübertragung versagen mußte. Die Musik, die dort von der Bühne schallt und tausendfach an Wänden, Decken, Stuhlreihen usw. reflektiert wird, dürfte unser Ohr eigentlich nur als entsetzliches 'Gejaule' treffen. Statt dessen erreicht eine unendlich genaue Information unser Trommelfell, die dort in Schwingungen und dann in elektrische Signale umgesetzt wird.

So wie Licht durch den leeren oder gasgefüllten Raum wellenförmig übertragen wird (wobei das Gas keine Transportfunktion hat), so wird auch der Schall im gasgefüllten Raum physikalisch übertragen, wobei die sich stoßenden Gasmoleküle abwechselnd Verdichtungen und Verdünnungen im Gasmedium bilden. Diese Transportphänomene werden als Longitudinalwellen bezeichnet. Sie bieten zwar die Möglichkeit, die Geschwindigkeit des Schalls als Wellenvorgang zu deuten, liefern aber keine Erklärung für die exakte Informationsübertragung.

Da gibt es denn in unserer modernen, umjubelten Physik zwei Wellenmodelle. Die elektromagnetische Transversalwelle eilt durch den 'leeren' Raum, die Longitudinalwelle (Schallwelle) wird völlig exakt von einem Gasmedium transportiert und überträgt dabei Informationen von unvorstellbaren Ausmaßen. Beides müßte von den Physikern ohne ein geeignetes Erklärungsmodell als Zauberei bezeichnet werden. Aber die hat in der Physik ja keinen Platz. Die Physiker arbeiten mit Gesetzen, die ihnen geschenkt sind und bilden sich ein, sie hätten sie geschaffen.

*

Wenn ein Chemiker zwei oder mehr Stoffe in einem Lösungsmittel zum Kochen bringt, erreicht er, daß sich die Moleküle heftig stoßen und dabei nach bestimmten Reaktionsmechanismen Verbindungen eingehen, oder Umwandlungen in den Molekülen selbst eintreten. Wenn man hingegen an eine einzelne Zelle in einem Blatt denkt oder an eine Leberzelle eines Tieres, versagen unsere Vorstellungen von den Stoßprozessen (Kinetik).

Die ungeheure Chaotik, mit der dort Tausende von verschiedenen chemischen Verbindungen gegeneinanderprasseln, die alle aufgesplittet sind in spezifische 'Billardkugeln', ist der vollkommene Widerspruch zu der beobachteten Ordnung aller Abläufe. Zwar sorgen räumlich gebaute Enzyme für Produktionsabläufe ähnlich wie auf den Fließbändern der Automontagen, trotzdem ist die Ordnung im Chaos völlig unbegreiflich.

In den letzten Jahren hat sich in der Physik ein neuer Modezweig entwickelt, der sich Chaostheorie nennt. Leider beschreibt man wieder nur die Phänomene, die man beobachtet. Nach einer Erklärung, wer oder was die Ordnung im Chaos steuert, wird nicht gesucht. Diese Fragestellung lag jetzt für mich nahe.

*

Da die transversalen elektromagnetischen Wellen durch die Primzahlstruktur des vierdimensionalen Raumes unendlich genau transportiert werden, kam für die Transportmechanismen der Stoßprozesse im dreidimensionalen Raum nur die Ordnung der reziproken Primzahlen in Frage.

Stoßprozesse sind duale Entscheidungen, und wir wollen die Links-oder-Rechts-Entscheidung, den klassischen Dualismus zwischen Ja oder Nein, Kopf oder Zahl, kurz mathematisch beleuchten. Dazu benutzen wir ein Nagelbrett, das sogenannte Galtonsche Brett. Es besitzt oben einen Trichter, in seinem mittleren Teil quadratisch über Eck eingesetzte Nägel und unten eine Reihe schmaler, oben offener Kästchen. Schüttet man oben Schrot in den Trichter, stoßen diese Kügelchen beim Herunterfallen in regelmäßiger Weise an die Nägel und werden so in ihrer Laufrichtung hin- und hergelenkt.

Die Kugeln liegen in einer bestimmten Verteilung in den Auffangkästchen. Statt ein Nagelbrett zu benutzen, können wir auch einen Sack mit Reiskörnern aus einer bestimmten Höhe auf die Erde schütten. Auch hier ergibt sich wieder folgendes Bild: In der Mitte ist die Häufung am größten, zum Rand hin verläuft alles flach aus. Wenn man diese sich ergebende Form in einer Kurve zeichnet,

— 255 —

erhält man die sogenannte Gaußsche Verteilungskurve. Diese Kurve wiederholt sich immer wieder bei Verteilungsvorgängen. Sie ist, wie nicht anders zu erwarten war, mit e verknüpft. Woher wissen die Reiskörner, daß sie einer Naturkonstanten gehorchen müssen?

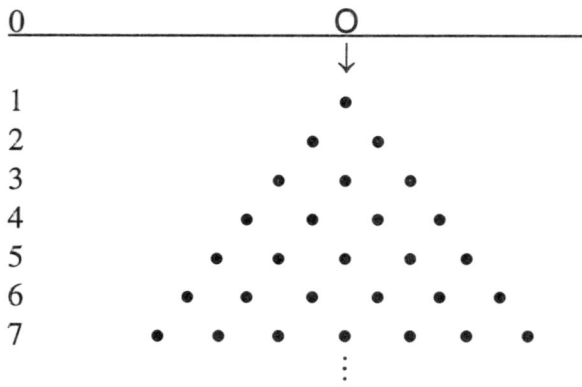

Abbildung 12

Übrigens befindet sich eine solche Kurve auf der Vorderseite des deutschen Zehnmarkscheins (dazu das Bild von Gauß).

Die Frage lautet: Wie kann eine Versuchsanordnung, die aus rein dualen Entscheidungen besteht, zu einer Verteilung führen, die der Naturkonstanten e gehorcht? Ein Kügelchen muß sich bei jedem Nagel, den es berührt, lediglich 'entscheiden', ob es nach links oder nach rechts fällt. Die Entscheidung links oder rechts stellt zwei mögliche Ereignisse dar. Wir dürfen also die Frage stellen: Was hat die Zahl 2 mit der Naturkonstanten e zu tun?

Die Entscheidung, ob die Kugel nach links oder rechts fällt, ist ein reines Raumproblem. Die Kenntnis über den Primzahlraum hilft uns hier nicht unmittelbar weiter. Doch der Verdacht ist geweckt, daß neben der Universalität der Zahlen 3 und 4 sowie der 1, der Zahl 2 eine tiefe, noch verborgenere Grundbedeutung zukommt. Sie ist die Zahl der Entscheidung, die Zahl der sogenannten Zufallsketten.

*

Zur Untersuchung der Statistik von Zweierstößen betrachten wir den Fall einer einzigen Kugel durch ein Nagelbrett. Die Kugel soll von der nullten Etage herunterfallen; sie besitzt dabei nur eine Möglichkeit der Fallrichtung. Fällt sie auf den ersten Nagel, kann sie nach links oder rechts fallen. Die Wahrscheinlichkeit, daß sie nach rechts fällt, ist $\frac{1}{2}$. Beim Herunterfallen auf die zweite Etage hat die Kugel wieder die Entscheidungsfreiheit, nach rechts oder links zu fallen. Fällt sie ein weiteres Mal nach rechts, ergibt sich die Wahrscheinlichkeit $\frac{1}{2} \cdot \frac{1}{2}$. Auf der dritten Etage beträgt dann der Wert der Entscheidung für rechts $\frac{1}{2} \cdot \frac{1}{2} \cdot \frac{1}{2}$. Wir summieren nun die Einzelwahrscheinlichkeiten für den fortgesetzten unendlichen Fall nach rechts und erhalten:

$$1 + \frac{1}{2} + \frac{1}{4} + \frac{1}{8} + \cdots = 2$$

Nun wollen wir den Fall der Kugel betrachten, wenn freie Entscheidbarkeit herrscht:

Der Verlauf der Kugel von der nullten über die erste Etage ist derselbe wie im obigen Beispiel. In der zweiten Etage existiert jeweils **1** Weg, um zum linken, und **1** Weg, um zum rechten Nagel zu gelangen. Zum mittleren Nagel der dritten Etage führen genau **2** Wege. Die beiden mittleren Nägel der vierten Etage können über jeweils **3** Wege erreicht werden. Bis zur nächsten Etage existieren für die jeweiligen Nägel **1, 4, 6, 4, 1** mögliche Wegkombinationen.

$$
\begin{array}{ccc}
1 & \rightarrow & 1 = 2^0 \\
1\ 1 & \rightarrow & 2 = 2^1 \\
1\ 2\ 1 & \rightarrow & 4 = 2^2 \\
1\ 3\ 3\ 1 & \rightarrow & 8 = 2^3 \\
1\ 4\ 6\ 4\ 1 & \rightarrow & 16 = 2^4 \\
1\ 5\ 10\ 10\ 5\ 1 & \rightarrow & 32 = 2^5 \\
1\ 6\ 15\ 20\ 15\ 6\ 1 & \rightarrow & 64 = 2^6 \\
1\ 7\ 21\ 35\ 35\ 21\ 7\ 1 & \rightarrow & 128 = 2^7 \\
1\ 8\ 28\ 56\ 70\ 56\ 28\ 8\ 1 & \rightarrow & 256 = 2^8 \\
\vdots & &
\end{array}
$$

Abbildung 13

Diese entstandenen Kombinationszahlen nennt man Binomial-Koeffizienten (ein regelrechter Zungenbrecher). Im weiteren Verlauf werde ich ihr faszinierendes Geheimnis enthüllen.

Allgemein erhalten wir ein Schema, das nach dem französischen Mathematiker und Philosophen Blaise Pascal 'Pascalsches Dreieck' genannt wird.

Für jede einzelne Etage gilt: Die Summe der Wegkombinationen ist immer eine Potenz der Zahl 2. Von einer fallenden Kugel wird pro Etage von der Summe aller Wegkombinationen, also von 2^n, eine ausgewählt:

$$\frac{1}{2^n}$$

Der Vergleich mit dem reziproken Quadratgesetz ist verblüffend. Man sieht mit einem Blick, daß hier die Basiszahlen und die Exponente (2 und n) nur vertauscht sind. Dies ergibt sich aus der in Folge beschriebenen Tatsache, daß die Zeilen des Pascalschen Dreiecks mit reziproken Zahlen beschrieben werden müssen.

Die beiden Gesetze

$$\frac{1}{2^n} \quad \text{bzw.} \quad \frac{1}{n^2}$$

beschreiben, wie wir im nächsten Kapitel sehen werden, die zueinander reziproken Geometrien des dreidimensionalen und vierdimensionalen Raumes.

*

Die Kehrwerte der Zahlen 1, 2, 4, 8, 16, 32, ... liefern bei der Aufsummierung den Wert 2. Bei dieser Zahl muß es sich um eine Naturkonstante handeln. Es liegt die Vermutung nahe, daß die Zahl 2 und die Naturkonstante e eng miteinander verknüpft sind, da sie beide über einen verwandten Ordnungsgedanken gewonnen worden sind.

Was aber verbindet die Zahlen 2 und e? Wenn eine Vielzahl von Kugeln durch das Brett läuft, hat die Verteilung die Form einer Glockenkurve. Die Genauigkeit nimmt mit der Anzahl der Etagen und der Kugeln zu (Gaußsche Verteilungskurve e^{-x^2}). Damit kann man sofort zum Kern der Sache stoßen. Wir führen nun ein gedankliches Experiment durch.

Wieder geht es um Bälle. Diesmal greifen wir aber nicht einzelne, bezifferte Bälle aus einer Kiste heraus, sondern schütten alle, jetzt unbezifferten Kugeln durch ein Nagelbrett. Während wir beim ersten Spiel durch die Aufaddierung von Chancen der geordneten Reihen zur Zahl e gelangt sind, wollten wir es diesmal dem Zufall überlassen, ob sich irgendeine Ordnung ergibt.

Auf der nullten Etage besitzt eine Kugel nur eine

Möglichkeit der Fallrichtung. Sie soll auf den ersten Nagel treffen (erste Etage). Ob sie jetzt nach rechts fällt, wird von entscheidender Bedeutung sein für den endgültigen Ort ihres späteren Verbleibes in der Verteilungskurve. Der Ort ihrer Entscheidung auf der zweiten Etage ist also abhängig von der Entscheidung der darüberliegenden Etage. Das gleiche gilt für den Nagel, auf den die Kugel in der dritten Etage trifft. Das ist wiederum abhängig von den Prozessen in der Etage darüber. Man kann folgern: Die Wichtigkeit der einzelnen Etagen nimmt zunehmend ab.

Die n-te Etage besitzt n Nägel. Die Wichtigkeit der einzelnen Etagen für den endgültigen Aufenthaltsort der Kugel verläuft somit über die reziproken Zahlen

$$1, \frac{1}{2}, \frac{1}{3}, \frac{1}{4}, \frac{1}{5}, \dots$$

Die Wahrscheinlichkeit der Fallrichtung einer Kugel nach links oder rechts ist jeweils 1/2. Eine Kugel soll nun idealerweise immer abwechselnd nach links und rechts fallen. Sie wird dann genau im Mittelpunkt der Gaußschen Glockenkurve eintreffen. Dabei nimmt die Wichtigkeit der Etagen, durch die sie fällt, ebenso, wie oben beschrieben, ab. Die alternierenden Fallrichtungen links oder rechts werden jetzt durch Vorzeichenwechsel von plus und minus in der Aufsummierung ersetzt. Man erhält die nach N. Mercator genannte 'Mercator-Reihe':

$$1 - \frac{1}{2} + \frac{1}{3} - \frac{1}{4} + \frac{1}{5} - + \dots = 0,69314\dots = \ln 2$$

Würden unzählig viele Kugeln durch unzählig viele Etagen laufen, wäre die Verteilung der Kugeln exakt symmetrisch, weil die Links-Entscheidungen und die

— 260 —

Rechts-Entscheidungen gleich wahrscheinlich sind. Der Wert für den oben gedachten Zickzackweg in der Mitte des Nagelbrettes ist **0,69314**....

Das ist der schon mehrfach erwähnte natürliche Logarithmus einer ganzen Zahl zur Basis e. Es handelt sich um den Logarithmus der Zahl 2, die die Ja-Nein-Entscheidung steuert.

$$e^{0,69314...} = 2$$

Während also unser erstes Spiel zur Ordnungskonstanten e führte, liefert der geordnete Zickzackverlauf im Rahmen 'zufällig' fallender Kugeln den natürlichen Logarithmus der Zahl 2. In der Mitte des Nagelbrettes hat die Häufigkeitskurve ihren höchsten Punkt. Die Verteilungskurve kann nur dann eine e-Funktion sein, wenn die Abläufe auf dem Nagelbrett mathematisch an den natürlichen Logarithmus gebunden sind.

Da die Wichtigkeit der Etagen mit reziproken Zahlen beschrieben werden muß, wird deutlich, daß die Zeilen im Pascalschen Dreieck allgemein mit reziproken Zahlen beschrieben werden müssen, und daß der Logarithmus über die Ordnung der reziproken Primzahlen gesteuert sein müßte, was im nächsten Kapitel deutlich gemacht wird.

*

Das Nagelbrett stellt nur ein Modell zur Sichtbarmachung von Ja-Nein-Entscheidungen dar. Für eine Menge von Gasatomen, die sich gegenseitig stoßen, gilt mathematisch dasselbe wie für das Nagelbrettmodell. Die Stöße der einzelnen Atome untereinander (Zweierstöße) erscheinen uns im höchsten Maße ungeordnet. Doch für eine größer werdende Anzahl von Stößen ist das gesamte System immer geordneter. Es muß sich mathematisch über e-Funktionen oder die Umkehrung, den natürlichen Logarithmus beschreiben lassen.

Wir hatten den natürlichen Logarithmus von 2 aus der alternierenden Aufsummierung der reziproken Zahlen gewonnen. Die Alternierung

$$+, -, +, -, +, -, +, \ldots$$

stellt nun statistisch eine Ordnung dar, und zwar **eine Ordnung in der Unordnung**, denn es gibt unendlich viele Plus-Minus-Folgen, die nicht alternieren und folglich ungeordnet sind.

Endlich begannen wir zu begreifen, daß der dreidimensionale, gasgefüllte Raum ein reziproker Zahlenraum ist. Er müßte durch reziproke Primzahlen geordnet sein und geometrisch die Umkehrung des vierdimensionalen, leeren, unendlichen Raumes sein, der durch Primzahlen im Primzahlkreuz geordnet ist.

16. Kapitel

Die Suche nach der reziproken Geometrie

Die Zahlen im Pascalschen Dreieck errechnen sich aus Binomen von der Form $(a + b)^n$. Fast jeder wird sich noch dunkel an eine einmal auswendiggelernte Formel aus der Schulzeit erinnern: 'a plus b in Klammern zum Quadrat gleich a Quadrat plus 2ab plus b Quadrat'. Diese steht in Abb. 14 in der dritten Zeile.

$$(a + b)^0 = \underline{1}$$

$$(a + b)^1 = \underline{1}a + \underline{1}b$$

$$(a + b)^2 = \underline{1}a^2 + \underline{2}ab + \underline{1}b^2$$

$$(a + b)^3 = \underline{1}a^3 + \underline{3}a^2b + \underline{3}b^2a + \underline{1}b^3$$

$$(a + b)^4 = \underline{1}a^4 + \underline{4}a^3b + \underline{6}a^2b^2 + \underline{4}b^3a + \underline{1}b^4$$

$$\vdots$$

Abbildung 14

Das Besondere an den Binomial-Koeffizienten ist nun, daß man sie nicht nach dem oben gezeigten komplizierten Verfahren ausmultiplizieren muß, sondern sie einfach durch Addieren erhalten kann (siehe auch Abb. 13, S. 258). So bilden die beiden Einsen der zweiten Zeile die darunterliegende Zahl 2, und die 1 und die 2 der dritten Zeile bilden die 3 der vierten Zeile. Die Summe der beiden Dreien in der vierten Zeile liefert in der fünften Zeile die Zahl 6. Diese rätselhafte Ordnung wird sogar richtig mysteriös, wenn man etwa in der achten Zeile feststellt, daß alle Zahlen der Zeile außer den beiden Rand-Einsen, durch den 2. Koeffizienten, die Primzahl 7 teilbar sind.

1, 7, 21, 35, 35, 21, 7, 1

Diese Regel gilt ganz allgemein: 'Immer wenn der Exponent des Binoms eine Primzahl ist, sind alle Koeffizienten – außer der 1 – durch diese Primzahl teilbar.'

*

Mit Verblüffung registrierten wir, daß wir bei unserer Suche nicht nur allgemein den Zusammenhang zwischen reziproken Zahlen und dem 'ln' gefunden hatten, sondern die Besonderheit, daß es dabei nur auf die reziproken Primzahlen ankommt!

Das Pascalsche Dreieck, das die Kombinatorik des Nagelbretts mathematisch erklärt, ist von Pascal nur wiederentdeckt worden. Es war schon viele Jahrhunderte vorher im arabischen Spanien bekannt. Heutzutage wird es unter Mathematikern eher als interessante Kuriosität ohne Wirklichkeitsbezug gehandelt. Auch das spezielle Wissen um die Primzahlcodierung ist mindestens seit dem 19. Jahrhundert durch E. Kummer verfügbar.

Teile der Wahrheit waren also längst bekannt und allgemein zugänglich. Man hat aber nicht ihre wahre Bedeutung gespürt und sie deshalb 'links liegengelassen'.

*

Warum ist das Pascalsche Dreieck primzahlcodiert?

Hierzu betrachten wir ein größeres, 65-zeiliges Pascalsches Dreieck, 'Sierpinski-Dreieck' genannt. Der polnische Mathematiker W. Sierpinski hatte als erster die

Idee, nicht die Ziffern der Binomial-Koeffizienten selbst zu schreiben, sondern die Teilbarkeit der einzelnen Pascalschen Zahlen durch die Zahl zwei mit den Farben weiß und schwarz kenntlich zu machen (s. Abb. 15).

Bei diesem merkwürdigen geometrischen Objekt sind somit die geraden Zahlen weiß gedruckt und die ungeraden schwarz (sie sind als Sechsecke markiert). Die Geometrie dieses Gebildes verblüfft wegen seiner ersten **8** Zeilen. Sie bilden ein gleichseitiges Dreieck, das wir in 8-zeiligen Rhythmen wiederfinden.

Abbildung 15

Die zweite Auffälligkeit sind auf dem Kopf stehende weiße Dreiecke, die sich im bestimmten Rhythmus vergrößern.

Die dabei entstehende Geometrie wird 'fraktale

Geometrie' genannt. Dieser Begriff wurde von B. Mandelbrot (1975) eingeführt als Bezeichnung für das Phänomen der 'Selbstähnlichkeit'. Als Beispiel wird gern die Oberfläche eines Blumenkohls angeführt, wo sich im Kleinen das Große widerspiegelt. So wird auch unser erstes 8-zeiliges Grunddreieck in größeren Dreiecken widergespiegelt.

Dieses erste Dreieck, das sich vergrößert besser beschreiben läßt (Abb. 16), birgt ein Geheimnis, wonach ich mein ganzes Leben lang gesucht habe.

Abbildung 16

Das Dreieck besteht aus 36 = 6 · 6 Sechsecken. Die beiden ersten Zeilen sind schwarz, da dort insgesamt 3 mal die ungerade Zahl 1 (vgl. auch Abb. 13) plaziert ist.

$$
\begin{array}{ccccccc}
& & & 1 & & & \\
& & 1 & & 1 & & \\
& 1 & & 2 & & 1 & \\
1 & & 3 & & 3 & & 1 \\
\end{array}
$$

Die dritte Zeile zeigt in der Mitte ein weißes Sechseck, weil die Zahl 2 eine gerade Primzahl ist. Da in der 4. Zeile wieder nur ungerade Zahlen stehen und deshalb die ganze Reihe schwarz ist, bildet die somit entstandene

Struktur die Grundlage für das 8-zeilige Dreieck. Es ist symmetrisch und sieht nicht nur von allen drei Seiten gleich aus, sondern es kommt im nächstgrößeren Dreieck genau 3 mal vor. Deshalb ist auch dieses Dreieck wieder von allen Seiten gleich.

In der Mitte dieser 3 gleichen Dreiecke befindet sich ein viertes, weißes Dreieck, das im Vergleich zu den 3 Dreiecken an den Ecken umgedreht ist.

*

Wegen der ersten vier Zeilen des Pascalschen Dreiecks ergibt sich folgende Situation: Die beiden Einsen führen addiert zur geraden Primzahl 2. Wegen der beiden Einsen dürfen in den folgenden Zeilen nur die Zahlen 1, 2, 3 auftreten, so daß festgelegt ist, daß in der sechsten Zeile, bei der erstmalig die Primzahl 5 auftritt, zweimal die Zahl 10 erscheint. Da zehn durch die Primzahl 5 teilbar ist, ist ab diesem Moment aufgrund der Zahlen 1, 2, 3 die achte Zeile durch die Primzahl 7 codiert.

Das erste achtzeilige Dreieck verdoppelt sich bis zur sechzehnten Zeile, gleichzeitig vergrößert sich das umgekehrte weiße Dreieck in der Mitte. Die fraktale Geometrie muß folglich primzahlcodiert bleiben.

So wie im Primzahlkreuz die Primzahlzwillinge 5 und 7, 11 und 13 etc. jeweils um eine Sechser-Zahl auftreten, so sind im Pascalschen Dreieck die reziproken Primzahlzwillinge ebenso mit einer Geometrie verknüpft. Dies kommt dadurch zum Ausdruck, daß jeweils alle Zahlen der Zeile, die mit einer Primzahl (die Randeinsen ausgenommen) beginnt, die genau vor oder genau nach einer durch 6 teilbaren Zahl liegt, durch diese Primzahl teilbar sind.

Da die Zahl 1 bisher nicht als Grundzahl aller Primzahlen von der Form $6n \pm 1$ angesehen wurde, und die

Zahlen 2 und 3 nicht von der Form $6n \pm 1$ sind, war den Mathematikern der Blick für den Zusammenhang zwischen den Primzahlen und der fraktalen Geometrie des Pascalschen Dreiecks versperrt. Sie haben nie den elementaren Sechsertakt der Primzahlen erfaßt und konnten ihn deshalb auch nicht bei den reziproken Primzahlen finden.

Auch ich bin erst im Frühjahr 1994 dahintergekommen, daß die Umkehrung einer vierdimensionalen Geometrie, die sich von den Grundzahlen 1, 2, 3 ableitet und achtstrahlig ist, wieder eine Geometrie ergeben muß, die auf den Zahlen 1, 2, 3 aufbaut, dreieckig und achtzeilig ist. Zusätzlich muß die geometrische Form 3-eckig sein, was sich nur mit 6-eckigem Wabenmuster darstellen läßt.

Damit hatte ich die reziproke Geometrie des Primzahlkreuzes entdeckt.

*

Die Thermodynamiker haben mit einer Mathematik, die vor hundert Jahren bereits abgeschlossen war, Stoßprozesse von Gasmolekülen behandelt, ohne daran zu denken, daß etwa ein Mol eines Gases mit seinen 10^{23} Molekülen einen Gitterraum darstellt, in dem die stoßenden Moleküle selbst das Gitter sind. Da die Grundkonstante des Universums $e = 2,718\ldots$ die Ordnung der ganzen Zahlen im vierdimensionalen Primzahlraum ist, muß die Umkehrung von e, der natürliche Logarithmus, etwas mit reziproken Zahlen zu tun haben. Da der natürliche Logarithmus die Abnahme der Primzahlen ad infinitum steuert (Primzahlsatz), sind umgekehrt die Primzahlen und die Ja-Nein-Entscheidungen bei Stoßprozessen über eine **fraktale Geometrie** verknüpft, die uns fremd erscheint.

In den letzten Jahren haben an der Universität Bremen der Mathematiker Professor H.O. Peitgen und seine Kollegen vehement darauf hingewiesen, daß die Primzahlcodierung der Pascalschen Dreiecke eine Geometrie liefert, die keine mathematische Erfindung darstellt, sondern eine tiefe Gesetzmäßigkeit in den zahlentheoretischen Eigenschaften der Primzahlen erkennen läßt.

Peitgen stellt in seinem Buch („Bausteine des Chaos", Bd. 1) dem Kapitel 6 einen Satz von Spinoza voran: „Nichts in der Natur ist zufällig ... Etwas erscheint nur zufällig aufgrund der Unvollständigkeit unseres Wissens."

Peitgen zieht aber daraus keine notwendigen revolutionären Konsequenzen für die Mathematik, weil er sich gleichzeitig wohl gebunden fühlt an das Dogma, Zahlen seien 'menschliche Erfindungen'. Dann müssen Geometrien also ebenfalls menschliche Erfindungen bleiben.

Obwohl Peitgen so vorsichtig taktiert, sind die Reaktionen der Mathematiker wütend bis gleichgültig, da sie spüren, daß ihr Dogma ins Wanken geraten könnte.

Aber nicht nur die fraktale Geometrie existiert real in der Natur und ist z.B. der Grund dafür, warum die Entropie eines Gases streng an den natürlichen Logarithmus gekoppelt ist, sondern auch die allgemeine Geometrie ist keine menschliche Erfindung. Sie ist Ausdrucksform für die Darstellung des Unendlichen im Endlichen.

Im 4-dimensionalen Raum müssen für 3-dimensionale Körper bestimmte Gesetzmäßigkeiten erfüllt sein. Es kann z.B. nur 5 verschiedene regelmäßige Körper geben, die entweder aus 3-Ecken, 4-Ecken oder 5-Ecken bestehen (Platonische Körper).

Die fraktale Geometrie des Pascalschen Dreiecks liefert auch eine Erklärung dafür, warum ein musikalischer Ton, wenn er denn von der Saite in das Medium

Gas übertritt, überhaupt in dem Gewuse der sich stoßenden Gasatome (Ja-Nein-Entscheidungen) exakt übertragen werden kann.

*

Pythagoras erfaßte, daß das Schwingen der ganzen, halben, drittel, viertel usw. Saite des Monochords etwas mit dem Verhältnis der ganzen Zahlen zueinander zu tun hatte. Euler ging noch einen Schritt weiter, indem er reziproke Primzahlen in seine mathematische Musiktheorie einbaute. Der Quinten- und Quartenzirkel, die Halbierung, Drittelung und Viertelung der Saite, blieb dennoch weitgehend geheimnisvoll. Erst jetzt hat sich die ganze Eleganz der musikalischen Abläufe offenbart. Das Gasmedium übernimmt mit seiner reziproken Zahlenordnung die Übertragung nach fraktalem Muster über jeweils 8 Schritte. Nach acht Schritten ist ja bekanntlich eine Oktave abgeschlossen. Das ganze Geheimnis der Musiktheorie liegt darin begründet, daß die Halbierung, Drittelung, Fünftelung und Siebtelung der Saite sich als Folge der Tatsache erweist, daß es 2 Primzahlen gibt, die nicht von der Form 6n $\pm$ 1 sind.

Das menschliche Ohr ist genau so gebaut, daß es die durch die Luft transportierte, fraktale Information aufnehmen kann.

Es sei noch einmal betont, daß es physikalisch zwei Räume geben muß. Der vierdimensionale Raum um einen Punkt transportiert elektromagnetische Wellen nach der Ordnung der ganzen Zahlen. Wenn in einem solchen vierdimensionalen Raum ein dreidimensionaler Körper mit Luft gefüllt ist, transportiert diese Luft Wärme oder Töne nach der Ordnung der reziproken Zahlen. Beide Räume sind reine Umkehrungen, weil von jeder ganzen Zahl ihr unendlicher Kehrwert existiert. Die Räume ba-

sieren auf den Grundzahlen 1, 2, 3 und auf der Struk-
turzahl 8.

*

Im Kapitel 6 seines oben genannten Buches beschreibt Professor Peitgen ein Spiel, das mir wie ein
kostbares Geschenk vorkam. Wenn ich nämlich behaup-
te, daß die Thermodynamik in ihren tiefsten Gründen nur
auf den Zahlen 1, 2 und 3 aufgebaut ist, dann muß ich
mir von Physikern die Frage gefallen lassen, mit welchem
Experiment man das schlüssig beweisen kann. Bis zum
Sommer 1994 war mir kein Experiment bekannt.

Mit dem 'Chaos-Spiel' hatte ich nun das letzte fehlende Glied in der Beweiskette gefunden.

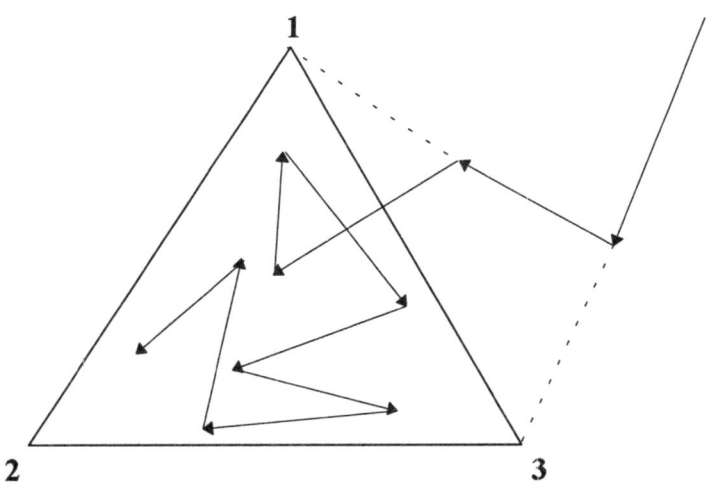

Abbildung 17

Gegeben ist ein gleichseitiges Dreieck, dessen Ecken
mit den Zahlen 1, 2 und 3 beschriftet sind. Außerhalb des
Dreiecks soll sich eine winzige Kugel (z.B. ein Gasatom)

befinden. Ein Zufallsgenerator, der nur die Zahlen 1, 2 und 3 'würfeln' kann, zeigt die erste Zahl an, und man zieht eine Verbindungslinie von der Kugel zu der entsprechenden Ecke des Dreiecks.

Auf der halben Weglänge wird gestoppt und wieder eine Zufallszahl erzeugt. Wieder wird eine Verbindungslinie gezogen, aber auf halbem Weg beendet. Kurze Zeit später befindet sich die Kugel innerhalb des Dreiecks und kann es, wenn wir das Verfahren fortsetzen, nicht mehr verlassen. Die Kugel führt nun 'zufällige' Zickzackbewegungen in alle Richtungen aus.

Bisher ist aus Gründen der Spielerklärung von zu zeichnenden Linien die Rede gewesen. In Wirklichkeit kommt es bei diesem Spiel aber nicht darauf an, die (halben) Strecken zu zeichnen, sondern wichtig sind nur die Endpunkte nach der jeweils halben Strecke. Diese werden mit einem Punkt markiert.

*

Man kann es kaum glauben, aber nach etwa fünfhundert Punktmarkierungen beginnen die Punkte eine Struktur zu bilden. Nach einigen tausend Markierungen entsteht etwas, mit dem kein Mensch rechnen kann. Diese sich bildenden Muster zu erkennen, war für mich einer der bewegendsten Momente in meinem Leben. Tausende Male hatte ich grüne Blätter in die Hände genommen und mir meine völlige Ratlosigkeit darüber eingestanden, wer die Ordnung in diesem Chaos der Abläufe steuert. Die Muster in diesem 'Zufallsspiel' entpuppten sich immer deutlicher als Abbildung eines Sierpinski-Dreiecks (Abb. 18).

Auch Professor Peitgen zeigt deutlich seine Verblüffung bei der Betrachtung der Ergebnisse des Chaosspiels:

„Wenn man Abbildung 6.3 zum ersten Mal sieht, glaubt man seinen Augen nicht trauen zu können. Soeben haben wir die Erzeugung des Sierpinski-Dreieckes durch einen Zufallsvorgang beobachtet. Dies ist um so verblüffender, als das Sierpinski-Dreieck für uns bisher als Paradebeispiel für Struktur und Ordnung gegolten hat. Mit anderen Worten haben wir miterlebt, wie der Zufall eine absolut deterministische Gestalt erzeugen kann."

Er versucht eine Erklärung für das Phänomen zu finden, warum mit den Zahlen 1, 2 und 3 fraktale Muster entstehen können.

Abbildung 18

Er benutzt zu seiner Untersuchung das Dezimalsystem in Form eines Meterstabes, unterteilt in Dezimeter, Zentimeter und Millimeter, bei dem beispielsweise die drei Ziffern 1, 2 und 3 dezimal geschrieben 123 (einhundertdreiundzwanzig) bedeuten.

Ohne Kenntnis über die Besonderheit der Primzahlen 2 und 3 kann er mit Hilfe eines Stellenwertsystems etwas umständlich, aber richtig erklären, warum denn nun hier Schwärzungen entstehen müssen und dort fraktale weiße Muster. Was er nicht wissen konnte: Er hat die wahre Ordnung des stoffgefüllten dreidimensionalen Raumes entdeckt.

*

Warum legt das Gasatom bei seiner Zickzackbewegung immer nur halbe Wegstrecken zurück? Eben deswegen, weil ein Gasatom in einem Behälter nicht isoliert auftritt, sondern sich mit anderen Gasatomen stößt. Es würde idealerweise auf seiner Flugbahn von einem Ort im Behälter zum angesteuerten nächsten Ort auf halber Weglänge mit einem anderen Gasatom kollidieren, da der Abstand zweier Gasatome zueinander immer dem doppelten halben Abstand entspricht. Nach dem Zusammenstoß werden beide Atome wie Billardkugeln in neue Richtungen fliegen und dabei mit 2 weiteren Atomen kollidieren. Die 4 beteiligten Atome stoßen 4 andere Atome. Jetzt sind es schon 8, dann 16 usw.

In Wirklichkeit stoßen sich im gasgefüllten Raum so unvorstellbar viele Atome gleichzeitig, daß niemand auf die Idee kommen konnte, die Kinetik sich stoßender Gasatome seien im Prinzip nur Zweierstöße und damit Ja-Nein-Entscheidungen. Der Raum, den sie einnehmen, verhält sich somit mathematisch wie ein Gitterraum, der sich durch das Pascalsche Dreieck beschreiben läßt.

*

Die zahlentheoretischen Gesetzmäßigkeiten im Pascalschen Dreieck gelten nicht nur im Zehnersystem, sondern auch in anderen Rechensystemen (z.B. im 8er- oder 12er-System). Beim Primzahlkreuz hat sich aber herausgestellt, daß ausgerechnet bei Zugrundelegung unserer gewohnten Dezimalzählweise sich die Kreise dezimal vergrößern. Dies liegt in der Struktur des Sechsertaktes der Primzahlen. Die Zahl 6, wie schon erwähnt, ergibt sich als Summe und als Produkt der Grundzahlen 1, 2 und 3. Die ersten 6 Zahlen befinden sich im Primzahlkreuz auf dem ersten Viertelkreis (1. Quadrant). Bei der Vervollständigung auf einen ganzen Kreis (4 Quadranten), muß 1 · 2 · 3 mit der nächstfolgenden Zahl 4 in der Zahlenordnung multipliziert werden. Dann sind wir bei 24. Das ist die letzte Zahl des ersten Kreises.

Addieren wir zu 1 + 2 + 3 die folgende Zahl 4 (1. + 2. + 3. + 4. Quadrant), erhalten wir die Zahl 10. Mit dieser Zahl 'eins-null' ist die Zählfolge in unserem gewohnten Dezimalsystem beendet. Die 1 hat ab jetzt nicht mehr die Bedeutung als ein Einzelnes, sondern sie steht jetzt für einen Zehner (später dann für einen Hunderter, einen Tausender usw.). Mit genau dieser Zahl 'eins-null' vergrößert sich die Summe der Zahlen auf den Kreisen des Primzahlkreuzes.

Solange man in der Mathematik linear und nicht zyklisch gedacht hat, konnte der Zahl 10 von den Mathematikern keine besondere Bedeutung zugemessen werden.

*

Den entscheidenden Hinweis dafür, daß auch das Pascalsche Dreieck im Zehnersystem angelegt ist, erhielt ich im Frühjahr 1994 von dem als Rechenkünstler bekannten Rüdiger Gamm. Der junge Mann hat die 2er- bis 14er-Potenzen aller Zahlen bis 100 im Kopf gespeichert (z.B.: 78 hoch 13 = 78 · 78 · 78 · 78 · 78 · 78 · 78 · 78 ·

— 275 —

$78 \cdot 78 \cdot 78 \cdot 78 \cdot 78$). Er kann z.B. eine 26-stellige Zahl im Kopf aufrufen und spult sie dann farbig, wie auf einem Fernsehschirm, in seinem Kopf als ein Zahlenband ab. Das 'Band' kann etwa mit 10 Ziffern pro Sekunde laufen, und zwar vorwärts oder rückwärts.

Zunächst hatte Rüdiger diese Zahlenbänder auswendig gelernt, was ja schon unglaublich erscheint. Ich hatte Rüdigers Künste auf dem Fernsehschirm verfolgt und nahm sofort Kontakt mit ihm auf. Es reizte mich ungeheuer auszuprobieren, ob sein Visualisierungstalent mit mathematischen Denkleistungen gekoppelt werden könnte.

Ein großes Zahlengenie des vergangenen Jahrhunderts, Zacharias Dase, beherrschte viele publikumswirksame 'Kunststücke'. So konnte er z.B. die Anzahl einer größeren Menge Erbsen in einem geschlossenen Glas erfassen, indem er einfach das Glas schüttelte. Er war aber auch in der Lage, komplizierteste mathematische Operationen durchzuführen, wenn diese sich auf die vier Grundrechenarten zurückführen lassen konnten. Seine größten Leistungen für die Wissenschaft waren (auf Betreiben von Gauß) die erstmalige Berechnung der Primzahlen zwischen der 5. und 8. Million (im Kopf!) und die Berechnung der Zahl π auf 200 Stellen.

*

Rüdiger Gamm hatte von mir 1994 vierzehn Tage Unterricht in den Grundlagen der Chemie und Mathematik erhalten.

Danach zeigte ich ihm ein neues Verfahren, wie man von den Zahlen der Form 6 ± 1 ihre periodischen Kehrwerte berechnen kann (auch bei unzählig vielen Stellen nach dem Komma). Dabei wird durch einen einfachen Rechentrick die letzte Ziffer der Periode bestimmt und dann durch fortgesetztes Multiplizieren von rechts nach links alle übrigen Ziffern ermittelt (Hans Jäckel). Üblicherweise mußten sie bisher durch einzelne Divisionsschritte berechnet werden. So ist es möglich, lediglich aus der Periodenlänge der Dezimalbrüche der ungeraden Zahlen zu erkennen, ob die zugehörige ganze Zahl eine Primzahl ist. [1]

Ohne Papier und Bleistift ist dies normalerweise für eine z.B. hundertstellige Dezimale völlig ausgeschlossen. Da Rüdiger über ein photographisches Gedächtnis verfügt, gelangen ihm diese Operationen nach kürzester Zeit. Er speichert jetzt jeweils die Einzelschritte in einem 'Nebenspeicher', bis er das Endergebnis komplett in den 'Hauptspeicher' überträgt. Es ist faszinierend zu erleben, wie er Zahlen eines periodischen Bruchs mit Hunderten von Stellen mit geschlossenen Augen im Kopf abliest und dann vorwärts oder rückwärts aufsagt.

Als ich ihm beim Unterricht in Zahlentheorie auch das Pascalsche Dreieck vorführte, las er spontan die Zahlen nicht als einzelne Ziffern ab, sondern erfaßte sie mit einem Blick als Potenzen der Zahl 11.

---

[1] Seit der Antike bis heute existierte nur ein Verfahren, Primzahlen auszurechnen ('Sieb des Eratosthenes'). Wir konnten zeigen, daß eine zweite Methode zur Primzahlbestimmung existieren muß.

Für Mathematiker: Der Test, ob eine Zahl nicht prim ist, erfolgt mit Hilfe des Kleinen Fermatschen Satzes. Da wir die unbekannten Gründe für diesen Satz, der von Euler bewiesen wurde, aus der primzahlcodierten Ordnung des Pascalschen Dreiecks entschlüsseln konnten, steht fest, daß die Periodenlängen aller reziproken Primzahlen codiert sind. Umgekehrt ließ sich zeigen, warum nur aus dem Primzahlkreuz heraus die Existenz des Satzes von Wilson erklärt werden kann.

$$\begin{array}{rcl}
1 & \rightarrow & 1 = 11^0 \\
1 \; 1 & \rightarrow & 11 = 11^1 \\
1 \; 2 \; 1 & \rightarrow & 121 = 11^2 \\
1 \; 3 \; 3 \; 1 & \rightarrow & 1331 = 11^3 \\
1 \; 4 \; 6 \; 4 \; 1 & \rightarrow & 14641 = 11^4 \\
\vdots & & \\
\end{array}$$

Abbildung 19

Bei der 6. Zeile stockte er plötzlich. Diese Zeile konnte er wegen der darin vorkommenden 2-stelligen Zahlen nicht als eine Zahl lesen.

1 5 10 10 5 1

Ich zeigte ihm, daß die Potenzreihe der Zahl elf nicht abbricht. Da in der 6. Zeile erstmalig die Zahlen 10 vorkommen, müssen wir wieder das Verfahren der Umwandlung anwenden. Wenn man sich die Zahlen der 6. Zeile in einem Zehner-Stellenwertsystem vorstellt, muß man von rechts nach links alle Ziffern über 9 umtauschen, so wie 10 Groschen in eine Mark umgewandelt werden müssen. Folglich ergibt sich dann für unsere 6. Reihe die Dezimalzahl:

$1\;6\;1\;0\;5\;1 = 11^5$

Dieser Vorgang läßt sich beliebig fortsetzen. Rüdiger Gamm hatte unbewußt für meine Beweisführung einen Volltreffer gelandet.

*

Das Pascalsche Dreieck ist also in einem Stellenwertsystem codiert. Es enthält die Folge der geordneten

Zahlen, und zwar von oben nach jeweils links unten und nach rechts unten gelesen.

$$1, 2, 3, 4, 5, 6, 7, 8, 9, 10, 11, 12, \ldots$$

Liest man jedoch die Zeilen als jeweils eine Zahl von links nach rechts, kommt den fortlaufenden Zahlen (1, 2, 3, ...) auf der linken Seite im Rahmen der ganzen Zahl von Reihe zu Reihe ein anderer Stellenwert zu.

$$
\begin{aligned}
1 \cdot & \quad 1 \\
2 \cdot & \quad 10 \\
3 \cdot & \quad 100 \\
4 \cdot & \quad 1000 \\
5 \cdot & \quad 10000 \\
& \quad \vdots
\end{aligned}
$$

Diese dezimale Vergrößerung entspricht im Primzahlkreuz der dezimalen Verkleinerung des Dezimalbruches (ohne Komma geschrieben)

$$\frac{1}{81} = 0\ 0\ 1\ 2\ 3\ 4\ 5\ 6\ 7\ 8\ 9\ (10)\ (11)\ (12) \ldots$$

Bei der in Richtung rechts unten gelesenen Ziffernfolge der geordneten Zahlen verändert sich der Stellenwert nicht. Alle geordneten Ziffern (1, 2, 3, ...) stehen an der Zehner-Stelle (im Stellenwertsystem).

$$\mathbf{10, 20, 30, 40, 50, \ldots}$$

Damit ist die Übereinstimmung der wesentlichen Ordnungselemente des Primzahlkreuzes und derjenigen des dazu reziproken Pascalschen Dreiecks total.

17. Kapitel

Gott ist wieder da

Die Konsequenzen aus der Erkenntnis, daß es zwei Räume gibt, sind überwältigend. Nicht nur die Theorie vom Urknall muß ersatzlos fallengelassen werden, was ja allein schon bedeutet, daß viele Sach- und Schulbücher neu geschrieben werden müssen. Auch die 'moderne' Evolutionstheorie, die man als an den Haaren herbeigezogene Folge des Urknalls bezeichnen könnte, ist mit Erkenntnissen aus Chemie und Mathematik unaufhaltsam zum Sterben verurteilt. Sie ist das 'Lieblingskind' vieler Wissenschaftler, die glücklich und dankbar waren, Gott mit Hilfe solch einer Theorie aus der Welt und ihrem Leben verbannen zu können.

Die Evolutionstheorie löste im vorigen Jahrhundert die Vorstellung ab, ein persönlicher Gott habe am Ende seiner Weltschöpfung die Pflanzen, Tiere und anschließend den Menschen erschaffen. Aus wissenschaftlicher Sicht war sie eine konsequente Theorie. Da Mutationen im Pflanzen- und Tierreich immer wieder beobachtet werden und die Gewalt der Natur (z.B. Klimaveränderungen) eine mögliche Erklärung bot für natürliche Zuchtauswahl, war die Entstehung des Lebens – von primitiven Einzellern bis zum Menschen – nach bisher herrschender Sicht eine Reihe von Zufallsketten. Dies konnte bis heute nicht widerlegt werden.

Ein amerikanischer Chemiker hat einmal geschrieben, daß ein 'Außerirdischer' nach einem Besuch auf unserem Planeten auf die Frage nach den Lebewesen dort folgendes berichten würde: „Es gibt auf den Kontinenten unzählige Insekten, die über eine unvorstellbar große Populationsrate verfügen. Neben diesen, den Planeten beherrschenden Lebewesen, gibt es dann auch noch eine verschwindend geringe Anzahl einer 'anderen' Lebensform, die völlig anders gebaut und teilweise recht groß ist. Das sind die anderen Tiere und die Menschen."

Die Evolutionstheorie hat auch die Entstehung der Insekten, der größten Gruppe der Lebewesen dieser Erde dem Zufall zugeordnet. Die geschichtliche Entwicklung der Insekten, seit dem Erwerb der Flugfähigkeit, verlief in drei Zyklen: Oberes Karbon, Perm, Obere Kreide. Im dritten Zyklus vor ca. 65 Millionen Jahren erfolgte die endgültige Entfaltung parallel mit der Entwicklung der Blütenpflanzen.

Der Lebensablauf der Insekten erfolgt über die Dreifachheit von

Eiablage
Larve
Insekt

Nur der riesigen Anzahl und der Dreifachheit der Insekten verdankt der kleinere Teil der Erdbewohner aus der zweiten Gruppe überhaupt seine Existenzfähigkeit.

Der Insektenkörper besteht aus **3** Teilen,

Kopf
Bruststück
Hinterleib

Am Bruststück befinden sich die 2 mal 3 Beine (und die Flügel). Die Insekten, von denen es allein 800 000 (!) Arten gibt (von der Anzahl in jeder Art ganz zu schweigen), besitzen als Fluglebewesen einen Kopf, der aus sechs Segmenten besteht und Facettenaugen, mit denen sie zwar nicht fokussieren, dafür aber 10 mal so schnell Informationen verarbeiten können. Das ist für ihre Flugkünste auch unbedingt notwendig. Die Facetten sind sechseckig!

Der 'Panzer' der Insekten besteht aus einem Stoff, der zuckerhaltig ist. Die Zucker bestehen aus dem 6.(!) Element, dem Kohlenstoff; sie haben eine bestimmte Molekülstruktur. Diese ist zyklisch sechseckig!

Die zweite, viel kleinere Gruppe der Tiere besitzt ein Skelett und Augen, die mit Hilfe einer Linse Gegenstände auf einer Netzhaut fokussieren können. Die Körper dieser Wirbeltiere (und der Menschen) bestehen auch aus drei Teilen, und zwar aus

Kopf
Rumpf
Extremitäten

Der dritte Teil, die Extremitäten, die hier als Körperteil bezeichnet werden, sind (wie vom Bau der Atome und der DNS her bekannt) vierfach: 4 Beine, 2 Beine und 2 Arme oder 2 Beine und 2 zu Flügeln umfunktionierte Arme.

Ihre Entwicklung nach der Befruchtung erfolgt nicht über einen 3-fachen Zyklus der Lebensformen, sondern über 3 Möglichkeiten, den mütterlichen Organismus vor dem körperfremden Eiweiß der Frucht zu schützen:

Ei
Beutel
Gebärmutter

*

Hat es eine besondere Bedeutung, daß es zwei große Gruppen von Lebewesen gibt? Da ich seit Jahren mit der Frage nach den zwei Räumen beschäftigt war, kam mir die Vermutung, daß das Leben auf diesem Planeten mathematisch den Bedingungen dieser zwei Räume unterliegen könnte.

Das Auffälligste an der Gruppe der Insekten war das mehrfache Auftreten der Zahl 6. Der 3-fache Rumpf einer Biene und ihre 6 Beine bestehen aus Chitin, einem genialen 'Kunststoff', der verdaubar ist, weil er aus 6er-Zuckern besteht. Dieses Tier sammelt Nektar (Zucker, der natürlich nichts mit unserem Industriezucker zu tun hat) und lagert ihn in 6-eckige Waben ein.

Wenn man ein Insektenflugtier, z.B. eine Fliege, mit einem fliegenden Tier aus der zweiten Gruppe, z.B. einer Schwalbe, vergleicht, läßt sich in der Tat zeigen, daß sie beide so gebaut sind wie der Raum, in dem sie jeweils leben.

Das Insekt verkörpert in seinem Bau und in seiner Funktion den dreidimensionalen, gasgefüllten Raum, der durch die Grundzahlen 1, 2, 3 und die Zahl 6 bestimmt ist.

Eine Schwalbe ist völlig anders gebaut. Sie besitzt keinen Panzer aus sechseckigen Zuckern, sondern ein Skelett aus anorganischen Salzen des Kohlenstoffs. Sie kann die Fliege sehen und ansteuern. Sie lebt in einem Raum, in dem sie die dreidimensionalen Objekte als solche wahrnimmt (z.B. den Kirchturm und die Landschaft).

Auch der Mensch sieht ja die Gegenstände perspektivisch. Er kann, wenn er zum Himmel schaut, in die Unendlichkeit blicken, die ihn umgibt, aber er nimmt die Unendlichkeit des Himmels nicht wahr. Der Himmel erscheint ihm wie eine Glocke dreidimensional.

Er ist für den vierdimensionalen Raum gebaut, auch wenn er sich der Vierdimensionalität bis heute nicht bewußt war.

Die Insekten leben in einer dreidimensionalen Welt

und sind sich dessen auch nicht bewußt. Da der gasgefüllte, dreidimensionale Raum ihr Lebensbereich ist und sie nach seinen mathematischen Gesetzen konstruiert sind, können die Objekte, die sie in diesem Raum sehen, für sie nur zweidimensional sein. Egal, ob sie vor einem Grashalm, einem Apfel oder einem Kirchturm schwirren, für sie gibt es nur zweidimensionale Flächen. Der Fliege ist es also gleichgültig, ob sie auf dem Fußboden sitzt, an der Wand hochläuft oder runterläuft oder gar an der Decke krabbelt, sie hat für die dritte Dimension kein Bewußtsein.

*

Da es zwei Räume gibt, muß es auch für jeden Raum die Lebensform geben, die die Mathematik vorschreibt. Diese neue zoologische Sichtweise ermöglicht endlich auch ein Verständnis für die hochentwickelten Staatsformen etwa der Ameisen oder der Bienen. Alle Evolutionstheoretiker, die sich ernsthaft mit Insektenstaaten beschäftigt haben, lassen wenigstens indirekt erkennen, daß unsere Vorstellungen vom Zufall versagen, wenn wir die Entwicklung solcher geordneter Staatsformen irgendwie deuten wollen.

Der sprichwörtliche 'Ameisenstaat', der unseren Staatsformen so überlegen scheint und dennoch als ein Alptraum gilt, erweist sich als höchste Lebensform einer Welt, die uns fremd ist. In ihrer Auflösung ist sie ein Primzahlproblem.

So wie das Insekt kein Verständnis für die dritte Dimension hat, so können auch wir die vierte Dimension nicht unmittelbar erfassen. Wir können aber, weil wir über ein Ich-Bewußtsein verfügen, aus den erkannten mathematischen Gesetzmäßigkeiten logische Schlüsse ziehen: Wenn es eine vierte Dimension geben muß, muß diese höhere und endgültige Dimension über ein Bewußtsein verfügen, das den Rahmen unserer Bewußtheit sprengt. Das haben die Menschen aller Zeiten mit 'Gott' bezeichnet.

*

Die zehn Jahre, die ich mir gegeben hatte, um auf der Suche nach der Lösung des 'Welträtsels' auf die richtige Spur zu kommen, waren längst vorbei. Trotz der hinter mir liegenden Strapazen und großer Erschöpfung war ich überglücklich.

Christina hatte inzwischen im Allgäu eine Stelle als Ärztin angenommen, und auch Michael hatte sich zurückgezogen, um endlich seine Doktorarbeit zu schreiben. Die Beweisführung, die ihm darin gelang, ließ die Arbeit so ungewöhnlich werden, daß sie gutachterlich bei einem der führenden Lehrstuhlinhaber für Angewandte Mathematik, Prof. Dr. Dr. h.c. Butzer, an der TH Aachen landete. Dieser erklärte den Beweis kurzerhand für richtig und sorgte dafür, daß Michael als erster Doktorand der Mathematischen Institute der Universität Dortmund die Note 'ausgezeichnet' erhielt.

Ich kümmerte mich nun um den Druck der beiden ersten Bände des 'Primzahlkreuzes'.

Das konzentrierte Denken über mathematische Probleme abzustellen, war fast unmöglich. Der alte Trick, in solchen Situationen das Arbeitsgebiet zu wechseln, half auch diesmal.

*

Mit 15 Jahren hatte ich von meinem Vater die Worte gehört: „ ...dann finde diesen Treibstoff und patentiere ihn mit dem Diskus zusammen." Als ich mit 30

Jahren die Silan-Öle hergestellt hatte, war mir nicht klar, daß ich 'diesen Treibstoff' bereits gefunden hatte. Als visionärer Denker der Raumfahrt war ich doch seit langem auf der Suche danach. Im nachhinein scheint es unvorstellbar, daß ich damals nur ein Patent für die Darstellung der höheren Silizium-Wasserstoffe angemeldet und erhalten hatte. Diese 'innere Sperre' aber erwies sich gerade als Segen. So war das Öl nämlich patentrechtlich als Treibstoff immer noch unbekannt.

Um ein Patent für ein einstufiges, wiederverwendbares Raumschiff zu erhalten, muß man dem deutschen Patentamt eine Lösung vorschlagen, die technisch in allen einzelnen Punkten überzeugt. In dem 'Multipatent', das mir nun vorschwebte, fehlten immer noch einige technische Feinheiten. Es kam mir langsam lächerlich vor, seit 35 Jahren einen Jugendtraum vor mir herzuschieben und ihn aus immer neuen Gründen nicht zu verwirklichen.

In dieser festgefahrenen Situation meldete sich bei mir ein Ingenieur – wieder mal im richtigen Moment der richtige Mensch. Walter Büttner besaß als ehemaliger Pilot von Düsenmaschinen genügend Kenntnisse, um mir bei der Lösung der noch ausstehenden Probleme zu helfen.

In Ingrid Bergmannshoff hatte ich ganz kurzfristig auch eine neue Partnerin für den nächsten Lebensabschnitt gefunden. Trotz großer beruflicher Anspannung in ihrer Apotheke widmete sie viele Stunden ihrer knapp bemessenen Freizeit, um mich am Computer zu unterstützen. Ihr konnte ich im Frühling 1992 stolz die Patentanmeldung diktieren und sie ohne Einschaltung einer Patentanwaltspraxis beim Deutschen Patentamt anmelden.

*

Herkömmliche, übereinandergestellte Raketenzylinder müssen ihr gesamtes Startgewicht auf einem Flammenstrahl tragen und verbrauchen deswegen sehr schnell ihren Treibstoff. Dadurch aber werden sie leichter und somit schneller, bis sie ausgebrannt sind. Physikalisch-mathematisch läuft der Vorgang nach einer Gleichung ab, in der wieder einmal die Konstante e vorkommt und die Raketengleichung genannt wird.

Ich war Raketenphysikern gegenüber im Vorteil, weil ich den unmittelbaren Zusammenhang zwischen der Kreiszahl π und der Euler-Zahl e entdeckt hatte. Während sie Raketen nach dem linearen Prinzip bauten und der Stand der Technik längst festgefahren war, bietet nun die Diskusform nach dem zyklischen Prinzip die Möglichkeit, die Lufthülle so auszunutzen, daß sie elegant das Gewicht der ganzen Rakete trägt.

Um einen Diskus – vollbetankt mit Raketentreibstoff – zum Schweben zu bringen, braucht man gar keinen energieverschleudernden Raketenschub, sondern lediglich einen Turbinenkranz, also drehende Schaufelblätter. Angetrieben wird der Kranz von 4 kreuzförmig zueinander stehenden Strahlturbinen. Diese befinden sich innerhalb des Diskus, saugen von oben Luft an und arbeiten mit ganz normalem Benzin. Damit sich der Diskus nicht selber mitdreht, werden zwei gegenläufige Turbinenkränze kombiniert.

Allein schon die optische Ähnlichkeit zwischen dem Primzahlkreuz einerseits sowie der Form und der Funktion des Diskus andererseits ist verblüffend und mit Sicherheit kein Zufall. Daß sich seit Ende des zweiten Weltkriegs weltweit hartnäckig die Vorstellung von 'fliegenden Untertassen' hält, ist sicher ebenfalls kein Zufall.

Wenn der Diskus schwebt, kann er weder beim Fliegen noch beim Landen abstürzen.

In der Raumfahrt kommt es gar nicht darauf an, nach oben zu gelangen, sondern lediglich darauf, eine bestimmte Geschwindigkeit von etwa 30 000 km/h zu erreichen. Dies schafft eine herkömmliche Rakete durch einen senkrechten Start. Wenn die drei Stufen ausgebrannt sind, fallen sie zurück und verglühen. Hunderte von Milliarden Dollar sind auf diese Weise schon verbrannt worden. Die Spaceshuttle sollte den Kostenwahnsinn dämpfen. Das Gegenteil ist eingetreten.

Der Raketendiskus wird nicht nach oben, sondern – wie von der Sportart her bekannt – seitlich geschossen. Ab etwa 300 km/h trägt die Luft das Gewicht der ganzen betankten Scheibe. Damit der Turbinenkranz die Aerodynamik des Diskus nicht stört, ist er mit einem hydraulisch bewegbaren Mantel umgeben, dessen Elemente ab dieser Geschwindigkeit eingefahren werden. Jetzt wird der Hub durch den Turbinenkranz nicht mehr benötigt.

Würde der herkömmliche, sehr leichte und voluminöse, flüssige Wasserstoff (ein kondensiertes Gas mit unvorstellbar gefährlichen Eigenschaften) als Treibstoff benutzt, müßte der Diskus viel zu groß gebaut werden. Ein Raketendiskus braucht als Treibstoff ein Öl mit hohem spezifischen Gewicht und hoher Energie, damit er so klein wie möglich gebaut werden kann.

*

Der Flugkörper würde sehr lange bei immer größerer Geschwindigkeit in immer dünnerer Atmosphäre die Raketengleichung umgehen. Meine Verknüpfung von Mathematik und Chemie war raketenphysikalisch vollkommen neu und vom Patentamt nicht zu widerlegen. Anders sah die Sache natürlich aus, wenn ich versuchen würde, ein erteiltes Patent in der Raketen- bzw. Turbinenindustrie unterzubringen.

Die Vorstandsmitglieder mit dem dynamischen Blick waren in Deutschland noch nie in der Lage, etwas wirklich Neues zu erfassen. Sie würden, einer wie der andere, ein solches Patent in die Entwicklungsabteilungen dirigieren, wo es dann erwartungsgemäß auf eisige Ablehnung stößt.

Nach der juristischen Frist von 18 Monaten stand fest, daß ein Patent erteilt würde. Ein möglicher Durchbruch in der Weltraumfahrt schien mit dem neuen Wissen über den Hintergrund der Welt gekoppelt zu sein. Bisher hatte ich nicht viel darüber nachgedacht, warum ich an Gebieten, die nach allgemeinem Verständnis nicht viel miteinander zu tun haben, gleichermaßen leidenschaftlich interessiert war. Nun wußte ich es. Sie hatten eben doch etwas miteinander zu tun. Ich empfand eine tiefe Freude darüber, daß sich Einzelbilder aus meinem Leben mosaikartig zusammenfügten.

*

Als sei die Sache von unsichtbarer Hand gelenkt, setzten sich zwei Männer mit mir in Verbindung, die beide das „Primzahlkreuz" gelesen hatten.

Dr. Ing. Klaus Kunkel übernahm spontan die Kosten für eine weltweite Patentanmeldung; der erste Schritt dafür, daß die amerikanische Luftwaffenindustrie die 'Untertasse' nicht auch noch gratis in eine 'Wunderwaffe' umwandelt. Schließlich ist auch die von Dr. Ing. Wernher von Braun in Deutschland erfundene Flüssigkeitsrakete A4 (V2 genannt) von Amerikanern und Russen militärisch ausgenutzt worden.

Prof. Dr. Ing. Dieter Straub, Lehrstuhlinhaber für Thermodynamik an einem Institut für Raketenphysik, übernahm die Präsentation der Idee bei einigen Vorständen der deutschen Luft- und Raumfahrt.

Jetzt passierte etwas ganz Ungewöhnliches. Weil die Kritik bestimmter Herren so heftig und emotional, bzw. die gespielte Gleichgültigkeit so offensichtlich war, entwickelte sich jener heilige Zorn in mir, der wohl notwendig war, um einem weiteren Geheimnis dieses Planeten auf die Spur zu kommen.

*

Die Erde ist von einer Lufthülle umgeben, die zu 20 Prozent aus Sauerstoff und zu 80 Prozent aus Stickstoff besteht. Dieses Mischungsverhältnis ist nicht nur außerordentlich günstig für uns, sondern absolut lebensnotwendig. Das Stickstoff- und das Sauerstoffmolekül bergen in sich ein tiefes Rätsel.

Der Paramagnetismus des Sauerstoffs hatte mich lange beschäftigt. Zu dem Stickstoffmolekül hatte ich bisher keine besondere 'Beziehung'. Es besitzt eine Dreifachbindung und müßte nach den Regeln der chemischen Kunst so instabil sein, daß der Planet weitgehend aus Siliziumnitrid und eben nicht aus Silikaten, den Sauerstoffverbindungen, bestehen müßte.

Mir war seit meinem 30. Lebensjahr klar, daß das Wesen des Silanöles etwas mit dem Blitz von atmosphärischen Gewittern zu tun haben mußte.

Beim Eintropfen von verdünnter Bromlösung in −100° kaltes, hochverdünntes Trisilan (1968 in Köln), hatten sich über der Eintropfstelle elektrische, kreisförmig drehende Blitze entladen. Wir hatten damals mit einer Reinstickstoffatmosphäre gearbeitet. Als ich statt Brom das viel aggressivere Chlor eingesetzt hatte, konnte ich bei der Laborexplosion durch meinen schußsicheren Helm und das viel zu dünne Panzerglas wieder einen elektrischen Blitz beobachten, bevor mich die Explosionswelle packte.

Die Detonation hatte damals eine nachhaltige Wirkung auf mich, über die ich jedoch nie mit jemandem geredet habe. Ich wußte nicht, welcher Stoff mit dem hochverdünnten Silan so heftig reagiert hatte. Die wenigen Tropfen der $-100°$ kalten verdünnten Chlorlösung hatten initialgezündet. Danach war jedoch von der Explosionswelle die Chlorlösung fortgepustet worden. Auch diesmal hatte sich wieder nur reiner Stickstoff über der Lösung befunden.

Warum blitzt es beim Gewitter? Ohne millionenfache elektrische Blitzentladungen täglich gäbe es kein Leben auf dem Planeten. Pflanzen brauchen nämlich zur Produktion der 20 Aminosäuren die Düngung mit Nitraten. Da Nitrate im Erdreich nicht vorkommen, muß in der Atmosphäre ständig der Stickstoff durch Reibungselektronen seine Dreifachbindung öffnen und mit Sauerstoff zu Stickoxiden reagieren. Der Regen wäscht die entstandene Salpetersäure aus und befördert die Stickstoffverbindung in den Boden. Die Sache klappt nur, weil die Dreifachbindung des Stickstoffmoleküls allen anderen chemischen Einflüssen gegenüber stabil ist. Naturwissenschaftler konnten diese Vorgänge bisher nur registrieren und beschreiben.

*

Ich war in meiner mündlichen Prüfung in Physik von Prof. Hauser befragt worden, ob ich eine Vermutung hätte, warum Silizium nicht wie der Kohlenstoff Doppelbindungen eingehen kann. Inzwischen kannte ich die Lösung: Drei Elemente können Einfach-, Zweifach- und Dreifachbindungen eingehen: Kohlenstoff, Sauerstoff und Stickstoff. Silizium darf es nicht, weil nur drei Elemente mit drei verschiedenen Bindungsmöglichkeiten vorgesehen waren. Die Chemie ist eben – wie die beiden anderen Naturwissenschaften – das stoffliche Kostüm der Mathematik, mit der sich die Unendlichkeit verendlicht.

Nun begann sich für mich ein Kreis zu schließen. Weil Silizium keine Mehrfachbindungen eingehen kann, kann der Stickstoff mit Silizium nur einfach reagieren.

In den 20er Jahren wurde von einem Chemiker erstmalig gezeigt, daß Stickstoff oberhalb von 1400° mit Silizium zu pulverförmigem, sehr stabilem Siliziumnitrid reagiert. Dabei wird Energie frei.

Der Kohlenstoff reagiert mit Stickstoff bei sehr hohen Temperaturen unter Ausbildung einer Dreifachbindung. Dabei wird Energie verbraucht.

Silizium brennt also mit Stickstoff, Kohlenstoff hingegen nicht. Allerdings wäre es unsinnig, pulverförmiges Silizium als Raketentreibstoff zu benutzen. Man muß statt dessen eine pumpbare chemische Verbindung des Siliziums nehmen und einen neuen Raketenmotor konstruieren. Wird nämlich Silanöl mit Preßluft in einer Brennkammer zur Reaktion gebracht, verbrennt der Sauerstoffanteil der Luft den Wasserstoff der Silanöle bei einer Temperatur von 3 000°. Da bei dieser Temperatur und dem dort herrschenden Druck der Stickstoff seine Dreifachbindung öffnet, greifen die Stickstoffradikale das gasförmige Silizium an und verbrennen es.

Siliziumnitrid hat ein Molekulargewicht, das 8 mal so groß ist wie das von Wasser. Damit liefert die Verbrennung der Silanöle mit Luft einen wirkungsvollen Raketenschub. Das Besondere an dem Verfahren ist, daß kein Oxidationsmittel mehr mitgeführt werden muß.

Flugzeuge, die mit Strahlantrieben fliegen, müssen den reaktionsträgen Stickstoff in der Brennkammer mitbeschleunigen, was einen hohen Energieverlust bedeutet. Gleichzeitig kühlt der Stickstoff aber die Turbinenschaufeln der Brennkammer, die sonst verglühen würden. Es wäre günstiger, in der Luftfahrt Raketenmotoren zu benutzen; man könnte dann mit viel größeren Brennkammertemperaturen arbeiten. Da ein Raketenflugzeug aber sein Oxidationsmittel mittransportieren muß, kann es keine Nutzlast (z.B. Passagiere) befördern.

*

Die Reaktion des Kohlenstoffs mit dem Sauerstoff hält also den Stoffwechsel des tierischen Lebens aufrecht; die Spaltung der Kohlenstoff-Sauerstoff-Verbindung erfolgt durch die Pflanze. Der 'Bruder' des Kohlenstoffs, das Silizium, ist erst in diesem Jahrhundert als Material zunächst für Gleichrichter, Transistoren und Dioden und später für Speicherchips ins Gerede gekommen. Der 'Bruder' des Sauerstoffs (in der Atmosphäre), der Stickstoff, dient nun – in der Reaktion mit Silizium – als zukünftiger Antrieb für die Luft- und Raumfahrt.

Im Herbst 1994 meldete ich mit Dr. Kunkel einen völlig neuartigen Raketenmotor und ein Raketenlangstreckenflugzeug (5 000 bis 8 000 km/h in über 50 km Höhe) beim Patentamt an.

Um etwa die Strecke New York – Tokio zurückzulegen, muß ein Passagier einen ganzen Tag Flugzeit in Kauf nehmen. Obwohl wir in einer Welt leben, in der in diesem Jahrhundert alles immer schneller geworden ist, war bisher das Umkreisen des halben Erdballs in ein paar Stunden für Flugzeuge unmöglich.

*

Mir war klar, daß das Geheimnis der Dreifachbindung des Stickstoffs der Menschheit erst zugänglich gemacht werden durfte, wenn sie zu erfassen bereit ist, daß ein göttlicher Bauplan existiert. Vielleicht sollen wir erst richtige Raumfahrt betreiben, wenn wir die Gesetze des Universums verstehen.

Es gibt also keinen Zufall. Alles hat seine Bedeutung, auch wenn wir sie nicht immer sofort erkennen. Nachdem ich dies 1994 wirklich begriffen hatte, konnte ich mich aus dieser Gelassenheit heraus und im Vertrauen auf die Richtigkeit und Eleganz der göttlichen Ordnung trauen, nur noch das weiterzuverfolgen, wozu ich mich innerlich 'getrieben' fühlte.

Ich ließ oft mein bisheriges Leben wie in einem Film an mir vorüberziehen. Wieviel Einzelwissen hatte sich fast plötzlich harmonisch zu einem Ganzen verbunden! Die Einsamkeit der letzten 15 Jahre hatte wohl ihre Berechtigung. War sie jetzt noch nötig?

Ich hatte immer gehofft, einer Frau zu begegnen, die der Differenziertheit meiner Gedankengänge und der Kompliziertheit meiner Person nicht nur gewachsen wäre, sondern die mich auch inspirieren und wieder mehr Leichtigkeit und Fröhlichkeit in mein Leben bringen könnte. Auch diese schier unlösbare Aufgabe bewältigte mein Schutzengel mit links. Mir begegnete Walburga Posch, meine spätere Co-Autorin. Auch sie war seit ihrer Kindheit von tiefen Warum-Fragen erfüllt. Sie hatte ihre Antworten im Gegensatz zu mir im spirituellen Bereich gefunden.

Wir machten zunächst einmal Urlaub. Zum ersten Mal in meinem Leben empfand ich nicht mehr die Notwendigkeit, ständig und tiefsinnig zu denken und zu rechnen. Statt dessen fühlte ich mich einfach nur wohl und wußte, daß dies genau jetzt anstand.

*

Dann schien wohl die Zeit gekommen, die nach dem Besuch bei Professor Lay entwickelte Idee, ein Buch für

— 294 —

die breite Öffentlichkeit zu schreiben, in die Tat umzusetzen.

Mir lag das Angebot eines Sachbuchverlages vor, ein Buch über die Primzahlentschlüsselung und seine Konsequenzen zu schreiben. Die beabsichtigte Auflagenhöhe und der Werbeetat ließen erkennen, daß es sich um ein Buch unter vielen unzähligen anderen handeln würde. Die breite Öffentlichkeit war damit nicht erreichbar, und deshalb würde ich dieses Angebot ablehnen.

Der Filmproduzent Frieder Mayrhofer machte mich kurze Zeit später, im Oktober 1994, mit der Tochter des Inhabers einer großen Verlagsgruppe bekannt. Ihm gehörte 'zufällig' auch der Sachbuchverlag, dem ich absagen wollte. Diese Frau erfaßte die Tragweite der Thematik, las meine Bücher in wenigen Tagen und informierte ihren Vater. Dieser bat mich sofort zu einem Gespräch.

*

Bei der Schilderung meiner Entdeckung besteht immer die Gefahr, daß die komplexe Mischung aus Naturwissenschaften und Mathematik den Zuhörer nach kurzer Zeit überfordert. Ich wählte deswegen eine Variante, die den Verleger weniger mit Einzelheiten beeindrucken, sondern ihn überraschen sollte.

Ein großer Sachbuchautor, Professor Hoimar von Ditfurth, war vor wenigen Jahren gestorben und hatte vor seinem Tode in einem Interview von seinem leidenschaftlichen Wunsch gesprochen, einmal zu Lebzeiten einen Blick hinter den 'großen Vorhang' werfen zu dürfen. Er habe oft genug durch die großen Teleskope in die Tiefen des Universums geschaut und die riesigen Anlagen der Teilchenphysiker unter der Erde besucht. Was sich aber wirklich hinter unserer geheimnisvollen Welt verbirgt, habe er nicht entdecken können. Ein Arm, ein Bein oder Jahre seines Lebens hätte er für dieses Wissen gegeben.

Diese Geschichte, die mich selbst fasziniert hatte, erzähle ich dem Verleger.

Er wirkt wie elektrisiert.

„Herr Plichta, wollen Sie damit sagen, daß von Ditfurth davon überzeugt war, daß hinter dieser Welt ein verborgenes Rätsel steckt?"

Ich antworte: „Ja, das zuzugeben, war seine größte Leistung!"

„Haben Sie etwas von diesem Rätsel gelöst?"

„Ja!"

„Was haben Sie entdeckt?"

„Die Bedeutung der Primzahlen für die Lösung des Welträtsels!"

Ich spreche nun kurz über die Rolle der Primzahlen bei der Verschlüsselung der Daten bei Banken und Versicherungen, Geheimdiensten und Atomraketen.

„Da die heutigen schnellen Rechner jeden Code entschlüsseln können, werden Geheimdaten mit 50-stelligen Primzahlen verschlüsselt. Das ist die einzige Möglichkeit der Codierung, da selbst Hochleistungsrechner Jahre zur Entschlüsselung brauchen würden."

„Es ist erstaunlich", fahre ich fort „daß wir unsere Geheimnisse im Computerzeitalter mit Primzahlen verschlüsseln, ohne zu ahnen, daß die Natur, ja das ganze Universum, in Primzahlen codiert ist."

„Können Sie mir in einem Satz zusammenhängend erklären, welche Bedeutung Ihre wissenschaftliche Arbeit besitzt?"

Wir blicken uns an und spüren beide, wie spannungsgeladen plötzlich die Atmosphäre im Raum ist.

Ich formuliere deutlich und langsam:

„Es war der entscheidende Fehler, daß die Wissenschaftler vor ungefähr 100 Jahren damit begonnen haben, die Zahlen als menschliche Erfindung zu deklarieren, um die Mystik aus den Naturwissenschaften und der Mathematik zu entfernen. Damit haben sie Gott aus der Natur verbannt."

„Wollen Sie damit sagen, daß Gott wieder da ist?"

„Das könnte man in der Tat so sagen. Beweisen kann man Gott natürlich nicht. Allerdings kann ich beweisen, daß hinter dieser Welt ein göttlicher Bauplan steckt. Damit wird der Urknall und die angeblich zufällige Entstehung des Lebens zu einer Theorie, die sehr bald einer hinter uns liegenden Epoche angehören wird. Man braucht keine große Fantasie, um sich allein die Auswirkungen auf den Büchermarkt vorzustellen."

Einen Moment herrscht Schweigen.

„Können Sie mir innerhalb von 3 Monaten einen Bestseller schreiben?"

„Ja!"

„Dann werden wir mit allen verlegerischen Mitteln dafür sorgen, daß dieses Buch seine Verbreitung findet. Schreiben Sie das Buch!"

Register

Peter Plichta

Das Primzahl-
kreuz

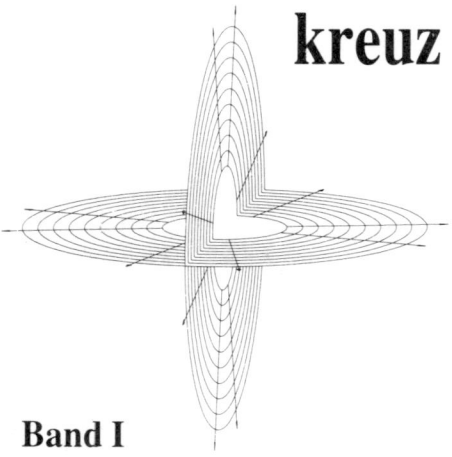

Band I

Im Labyrinth des Endlichen

Band II

Das Unendliche

Quadropol-Verlag

Ganzleinen
10 Abbildungen
470 Seiten
Preis DM 44,–
ISBN 3-980 2808-0-2

Ganzleinen
16 Abbildungen
206 Seiten
Preis DM 64,–
ISBN 3-980 2808-1-0

In jeder Buchhandlung
Auslieferer:
Großhandel oder
Quadropol Verlag GmbH
bei: Die Silberschnur
Heddesdorfer Straße 7
56564 Neuwied
Tel 02631/31111
Fax 02631/25594